决策咨询系列

国家科学思想库

中国
科学家思想录

第十五辑

中国科学院

科学出版社

北 京

内 容 简 介

中国科学院学部是国家在科学技术方面的较高咨询机构,长期以来围绕推进经济社会发展、改善人民生活、保障国防安全等方面的重大科技问题,开展了一系列决策咨询和战略研究,提出了许多重要咨询意见和建议,为中央决策提供了科学依据。

"中国科学家思想录"较为系统地对这些重要报告和院士建议进行了梳理和精编,记录了广大院士在科学研究基础上服务国家科学决策的丰富思想,将对各级政府决策科学化、社会公众理解科学起到积极的推动作用。

本书汇集了2016年经学部咨询评议工作委员会审议通过并报送党中央、国务院的咨询报告和院士建议,内容关注的重大问题均与国家经济社会发展密切相关,提出的政策建议都是众多院士专家经过深入调查和广泛研讨完成的,具有重要的参考价值。

图书在版编目(CIP)数据

中国科学家思想录. 第十五辑 / 中国科学院编. —北京:科学出版社, 2021.6

ISBN 978-7-03-068956-6

Ⅰ.①中… Ⅱ.①中… Ⅲ.①自然科学–学术思想–研究–中国 Ⅳ.①N12

中国版本图书馆 CIP 数据核字(2021)第 103827 号

责任编辑:侯俊琳 牛 玲 刘巧巧 / 责任校对:贾伟娟
责任印制:师艳茹 / 封面设计:黄华斌 陈 敬 张伯阳

科 学 出 版 社 出版
北京东黄城根北街 16 号
邮政编码:100717
http://www.sciencep.com
天津市新科印刷有限公司 印刷
科学出版社发行 各地新华书店经销
*
2021年6月第 一 版 开本:720×1000 1/16
2021年6月第一次印刷 印张:18 3/4
字数:300 000
定价:118.00元

丛　书　序

白春礼

　　中国科学院作为国家科学思想库，长期以来，组织广大院士开展战略研究和决策咨询，完成了一系列咨询报告和院士建议。这些报告和建议从科学家的视角，以科学严谨的方法，讨论了我国科学技术的发展方向、与国家经济社会发展相关联的重大科技问题和政策，以及若干社会公众广为关注的问题，为国家宏观决策提供了重要的科学依据和政策建议，受到党中央和国务院的高度重视。本套丛书按年度汇编1998年以来中国科学院学部完成的咨询报告和院士建议，旨在将这些思想成果服务于社会，科学地引导公众。

　　当今世界正在发生大变革、大调整，新科技革命的曙光已经显现，我国经济社会发展也正处在重要的转型期，转变经济发展方式、实现科学发展越来越需要我国科技加快从跟踪为主向创新跨越转变。在这样一个关键时期，出思想尤为重要。中国科学院作为国家科学思想库，必须依靠自己的智慧和科学的思考，在把握我国科学的发展方向、选择战略性新兴产业的关键核心技术、突破资源瓶颈和生态环境约束、破解社会转型时期复杂社会矛盾、建立与世界更加和谐的关系等方面发挥更大作用。

　　思想解放是人类社会大变革的前奏。近代以来，文艺复兴和思想启蒙运动极大地解放了思想，引发了科学革命和工业革命，开启了人类现代化进程。我国改革开放的伟大实践，源于关于真理标准的大讨论，这一讨论确立了我党解放思想、实事求是的思想路线，极大地激发了中国人民的聪明才智,创造了世界发展史上的又一奇迹。当前,我国正处在现代化建设的关键时期,进一步解放思想,多出科学思想,多出战略思想,多出深刻思想,比以往任何时期都更加紧迫,更加重要。

思想创新是创新驱动发展的源泉。一部人类文明史,本质上是人类不断思考世界、认识世界到改造世界的历史。一部人类科学史,本质上是人类不断思考自然、认识自然到驾驭自然的历史。反思我们走过的历程,尽管我国在经济建设方面取得了举世瞩目的成就,科技发展也取得了长足的进步,但从思想角度看,我们的经济发展更多地借鉴了人类发展的成功经验,我们的科技发展主要是跟踪世界科技发展前沿,真正中国原创的思想还比较少,"钱学森之问"仍在困扰和拷问着我们。当前我国确立了创新驱动发展的道路,这是一条世界各国都在探索的道路,并无成功经验可以借鉴,需要我们在实践中自主创新。当前我国科技正处在创新跨越的起点,而原创能力已成为制约发展的瓶颈,需要科技界大幅提升思想创新的能力。

思想繁荣是社会和谐的基础。和谐基于相互理解,理解源于思想交流,建设社会主义和谐社会需要思想繁荣。思想繁荣需要提倡学术自由,学术自由需要鼓励学术争鸣,学术争鸣需要批判思维,批判思维需要独立思考。当前我国正处于社会转型期,各种复杂矛盾交织,需要国家采取适当的政策和措施予以解决,但思想繁荣是治本之策。思想繁荣也是我国社会主义文化大发展、大繁荣应有之义。

正是基于上述思考,我们把"出思想"、"出成果"和"出人才"并列作为中国科学院新时期的战略使命。面对国家和人民的殷切期望,面对科技创新跨越的机遇与挑战,我们要进一步对国家科学思想库建设加以系统谋划、整体布局,切实加强咨询研究、战略研究和学术研究,努力取得更多的富有科学性、前瞻性、系统性和可操作性的思想成果,为国家宏观决策提供咨询建议和科学依据,为社会公众提供科学思想和精神食粮。

二〇一二年十一月

前　言

　　作为国家在科学技术方面最高咨询机构，长期以来，中国科学院学部组织广大院士围绕我国经济社会可持续发展、科技发展前沿领域和体制机制、应对全球性重大挑战等重大问题，开展战略研究和决策咨询，形成了许多咨询报告和院士建议。这些咨询报告和院士建议为国家宏观决策提供了重要参考依据，许多已经被采纳并成为公共政策。将咨询报告和院士建议公开出版发行，对于社会公众了解中国科学院学部咨询评议工作、理解国家相关政策无疑是有帮助的，对于传承、传播院士们的科学思想和为学精神也大有裨益。

　　"中国科学家思想录"丛书自 2009 年 5 月开始启动出版，至今已有十余年的时间。本次出版的《中国科学家思想录·第十五辑》，汇集了 2016 年经学部咨询评议工作委员会审议通过并报送党中央、国务院的咨询报告和院士建议，内容关注的重大问题均与国家经济社会发展密切相关，提出的政策建议都是众多院士专家经过深入调查和广泛研讨完成的，具有重要的参考价值。

　　希望本次出版的《中国科学家思想录·第十五辑》能让广大读者更加深入地了解中国科学院学部为加强国家高水平科技智库建设所做出的不懈努力，了解广大院士为国家决策发挥参谋、咨询作用提供的诸多可资借鉴的宝贵资料，也期待广大读者提出宝贵意见。

中国科学院学部工作局

2021 年 4 月

目　录

关于保障国家水安全的全社会节水战略及对策建议

刘昌明　等

当前，我国经济发展已进入经济增速换挡期、结构调整阵痛期、前期刺激政策消化期三期叠加的重要战略机遇期，这是经济增长的新常态。中国目前正以最稀缺的水资源和脆弱的水生态环境，支撑着中国有史以来规模最大的人口和经济社会发展。随着全球气候变化和我国工业化、城镇化、农业现代化的快速发展，未来 20～30 年中国将面临更为严峻的水资源短缺及可持续发展问题的重大挑战。实施保障国家水安全的全社会节水战略乃是解决中国水资源供需矛盾瓶颈问题的根本出路，是应对气候变化最有效的适应性对策，是关乎 2020 年我国全面建成小康社会、到 21 世纪中叶建成富强民主文明和谐美丽的社会主义现代化强国、实现中国梦最为紧迫的重大问题之一，具有重要的战略意义。

党中央和国务院十分关注我国的水问题，从战略和全局高度明确提出"节水优先、空间均衡、系统治理、两手发力"的治水新思路。国务院提出实行最严格的水资源管理制度，强调节约保护水资源主要从控制用水总量和提高用水效率两方面着手。在水资源开发利用空间越来越小的情势下，如何破解中国的水问题，支撑国家经济新常态的发展，成为中国可持续发展面临的重大战略问题。

本咨询报告是"中国水安全保障的战略与对策"咨询研究项目的专题研究成果。针对国家全社会节水战略与科技创新问题，中国科学院组织相关院士和专家，系统分析了我国水资源开发利用现状和节水面临的突出问题和原因，提出了保障国家水安全的全社会节水战略的若干对策与建议。我们认为，破解我国水资源瓶颈的根本出路在于集约化和高效节水，需要依靠全民、所有部门与行业构成全社会的力量，当务之急是通过科技创新和制度创新，加快建成节水型社会，长远之策是在全社会高度节水意识和理念的指引下，从根本转变生产生活方式。

一、我国水资源开发利用和节约保护面临的突出问题

水资源是不可替代的战略资源，关系到国家安全。我国目前已建成世界上规模最大的水资源开发利用工程体系，有效地保障了工农业生产和城乡居民生活用水。加快落实最严格的水资源管理制度，严格水资源开发利用控制、用水效率控制和水功能区限制纳污"三条红线"管理；积极推进节水型社会建设，不断完善节水制度和标准规范，着力推进农业、工业和服务业节水，开展节水公益宣传，在不同类型的区域建设了 100 个全国节水型社会试点，全社会用水效率逐步提高。

但是，我国在水资源开发利用和节约保护方面仍然面临普遍的问题。2030 年我国人口预计接近 15 亿，由于受全球气候变化和经济社会发展用水需求变化的影响，我国农业、工业、生活的需水和用水的传统模式，将难以应对当前与未来严峻的水危机和水资源安全问题。我国当前和未来 30 年面临的突出问题如下。

（一）水资源供需矛盾突出，开发利用已逼近红线

人多水少、水资源时空分布不均、水资源地区分布和生产力的格局不相匹配是我国的基本国情。随着经济社会快速发展和全球气候变化影响加剧，水资源短缺对我国经济社会可持续发展的胁迫和制约作用日益突出。

我国当前年缺水量 530 多亿米^3，其中国民经济缺水 400 余亿米^3，被挤占的河道内的生态用水缺 130 多亿米^3。国务院确定 2020 年用水总量控制目标为 6700 亿米^3，但 2013 年全国用水总量就已达到 6183 亿米^3（数据源于《2013 年中国水资源公报》），逼近全国水资源可利用总量的红线。北方海河、

黄河、辽河等广大流域已逾红线，水资源开发利用率甚至已经达到 106%、82%、76%。西北内陆河流开发利用已接近甚至超出水资源承载能力。新疆用水量已超过 2030 年用水总量控制目标，宁夏、甘肃 2 个省（自治区）已超过 2020 年目标，黑龙江、江苏、安徽等 7 个省（自治区）已超过 2020 年目标的 90%。全国地下水开采量达 1117 亿米³，接近全国平原区浅层地下水的可开采量（1230 亿米³），造成 400 多个地下水超采区，总面积 19 万千米²。近 20 年北方地下水开采量骤增，黄淮海平原及辽河平原多年平均浅层地下水实际开采量与可开采量之比已超过 50%；目前华北平原已经累计超采地下水 1500 多亿米³，浅层地下水埋深大于 10 米的区域面积占全区 44.4%；深层地下水水头埋深大于 40 米的区域占 43.1%，形成了占全区 52.6%的复合漏斗；华北平原同时有近一半的地区发生了地面沉降。全国 600 多座城市中有 400 多座城市缺水，其中 100 多座城市缺水尤为严重。

由于受全球气候变化的影响，我国水资源不安全的风险日趋加大。总的来看，我国未来 20～30 年的年用水总体上受气候变化影响显著。在气候变化的影响下，如果温度增加 1℃，华北地区将增加 4%的总用水量。2030 年我国长江流域和松花江流域需水将多增加 312 亿米³，尤其南水北调中线调水区的汉江流域和长江中下游的水资源脆弱性增加更为突出。据此预测 2030 年我国用水总量将从 2000 年的 5632 亿米³增加到 7100 亿米³左右。按此规模进一步可推算，北方的人均可利用水资源量将从 2000 年的 359 米³减少到 292 米³，全国人均可利用水资源量将从 2000 年的 628 米³减少到 508 米³，约为全球人均水资源量 2000 米³的 1/4。

（二）全社会节水意识仍比较淡薄，缺水和用水浪费的现象并存

我国长期以来习惯于重开源、轻节约，过多依赖于工程开发解决水短缺问题；行业节水受到较多的重视，而全民节水和洁水的宣传教育不够，人们还缺乏水危机意识；全社会节约用水的氛围不强，尚未形成全社会节水的合力。目前，我国水资源利用面临的困境一方面是缺水，另一方面是浪费水资源的情况还比较严重。我国城市供水管网漏损率平均达 21.5%，目前全国一半以上供水管网漏损率均高于国家标准规定值 12%，年漏损水量达 60 亿米³，

约为南水北调中线工程一期调水 95 亿米³ 的 2/3。

（三）水环境污染形势严峻，加剧了缺水程度，威胁饮用水安全

根据环境保护部公布的《2014 中国环境状况公报》，2014 年，全国 423 条主要河流（长江、黄河、珠江、松花江、淮河、海河、辽河七大流域和浙闽片河流、西北诸河、西南诸河的国控断面），水质达到 I 类、Ⅱ 类和Ⅲ类标准的共计占比为 71.2%，达不到Ⅲ类水质标准的占比为 28.8%，主要污染指标为化学需氧量、五日生化需氧量和总磷；2014 年，全国省界水质控制断面劣 V 类水质的比例为海河占 61.7%，黄河占 34.2%，辽河占 23.8%，淮河占 18.4%；2014 年，全国 62 个重点湖泊（水库）中，7 个水质为 I 类，11 个为Ⅱ类，20 个为Ⅲ类，15 个为Ⅳ类，4 个为 V 类，5 个为劣 V 类，湖泊（水库）主要污染指标为总磷、化学需氧量和高锰酸盐指数。如果将全国 423 条主要河流与 62 座重点湖泊（水库）水质一起统计，则水质达到 I 类、Ⅱ 类和Ⅲ类标准的共计占比为 63.1%，达不到Ⅲ类标准的占比为 36.9%。

2014 年，全国 202 个地级及以上城市开展了地下水水质监测工作，监测点总数为 4896 个，其中国家级监测点 1000 个，在这 4896 个地下水监测点位中，较差级和极差级水质共计占比为 61.5%；地下水污染正由点状、条带状向面上扩散，由局部向区域扩散，由浅层向深层渗透，由城市向周边蔓延。

据城建部门统计，所检测的城市自来水水厂出水中，水源水质不合格率达到 17%。而自来水从水厂到用户，还要经过管网输送，对于高层建筑还要经过二次加压和储存，这些环节可能遭受二次污染，所以到达城市终端用户的自来水合格率一般低于 83%。全国 95% 以上的公共供水厂是在饮用水卫生新标准颁布之前建设的，这些水厂出厂水水质是按照 1985 年颁布的《生活饮用水卫生标准》35 项指标设计和建造的，水源水质和处理工艺均难以保障出水达到饮用水卫生新标准的要求，加之管网老化，漏损和二次污染严重，以屋顶水箱和地下水池为主的城市二次供水设施管理不到位，部分设施不能及时清洗消毒，导致水质合格率降低。

水质污染问题加剧了我国缺水的程度。同时,蔓延的水污染也使水产品、灌溉的农产品的品质受到影响,给食品安全带来隐患。

二、我国水资源开发利用与节水面临问题的原因分析

(一)水资源利用效率较低,社会化需水管理的建设不足

2014 年我国农业用水占总用水量的 63.5%,为用水与耗水的大户。但是,我国农业灌溉水有效利用效率仅为 53%,而发达国家的农业灌溉水利用效率可达 70%~80%。目前,我国有灌溉条件的农田为 8.38 亿亩[①],实际可确保灌溉的为 7.5 亿亩,约占全部耕地的 40%。北方地区耕地占全国总耕地的 65%,而水资源仅占全国总量的 19%。北方灌区的大部分灌溉定额是作物实际需要的 2~5 倍。降水利用效率在 45%左右,旱地自然降水的利用效率平均不到 50%,降水利用效率仅为 0.45~0.5 千克/(毫米·亩),相当于世界先进水平的 1/4。多数灌区仍以大水漫灌为主,灌溉方式落后,水分利用效率较低。我国水分生产率约为 1.2 千克/米^3,远低于世界先进水平的 2.0 千克/米^3,1 米^3 水粮食增产量仅为世界平均水平的 1/3;另外,与发达国家相比,分子生物节水、精准农业节水技术等仍存在很大差距。我国工业万元产值用水量是发达国家的 5~10 倍。目前,全国有一半以上的城市供水管网漏损率高于国家标准规定值,年漏损水量达 60 亿米^3,约为南水北调中线工程一期调水 95 亿米^3 的 2/3。国内 600 多个城市供水管网的平均漏损率超过 15%,最高达 70%以上,平均漏损率约为 20%。我国污水再生利用进展缓慢,2014 年全国设市城市污水再生利用效率只有 10%,全国城市绿地系统的雨水利用量仅为 20 亿米^3,利用量还很少。海水淡化产业化不够,成本相对较高,海水利用潜力远未挖掘。我国拥有约长 18 000 千米的大陆海岸线,海洋面积约为 300 万千米^2,这为发展城市海水利用创造了天然的便利条件,如果大力发展海水利用技术,预计到 2020 年可以解决沿海地区大约 1/3 的缺水量,但目前海水利用量还很少。

长期以来,我国采用了以需定供的传统供水管理模式,依赖调水工程解

---

① 1 亩≈666.7 米^2。

决水短缺问题。但是，我国水资源的供给总是赶不上社会经济发展的变化，加之全球变化的叠加影响，老的水短缺问题解决了，新的水危机很快又再生。随着中国社会经济的快速发展，如不革新传统的水资源管理模式，则未来我国的水资源安全将可能面临更严峻的问题与挑战。以城镇化和供水为例，1981年，我国城镇化率为21.16%，到了2011年全国城镇化率已经攀升到51.27%，预计2030年和2050年将分别达到70%和80%。当前，我国城市（含县）日供水总规模约为3.14亿米³，按照传统的供需模式，未来水资源的供给需求和缺口将进一步加大。

与社会经济布局、产品贸易流动、结构调整联系的虚拟水等社会化的需水管理与建设重视不足。面对不断变化的水的供需矛盾，缺乏制度改革创新、经济激励和产业结构调整，未能形成高效节水利用的宏观需水管理体系。在以往的区域生产力布局和城市规划及发展中，未充分考虑区域水资源承载能力，未将水资源承载能力和水环境容量作为地区发展的刚性约束指标，未真正做到"以水定产、以水定城、以水定人"，并未充分认识到水资源的社会属性，缺乏水的社会化管理。虚拟水体现了水资源的社会属性，属于水资源社会化管理层次。"虚拟水"是Tony Allan于20世纪90年代提出的概念，是指生产商品和服务所需要的水资源数量。虚拟水不是真实意义上的水，而是以"虚拟"的形式包含在产品中的"看不见"的水。虚拟水战略是指贫水国家或地区通过贸易的方式从富水国家或地区购买水资源密集型农产品（尤其是粮食）来获得水和粮食的安全。虚拟水战略扩展了水资源研究的问题阈范围。我国是农业大国，农业是用水大户，粮食作为生活必需品携带大量的虚拟水。全国13个粮食主产区有7个在北方，东北地区、黄淮海地区承担了60%以上的粮食增产任务，粮食流通自20世纪90年代以来呈现为"北粮南运"的格局。粮食生产是高耗水产业，"北粮南运"现象伴生了农业虚拟水"北水南运"，加剧了北方水资源危机。

（二）节水的经济约束和市场激励机制不完善，节水的监管能力较弱

在我国以往的社会经济发展建设过程中，水资源对经济社会发展的刚性约束不强，缺乏对经济社会发展规模与结构应有的倒逼作用，未将节水指标作为经济发展和布局的刚性约束指标纳入工业产业结构调整、淘汰和准入的标准和制度中；在新建、改建和扩建的大型工程建设中，缺少将节水设施同时纳入设计和建设的强制性规范。我国各级政府部门在以往全能政府"管理"的老路上走了太长的时间，虽已开始切实推行市场化改革，但在水权改革、排污权交易改革、生态补偿制度建设等方面依然没有重大突破。水资源的公共物品特征导致节水工作缺乏市场动力，水污染治理工作难以有效开展；水权没有明确到具体区域，更没有明确到具体用户，因为权属不清，各地都向中央伸手要水要投资，"喝大锅水"，竞相以邻为壑排放污水，必然造成不公和整体效率低下；用水效率纳入地方政绩考核指标刚刚开始，节水与政绩相挂钩的机制尚未完善；财政税收的引导和激励功能、水权水价等市场手段在水资源配置和调节中的作用没有充分发挥出来。中国水价（由水资源费、工程费和排污费组成）偏低。在发达国家，水费支出一般占到家庭支出的2.5%～3.0%，工业用水成本占制成品总成本的3.0%左右。但在中国，这个比例分别为0.5%和0.6%。因为水价低，大批供水设施和污水处理设施所收的水费或排污费，补偿不了运行和维护成本，都面临着管护费用匮乏、管理薄弱的困境，使得很多工程的效益不能得到充分发挥。因为水价过低，节约的水费补偿不了节水成本，而节水者对所节约的水又无处置收益权，只是为社会做了贡献，因此节水在经济上是不利的。也正因此，节水技术的推广、节水工程的建设，一般都是政府在支持和推动，企业自发的节水积极性不高，节水内生动力不足。工商业用水作为生产经营活动的原材料，具有商品属性，而工商业水价标准往往不及用水的全部成本，未能将外部成本内部化，导致资源退化和环境污染。

我国农业用水大户和城市的节水监管能力也严重不足，取用水计量与监控设施建设滞后，其中城镇和工业取水计量率不到70%，农业灌溉用水取水口计量率不到50%；缺乏针对全社会各行各业建立的供水、用水、耗水、排水的全过程节水计量和监控体系。基层节水管理机构和队伍能力不足，市场监管薄弱。

（三）节水科技创新能力薄弱，节水产业发展与技术应用推广迟缓

我国是一个耗水大国，但节水创新能力薄弱，节水技术落后，水资源浪费

严重。针对工业节水、农业节水、城镇节水以及再生水、雨水、海水、微咸水、矿井水等非常规水源利用的节水设备、高效低能耗的新技术研发与推广的内在动力不足，节水设备和产品研发工作进展滞后。节水技术和产品推广效率低，先进适用节水技术和产品推广应用缺乏技术集成与推广的平台，绝大多数节水企业只拥有一项或某一方面的专有节水技术，无法满足节水技术改造综合性、系统性的要求，致使大量先进适用的节水技术推广不出去。节水成本高于取用水的水价，导致节水创新能力薄弱，缺乏经济适用和我国自主知识产权的节水关键技术的研发。渠道防渗、管道输水、喷灌、微灌等节水灌溉技术滞后，灌溉用水计量设施不够完善。目前，我国水嘴、坐便器、滴灌带等产品生产企业多达 1500 多家，但 85% 以上的企业为中小企业，生产规模较小，专业化程度较低，研发能力不强，产品品种规格单一，配套性差，与同类非节水产品或国外产品相比缺乏市场竞争能力，没有世界知名品牌。2013 年，陶瓷片密封水嘴产品质量国家监督专项抽查不合格率达到 10% 以上，滴灌带不合格率接近 20%。在工业节水技术创新方面，针对石化工业、能源开发等高耗水大户的节水新技术开发和实际应用较少，高耗水行业取用水定额标准有待完善；节水诊断、用水效率评估与用水定额管理的科技支撑能力不足。我国的节水产业虽然有了一定发展，前景广阔，但从产业规模、技术水平和产业管理等方面来看，当前产业发展仍然迟缓，仍需进一步加速培育和深入发展。

（四）节水法律法规尚不健全，未形成全社会节水的氛围与合力

我国涉水部门多，但目前尚无全国层面的节水法律法规和节水标准，缺少针对全国以及不同区域用水特性的节约用水条例，强制性的节水产品技术标准不全，节水工作缺乏强有力的法律法规保障，尤其在实施节水层面缺乏强有力的法律手段支撑，存在权责不明、执法不严等薄弱环节。全民水危机意识淡薄，尤其是缺乏从青少年开始的全民节水教育普及工作，未形成持续有效的全社会节水合力。

三、对策与建议

针对前述总结分析的我国当前水资源开发利用和节约面临的突出问题

及成因，提出破解我国水危机，保障国家水安全的全社会节水战略及对策建议。

（一）开展全社会节水，推进全民节水行动，全过程、全方位地加快实现节水型社会建设

1. 提升全民节水意识、全方位开展全民节水行动

在全面贯彻"节水优先"的方针指导下，充分利用各种媒体和载体开展全方位、多层次、多形式的全民水资源知识宣传教育工作，大力宣传和普及基本的节水知识，普及使用节水器具，推广生活废水循环再利用理念，将生活废水循环再利用的理念深入经济社会和生活的每个环节；文化决定观念，观念决定行为，在全国范围内大力传播先进节水文化，进行文化心理上的除旧布新，积极引导全民热爱水、珍惜水、节约水，让节水、爱水成为全民的自觉文化习惯，实现人水和谐；建议国家设立全社会节水科普基金，将水情教育、节水教育纳入国民素质教育体系；建议各地方政府设立节水教育社会实践专项基金，用于创建节水教育社会实践基地，为学校及社会公众开展参与、体验性实践活动提供良好的教育活动平台；建立公开透明的全社会节水公众参与机制和管理工作监督机制；加强节水先进单位和个人奖励制度，树立先进典型，形成节约用水、合理用水的良好风尚，促使节水成为全民自觉的行动，共同形成全社会节水的合力，确立节水的基本国策，集全民之智、举全民之力加快建设节水型社会。

2. 全过程、全方位地构建全国节水体系

破解我国水资源短缺问题的根本出路在于加快实现从粗放用水方式向集约和高效用水方式的根本转变，把节水作为中国社会经济发展模式改革与转型的革命性措施和根本途径。节约高效利用水资源，强化约束性指标管理，从总量和强度两方面来控制。基于严格需水管理，把节水贯穿于经济社会发展和水资源开发利用与保护的全过程，包括水资源的取、供、用、耗、排、污水再生利用全链条过程；优化调整产业结构和布局，从源头控制不合理的水资源需求；严格控制水资源用水总量，遏制水资源不合理的开发；狠抓"节水控污"过程控制，积极推进各行业的全社会节水；建立与完善用水计量和

以监控为手段的用水末端管理，提高各行业和全社会节水成效。开展全社会节水，建设节水型社会，是一项综合性的社会工程，并非任何单一手段所能实现的，而需要综合构建节水体系，开展全方位的系统治理。全方位节水涉及节水体系的政治、经济、科技、政策、法规、管理和文化等各个环节以及它们组成的系统。只有多管齐下，全方位实施节水，才有可能真正实现全社会节水。

（二）设立节水科技重大计划，因地制宜大力开展节水科技创新，强化节水高新技术应用推广与产业发展

建议"十三五"规划中设立基础研究、科技创新和推广为一体的节水科技重大计划，推动中国节水科技发展与应用，具体包括以下几个方面。

1. 强化用水大户农业的节水科技创新

建议在充分分析不同区域用水大户及节水重点的基础上，按照东北节水增产、华北节水压采、西北节水减耗、南方节水减排的区域规模化高效农田灌溉节水系统工程规划，重点研究农业节水的潜力评价与适宜节水增产灌溉定额标准、农田作物用水的土壤水管理、农田种植业灌溉的高耗水调控、与灌溉工程措施结合的农艺节水、与面源污染控制结合的生态农业节水，依靠农业节水科技创新，推动农业节水产业的发展，以实现全国灌溉用水总量的零增长与长远的负增长的目标。我国 2014 年农业用水占总用水量的 63.5%，节水潜力大。就全国现状用水条件下的农业节水潜力而言，根据《2014 年全国水资源公报》，按照提高灌溉水利用系数由 2014 年的 0.53 到未来的 0.55～0.75 计算（2011 年中央一号文件规定，2020 年农业灌溉水利用系数达到 0.55 以上），加上发展一定面积的喷、滴灌，粗略计算，未来全国农业节水潜力为 100 亿～800 亿米^3。

2. 强化城镇生活与工业节水的科技创新

建议加强结合"海绵城市建设"的水循环调控与节水的科学计划，发展城市雨洪防控、面源污染治理、再生水等非常规水源利用的科技创新工程技术，推广低能耗高效率应用于火电、石油石化、钢铁、纺织、化工、食品等高用水重点行业的节水新技术。对于城镇生活用水，要大力研发和全面推广高效节水型器具。沿海城镇要发展低成本的海水利用高新技术。依靠城市节水技术创新，推动城市节水产业发展，并结合经济转型与产业升级，以水资源可利用量倒逼城镇的社会经济规模与结构调整。我国 2014 年城镇用水和工业用水约占总用水量的 36.5%，城镇人口却占到全国总人口 50% 以上。按照 2014 年统计，全国工业用水量约为 1353 亿米³，如果将全国万元国内生产总值（GDP 当年价）用水量由 2014 年的 96 米³ 降低至未来的 50～80 米³，则初步概算未来全国工业节水潜力为 200 亿～650 亿米³。2014 年我国生活用水量约为 768 亿米³，综合各项城市节水措施，如果未来城市节水达到现状水平的 1/4～1/3，则初步概算的生活用水量节水潜力为 190 亿～250 亿米³。这些城镇生活与工业节水潜力的实现均需极大地借助于节水科技的创新。

3. 推进缺水地区有适宜条件的非常规水源利用的研发

积极开展不同区域的节水潜力评估，节水挖潜，积极推进自然条件适合的海水淡化，以及再生水、雨水、矿井水、微咸水等非常规水源利用的科技创新与产业发展，尤其是城市再生水的利用与推广。我国污水再生利用进展缓慢，2014 年全国设市城市污水再生利用率只有 10%，尽管按年降水量 600 毫米估算，全国城市绿地系统的雨水利用量可达 20 亿米³，但利用量还很少。海水淡化产业化不够，成本相对较高，海水利用潜力远远未挖掘。我国拥有约长 18 000 千米的大陆海岸线，海洋面积约为 300 万千米²，为发展城市海水利用创造了天然的便利条件。据有关部门预测，如果大力发展海水利用技术，到 2020 年可以解决沿海地区约 1/3 的缺水量。

4. 尽快开展覆盖全国各行业的全社会节水计量与监控智能系统研发与工程建设

通过工程措施与非工程措施结合，研发具有遥测和监控功能、智能化的"取—供—用—蓄—耗—排"的全过程节水计量和监控系统，开发新一代取水卡和互联网等节水信息技术，评估各个行业、各个地区的实时节水情势与节水水平，最大限度地提高节水效率和效益的监控与监管能力。随着《水污染防治行动计划》（简称"水十条"）的发布，水务市场将新增数万亿元的投资需求，而"互联网+"将会助推水务行业快速发展，促进全社会节水。

在"工业 4.0"阶段，互联网已经不再是传统意义上的信息网络，它更是一个物质、能量和信息互相交融的物联网。"互联网+水务"理念将企业的生产过程、调度监控、事务处理、决策等业务过程进行数字化，通过各种信息系统网络加工生成新的信息资源，提供给各层次的人们洞悉、观察各类动态业务中的一切信息，以做出有利于生产要素组合优化的决策。"互联网+水务"使企业资源合理配置，实现实时运行监视告警、企业形象展示、生产精细化管理、生产优化调度、经营成本分析、日常办公管理、辅助经营决策等综合管理应用。在此基础上，上下游水务企业将相互联通，形成新的生态链。"互联网+水务"不仅创造了新的价值，而且通过现代技术倒逼全社会节水治污。

（三）以生态文明建设为指导方针，推进节水型社会建设，实现重大制度改革与法规建设的创新

（1）尽快制定"节水法"。在《中华人民共和国水法》的基础上，专门针对全社会节水与管理问题，制定"节水法"，在节水法律和制度上形成有力的保障。

（2）深化水价、水权制度改革，推进"费"改"税"。全面实行非居民用水超定额、超计划累进加价制度；提高水污染排放标准和收费标准；合理制定再生水指导价格；严格执行水价政策监督管理；深入推进农业水价综合改革。推进水权制度改革，促进水权交易。扩大水资源费征收范围并适当提高征收标准，尽快推行"费"改"税"。积极培育水市场，鼓励和引导社会资本参与投入水市场。

（3）尽快推广实行通过政府和社会资本合作的合同节水管理模式与机制。合同节水管理市场机制由水利部综合事业局率先提出，作为"节水优先"和"两手发力"的市场手段，积极进行了创新与实践探索。强调由社会资本承担节水工程项目的设计、建设、运营、维护工作，由"政府按照水资源的价值付费"购买节水的效果服务，使社会资本的投入能够获得合理可观的投资回报；政府部门通过制定政策及节水或水环境治理服务奖惩机制和质量监管，以保证节水或水环境治理效益的最大化。政府与社会资本及用水单位或水管理部门以契约形式约定节水或水环境治理项目的目标。建议在全国范围内增加更多的试点单位，应涵盖主要的社会单位类型，吸引更多的社会资本参与到节水事业中来，在不同的行业和单位，尤其是涉及高耗水、高污水排放行业和单位，大力宣传、示范和推广合同节水管理模式，并在实践中总结更多的经验和教训，以便更好地发挥更大的影响力和辐射带动作用。

（4）建立水生态红线制度，革新生态补偿机制，发展"绿水信贷"（green water credits）模式。明确水生态红线的控制性指标，将浪费水资源和水污染明晰到控制性评估指标中，划定程序和管控制度。基于"绿水信贷"模式，建立流域长效生态补偿机制，通过支付给农户用于开展绿水管理活动的费用投资机制改革，以解决缺水、环境保护和维系生态面临的矛盾与问题。绿水管理被认为是一种提高水资源保证率和保护水环境的途径。绿水管理是指农户或土地使用者实施有效的绿水管理措施，如秸秆覆盖、保护性耕作、修梯田、陡坡退耕还草还林和合理施肥等，使降水就地入渗拦蓄，减少无效蒸发，减少水土及养分流失，减少入河湖泥沙量，从而提高降水利用效率与作物产量，减少面源污染，保护水质，增加下游来水量和灌溉保证。"绿水信贷"是一种投资机制，即支付给农户用于开展绿水管理活动的费用。"绿水信贷"是衔接下游水资源利用者（投资者）和上游绿水管理者之间的一座桥梁：通过给流域上游的农户或牧民提供小额资金或物资支持，开展有效的绿水管理，能使水源区与其下游用水区利益攸关方均受益，实现双赢，促进清洁流域的可持续利用。"绿水信贷"是生态服务付费（payment for ecosystem services）的一种途径。迄今，农户参与绿水管理的工作尚未普及，仅在非洲一些国家进行了试验与示范。作为水资源管理一种创新的开拓，"绿水信贷"对贫困农户大有好处；同时也有利于保障用水与保护生态。因此，应积极推广"绿水信贷"在我国的应用实践。

（四）将节水确定为国家基本国策，在国家"一张蓝图"中统筹制定全社会节水战略规划

（1）制定我国全社会节水中长期规划。确立"节水优先"的国家战略、建设节水型社会是解决我国水资源短缺问题的根本出路。实行"节水优先"的全社会节水战略总方针，通过两型社会建设，通盘考虑节水与治污，融合节水型社会建设与"三条红线"的监控，真正把节水作为革命性战略。在全国的节水中长期规划中，要突出全过程的规划，合理规划水资源的"取—供—用—蓄—耗—排"全过程，在源头端严控用水需求和总量规划，在过程中狠抓各行业节水规划及分区域重点节水规划，在末端抓好节水监督和考核的配套规划；节水中长期规划同时要注重综合政治、经济、科技、政策、法规、管理和文化的全方位系统规划与措施的落实。

（2）积极开展全社会节水战略目标的水资源社会化管理与创新体系的建设。包括：面向全球和区域贸易，通过进出口粮食等经济产品达到调整经济结构，提高环境质量的虚拟水战略研究；开展人与自然和谐的"节水与调水"国家水战略的应用基础研究，借鉴重大水利工程第三方评估的模式和经验，委托第三方评估机构科学评估全国已建调水工程的用水效率和存在的问题，提出南水北调中线调水规模的适时调整的对策与建议；以水资源的社会属性为主线，集成法规、政策、经济、科技、管理、文化、国民教育、社会监督等多维手段的水资源社会化综合管理体系的构建。

（3）加快制定我国全社会节水战略科技路线图。从发达国家需水发展过程和我国国情来看，未来用水与需水不可能无限增长。当前世界上发达国家的需水管理的经验与实践已表明，通过强化节水战略与科技创新，既能够保持 GDP 和人口的正增长，又能够达到用水总量负增长的战略目标。自 2000 年以来，我国用水总量增长逐年放缓。通过实施最严格的水资源管理制度，预计我国在 2020 年用水总量趋于零增长。如果能强化全社会节水战略和大力开展科技创新与需水管理，到 2030～2050 年我国用水总量可望达到负增长的总体目标。

总之，解决我国水短缺的根本出路在于大力推进"节水战略、科技创新、制度改革、全民教育"，提高单位水资源的生产力。全社会节水不仅能维系经济社会发展对水资源的需求，而且能够保障有更多的水用于改善和保护环境，同时也是应对全球变化最有效的适应性对策。建议国家尽快研究制定我国全社会节水战略规划和科技路线图，实现全国用水总量 2030 年零增长，2050 年负增长的国家节水战略总目标。

（本文选自 2016 年咨询报告）

咨询项目组主要成员名单

专题总负责人：

刘昌明　中国科学院院士　　中国科学院地理科学与资源研究所

专家组

专家组负责人：

刘昌明　中国科学院院士　　中国科学院地理科学与资源研究所

专家组成员：

孙鸿烈	中国科学院院士	中国科学院地理科学与资源研究所
陈　颙	中国科学院院士	中国地震局
汪集旸	中国科学院院士	中国科学院地质与地球物理研究所
陆大道	中国科学院院士	中国科学院地理科学与资源研究所
王　浩	中国工程院院士	中国水利水电科学研究院
王光谦	中国科学院院士	清华大学
陶　澍	中国科学院院士	北京大学
傅伯杰	中国科学院院士	中国科学院生态环境研究中心
周成虎	中国科学院院士	中国科学院地理科学与资源研究所
夏　军	中国科学院院士	武汉大学
王　毅	研究员	中国科学院科技政策与管理科学研究所
王建华	研究员	中国水利水电科学研究院
汤秋鸿	研究员	中国科学院地理科学与资源研究所
康跃虎	研究员	中国科学院地理科学与资源研究所
何希吾	研究员	中国科学院地理科学与资源研究所
陆亚洲	研究员	中国科学院地理科学与资源研究所
陈传友	研究员	中国科学院地理科学与资源研究所
张士锋	副研究员	中国科学院地理科学与资源研究所
王中根	研究员	中国科学院地理科学与资源研究所
沈大军	教授	中国人民大学

陈 莹	高级工程师	水利部水资源管理中心
周长青	高级工程师	中国城市规划设计研究院
杨永辉	研究员	中国科学院遗传与发育生物学研究所
沈彦俊	研究员	中国科学院遗传与发育生物学研究所

工作组

工作组负责人：

| 夏 军 | 中国科学院院士 | 武汉大学 |
| 王 毅 | 研究员 | 中国科学院科技政策与管理科学研究所 |

工作组成员：

梁 康	助理研究员	中国科学院地理科学与资源研究所
黄河清	研究员	中国科学院地理科学与资源研究所
宋献方	研究员	中国科学院地理科学与资源研究所
于静洁	研究员	中国科学院地理科学与资源研究所
贾绍凤	研究员	中国科学院地理科学与资源研究所
李丽娟	研究员	中国科学院地理科学与资源研究所
王修贵	教授	武汉大学水利水电学院
张 翔	教授	武汉大学水利水电学院
杜 群	教授	武汉大学法学院
张丛林	博士后	中国科学院科技政策与管理科学研究所

大力发展分布式可再生能源应用和智能微网的建议

路甬祥 等

一、战略意义

能源是人类生存、生活与社会文明发展的基础。每一次能源利用技术与能源产业的变革，都促进和标志着人类生存发展方式和社会文明的进步。回顾数千年能源利用史，能源结构经历了数次变革：历时几千年的农耕社会主要利用薪柴为主的生物质能源；18 世纪蒸汽机与珍妮纺纱机的发明与应用，引发第一次工业革命，使人类进入煤炭时代；19 世纪以来，电机电器和内燃机的发明使用，使人类进入电气化和石油天然气时代；60 年前开始的半导体、计算机、核能的开发利用，以及循环流化床、超临界、蒸汽燃气联合循环等技术发展，使人类进入以高效火电、水电、核电为支柱的电子信息与集中高效能源时代；21 世纪以来，网络、云计算、大数据、智能制造、能源技术创新，全球气候变化备受关注，全球能源需求快速增长，能源安全凸显，使人们更加关注清洁低碳、可再生能源和智能电网的发展。

在知识网络时代，作为人类现代文明基石与动力的能源也面临新变革。尽管世界各能源组织对未来能源增长和结构调整的预测不尽相同，但大趋势一致：能源消费增长主要来自新兴经济体，供给增长主要来自可再生能源和非常规天然气，煤炭在一次能源中的比重将不断下降。未来二三十年，将是能源生产消费方式和能源结构调整变革的关键时期。人们将致力于构建绿色低碳、高效智能、多样共享的可持续能源体系。

人类正在逐步向以可再生能源为主的绿色低碳、可持续能源时代过渡。大力发展分布式可再生能源是能源革命的重要内容，对推进我国能源结构转型，保障能源自主安全具有重要的战略意义。它将促进上万亿元规模的新兴产业发展，推动产业结构调整。分布式可再生能源有利于促进城乡新型能源体系发展，推进新型城镇化和新农村建设；有利于改善大气质量，保护和修复生态环境。它也是"一带一路"倡议的重要内容，对推进"一带一路"建设具有重要意义。

可再生能源的利用有集中与分布两种方式。集中式是在资源丰富的地区建设大规模可再生能源生产基地，依靠长距离能源网络输送到负荷中心。而分布式则将可再生能源系统建在用户附近，一次能源以可再生能源为主，二次能源以分布在用户端的冷、热、电联产为主，将电力、热力、制冷同蓄能技术结合，满足用户多种需求，实现能源梯级利用。

分布式可再生能源技术包括太阳能光伏发电、太阳能热发电、太阳能热利用、风能、生物质能、地热能利用等。它将可再生能源的生产和消费结合在一起，生产的电力首先满足本地用户的需要，富余部分通过智能电网提供给邻近用户。它可将多种能源资源和用户需求进行优化整合，实现资源利用最大化。分布式可再生能源和智能微网系统在构建未来我国自主、自立、清洁、可持续发展的能源体系中有着巨大潜力和重要作用。

二、分布式可再生能源发展现状与潜力

（一）资源潜力

可再生能源具有清洁、自然再生、广域分布、能量密度低、间歇性等特点，从本质上看具有明显的分布式能源的特征。

我国地域广阔，可再生能源资源总量巨大。陆地水平面平均太阳辐照度约为175瓦/米^2，高于全球平均水平，太阳总辐射资源"丰富区"及"很丰富

区"以上的面积占全国陆地面积的 96.3%,绝大部分地区适合利用太阳能。

我国陆地 50 米、70 米、100 米高度层年平均风功率密度达到 300 瓦/米² 以上的风能资源技术可开发量分别为 20 亿千瓦、26 亿千瓦和 34 亿千瓦,70 米高度层年平均风功率密度达到 200 瓦/米² 以上的风能资源技术可开发量为 36 亿千瓦。在水深不超过 50 米的近海海域,风电实际可装机容量约为 5 亿千瓦。总体上,我国风能资源技术可开发量满足国家大规模开发风电的需要。

作为农业大国,我国生物质资源丰富,每年可作为能源利用的生物质资源折合约为 6.7 亿吨标准煤,其中农林废弃物约为 3.7 亿吨标准煤,林业废弃物约为 0.8 亿吨标准煤,工业废水约为 0.86 亿吨标准煤,畜禽粪便约为 0.96 亿吨标准煤。

对于分布式可再生能源利用而言,可利用的土地和建筑屋顶或墙面也是重要的资源条件。预计 2020 年分布式建筑光伏最大可装机容量可达 7.5 亿千瓦,2050 年可达 10 亿千瓦。中国约 13% 的陆地面积不能用于耕作,主要为沙漠、戈壁和滩涂,总面积约为 128 万千米²,其中戈壁面积约 57 万千米²,有充足的土地资源发展太阳能发电。

(二)技术水平与发展现状

目前主要可再生能源利用技术已趋成熟,成本快速下降。在可预见的将来,可再生能源的技术和经济性都将达到与常规能源相当的水平,在世界范围内可再生能源利用的快速发展已成为现实。

中国光伏技术研究开发水平不断提高,个别技术研究水平进入世界先进行列。我国单晶硅和多晶硅电池产业化生产的平均转化效率分别达到 18.3% 和 17.1%,部分企业的高效光伏电池和组件技术达到国际先进水平。国内光伏电池组件价格从 2007 年的 36 元/瓦下降到当前的 4.2 元/瓦,整体系统的价格也从 60 元/瓦降到 8 元/瓦。2014 年,我国太阳能光伏组件产量 35.6 吉瓦,约占全球总产量的 71%,居世界第一位,中国光伏产业规模在世界上已形成绝对优势。

2014 年,全国风电新增装机容量 23 916 兆瓦,到 2014 年底全国累计风电装机容量 115 329 兆瓦。我国小型风电不断发展,技术日臻完善,使用的领域也逐渐扩大。目前用于分布式风力发电的主要是中小型风机，先后建设了若干以中小型风机为主的微网发电示范项目。近年来，各地也开始了一些利用兆瓦级大风机的分布式风力发电和微网试验与示范。

我国太阳能中低温热利用产业完整，产品市场化程度高，2013 年太阳能集热器的总安装使用量达到 3.1 亿米³，年产量和安装量均居世界首位。除了供应民用热水外，在空调、纺织、印染、造纸、海水淡化等建筑和工业领域的太阳能中低温热利用也有很大市场潜力。在工农业领域以及生活用能领域，太阳能中高温热利用技术和太阳能制冷空调技术处于研发示范阶段，这些技术适用于广大中小城镇及农村冷热能源的应用，以及边远地区工农业热能的应用，发展前景广阔。

生物质能源分布式利用的主要途径是供热和供电。目前，我国的生物质能产业主要有沼气、生物质发电、燃料乙醇、生物柴油和成型颗粒。至 2010 年底，生物质发电装机约 550 万千瓦，沼气年利用量约 130 亿米³，生物质固体成型燃料年利用量约为 50 万吨，非粮原料燃料乙醇年产量为 20 万吨，生物柴油年产量约为 50 万吨。

我国地热资源的利用已经形成以取暖、水产养殖、浴疗、农业和医药等直接利用方式和以发电为主的地热资源综合开发利用技术体系。随着地源热泵技术的发展，浅层地热能利用是目前中国地热能开发应用的主要方式。

太阳能与多种其他可再生能源的结合具有良好的互补性，可以提升能源密度，提高运行效率，可在一定程度上弥补单一可再生能源的间歇性和不稳定性缺陷。太阳能与常规化石能源发电系统互补，可以降低对太阳能高温集热、蓄热技术的依赖，是现阶段太阳能热发电规模利用的可行途径。太阳能与化石能源综合互补利用，可有效解决太阳能不稳定的问题，降低开发利用太阳能的技术和经济风险，提高利用效率。

太阳能与建筑结合是分布式可再生能源应用的重要方向。目前主要是太阳能热水器以及光伏发电与建筑的结合。我国拥有世界最大量的建筑，同时又是全世界最大的太阳能热水器和光伏发电组件生产国，太阳能与建筑结合及一体化，可以充分利用建筑以及太阳能资源，降低成本，带动建材产业转型，具有规模发展的广阔前景。

（三）发展潜力

本课题调研分析了若干分布式可再生能源与微网的实施案例，包含单体建筑、工业厂区、居民社区，以及工业园区、乡镇、县甚至省，既有农村，也有城市，还有海岛，显示了分布式可再生能源无论是在供应居民生活用能方面，还是在工业用热、用电方面的广泛适应性和可行性。

在北方农村地区，分布式可再生能源与农村节能建筑结合，可再生能源发电与供暖、热水结合，可以有效解决一般北方农村农户日常用电、生活用热水和冬季家庭供暖需求，也可以满足一般公共设施的用电、用热需求。但在生物质资源贫乏地区，农户炊事用能依然要燃煤或燃气。

中东部工业发达地区适合大规模推广分布式光伏发电。这些地区工业厂房多，可安装光伏的屋顶也多，而且发电—用电距离近，用电需求较大，光伏电力可就地充分消纳；中东部地区工业用电和商业用电的电价较高，光伏发电的经济性较好；一般性工业用电负荷特性与光伏发电特性比较相符。

对于中等用电强度工业地区，其大部分厂房适合建设屋顶光伏系统。据广东佛山三水工业园区估算，充分利用目前的屋顶可安装光伏系统 300 兆瓦，装机容量可达到 2015 年最大用电负荷 645 兆瓦的 46.5%。考虑到光伏发电利用小时数约为一般火电厂的 1/3，工业厂房屋顶光伏发电能满足该地区最大用电负荷的 15%～20%。

分布式可再生能源利用同地区能源需求、能源基础条件、建筑屋顶资源、零散空地的利用密切相关。推出区域性整体规划，将新型城镇化建设、三旧改造（旧城镇、旧厂房、旧村庄改造）等各类计划同分布式可再生能源建设结合起来，加强规划引导，统筹协调各种资源，这样的实践经验值得推广。

可再生能源能量密度相对比较低，无论是建筑用能还是工业用能，分布式可再生能源与节能技术结合尤为重要。在一些供热需求比较大的工业企业中，分布式可再生能源供热与热能梯级利用、余热回收再利用等技术结合，形成高效能源综合利用系统是降低能耗、提高经济效益和社会效益的有效途径。

（四）存在问题

我国可再生能源开发还面临许多共同的问题和障碍：高成本仍是产业市

场竞争力较弱的重要影响因素；自主创新能力较弱影响了产业的持续发展；行业管理松散，标准体系建设严重滞后；政策措施的出台滞后于产业发展的客观需求；对发展可再生能源的战略性尚未达成普遍共识。

此外，分布式可再生能源发展还面临一些新的挑战：一是单个项目规模小、数量众多，项目管理难度大；二是分布式可再生能源项目的商业模式较为复杂，开发企业、用电单位、电网企业之间的利益关系复杂，项目的不确定性高；三是开发企业往往规模小，存在较大的投融资和保险问题。

我国分布式可再生能源在可再生能源应用中所占比例偏低，以光伏发电为例，国外目前分布式光伏发电占整个光伏发电的 80%，而我国目前仅占17.2%。除我国目前仍然处于较大规模电源建设阶段、我国具有集中发展可再生能源所需的荒漠土地资源这些因素以外，对分布式可再生能源的认识与支持不足，分布式可再生能源面临着更多的发展阻力和障碍等是造成这个现象的重要原因。这些问题如能得到有效解决，分布式可再生能源将释放出巨大的发展潜力。

三、技术选择与发展路线

近年来，可再生能源技术发展迅速，但要实现与常规能源竞争，在能源消费结构中占据主要地位，无论在性能上还是在成本控制上都还需要进一步发展。随着新理论、新材料、新技术的不断出现，未来 10 年可再生能源技术在若干领域将会有新的突破和进展，降低成本以及提高材料、器件和系统能效，使分布式可再生能源技术获得更大创新发展空间和潜力。

（一）技术选择

1. 可再生能源发电与热利用技术

在光伏技术方面，晶体硅电池、薄膜电池可能长期并存，微线矩阵电池、全光谱吸收电池等新型电池技术有望进一步提高光伏电池效率、减少材料用量、降低成本。在风电技术方面，在较低的单机造价条件下实现系统安全性、可靠性以及适应性，并且在较宽风速范围、不稳定自然风况下可靠运行，技术挑战和发展潜力很大。在分布式太阳能热发电方面，冬季向用户供热、夏季向用户供冷以及全年提供卫生热水,通过能量梯级利用形成一体化多联供能源系统。在生物质能利用方面,我国大中型沼气工程、秸秆燃料锅炉燃烧应用技术、小规模生物质气化及利用技术、生物质热解技术等与欧洲、美国、日本等国家/地区相比还有较大差距。

2. 可再生能源-建筑集成一体化技术

分布式可再生能源在建筑用能中的技术创新重点在材料、构件、能源系统与节能建筑设计集成等。在材料方面,将重点发展新型透光、光控、保温、储热等建筑材料,强化与建筑功能、材料、结构、美学设计相互结合。在建筑构件方面,主要发展新型太阳能光伏/光热一体化建筑构件,包括被动式太阳能建筑在内的构件化、模组化建筑太阳能利用技术。在能源系统与节能建筑方面,主要发展光伏/光热技术,实现冷热电及热水联供。太阳能建筑一体化技术与墙体节能、屋面保温隔热等建筑节能技术和能源智能管理有机结合,提高建筑综合能效。

3. 分布式可再生能源热利用与综合利用技术

面向工业供热和发电的太阳能锅炉技术可利用太阳能获得80~250℃的热能。风能热泵供热技术直接将风能转化为机械能,驱动压缩式热泵实现供热,在寒冷多风地区具有应用前景。太阳能和土壤热互补利用,既可利用太阳能提升地源热泵运行效率,又可通过地下埋管换热器把土壤作为补偿太阳能间歇性的储能设施。太阳能与生物质能互补利用,可实现我国农村地区采暖期能源互补供热、发电,并提供生活热水。太阳能和化石燃料通过热互补和热化学互补,可实现太阳能重整甲烷-燃气蒸汽复合热发电系统、中低温太阳能驱动替代燃料裂解发电系统等新型系统,实现太阳热和替代燃料的共同高效利用。

4. 分布式储能技术

分布式储能技术将有效提升可再生能源并网规模,并在未来智能电网中提供电网备用、电能质量调节等重要的辅助服务。功率型储能提供数秒到数分钟的高功率支撑,能量型储能则提供数分钟到几小时的能量支撑,两者综合使用更具有经济性。在热电联供系统中,储热设施成为一种有效的储能措施，通过供电、供热的交互作用，提高系统灵活性和综合能效。插电式电动车和混合动力车的大规模推广应用提供了一种新的分布式储能方案，通过大量车载电池的合理有序充放电、参与电网调节，电网获得辅助调节设施。在含分布式发电、储能、可控负荷的特定配电网，借助先进控制、计量、通信技术可聚合形成"虚拟电厂"，实现优化协调运行。

5. 智能微网技术

分布式电源往往处于电力系统管理的边缘，有可能造成电力系统不可控制和缺乏管理的局面，所产生的间歇性和波动性在没有补偿和控制管理的情况下可能引起安全性和稳定性问题，并对电网运行和电力交易造成冲击。用于集成多类型分布式电源和负荷以及储能单元的微网技术，旨在实现中低压层面上分布式能源的灵活、高效应用，解决数量庞大、形式多样的分布式能源并网带来的各种问题，是实现各种分布式能源安全可靠接入电力系统的最具发展潜力的新技术。

多项微网技术示范已展示了其在分布式能源接入电网方面的作用与效果。未来微网、分布式能源、信息技术将进一步融合，主要包含三个方面：信息与计算嵌入微网能源、微网能源融入广域信息网络和基于信息的微网智能化。借助物联网、云计算、数据挖掘等新技术，灵活地整合、管理、调度分布式能源，实现基于微网的分布式供能的智能化。随着电力电子技术的进步，基于直流的新型供电方式也逐渐成为可能，多端直流系统、交-直流混合系统等将带来微网系统结构的创新与突破。

微网的智能化和灵活的系统结构，将为分布式可再生能源安全可靠接入和配送、高效转换和利用、优化调节供需平衡等奠定坚实的基础，可有效解决大规模分布式可再生能源的接入和消纳问题。

（二）发展路线

目前，光伏发电已在少数地区和领域开始具备价格竞争力；到 2020 年，将在居民用电领域逐步具备价格竞争力；到 2030 年，光伏度电成本将逐步接近甚至低于传统能源发电上网电价。光伏发电中，分布式的比例大约占 50%。

风力发电成本已低于油电与核电,接近煤电。未来 15 年,中国风能仍将以年均新增装机 15～20 吉瓦的速度发展,随着陆上风电开发的成熟,未来海上风电和分布式风能利用将快速增长。

太阳能热发电目前处于技术示范和商业化起步阶段,到 2020 年可承担调峰和中间电力负荷,2030 年以后可承担基础电力负荷。

2015～2020 年,生物质分散供热和天然气替代技术基本成熟。到 2020 年,生物质发电装机容量达到 3000 万千瓦,固体成型燃料年利用量达到 5000 万吨,沼气达到 440 亿米³,生物乙醇达到 1000 万吨,生物柴油达到 200 万吨。

在分布式可再生能源热利用与综合利用技术方面,2015～2020 年,太阳能制冷/热泵、生物质供热等技术基本成熟,推广和拓展建筑领域以及工业领域太阳能热利用。2020～2030 年,光伏与光热一体化、太阳能综合利用技术得到普遍应用。

四、发展目标与政策制度保障

(一)发展目标

党的十八大确立了 2020 年在转变经济发展方式方面取得重大进展的方针,强调要推动能源生产和消费革命,未来二三十年,将是能源生产消费方式和能源结构调整变革的关键时期。可再生能源将快速增长,到 2020 年占一次能源消费的比重达到 15%～20%;2035 年超过 30%,形成天然气、石油、煤炭、核能、可再生能源为五大支柱的新格局;力争 2050 年清洁、可再生能源所占比重达到 55%～65%,成为一次能源的主体。

随着分布式可再生能源技术、微网技术和储能技术的不断进步,分布式可再生发电装机在电力总装机中的占比将不断提高,到 2050 年有望达到约 1/3,总装机量将超过 20 亿千瓦。

(二)政策保障和制度创新

可再生能源正处在快速成长阶段,成长的动力是技术不断进步和市场快速发展。政策保障和制度创新对于促进其产业的发展十分重要,有利于克服目前所面临的一些体制、机制和观念上的障碍。

世界各国提出过一些不同的政策鼓励可再生能源的发展，包括配额制、招标制和固定上网电价等。在可再生能源发电技术研发处于成长期时，固定上网电价政策更为有利。配额制政策则在经济成本上更为有利，适合在可再生能源发电技术成熟的市场上采用。

不同的政策各有优缺点，应该在不同的阶段及时总结，不断改进政策及制度设计，加强实施中的监管，注重持续协调发展。

1. 创新电价补贴机制

稳定的电价收入是电力企业投资的前提。当前电价补贴机制是促进分布式可再生能源产业规模化发展、提高效率、降低成本、提高竞争力的重要条件和工具，应当用好电价补贴机制，支持和引导企业不断创新、降低成本，逐步达到与常规电力平价。

成功的固定上网电价制度包括适当的上网电价和上网电价随发电成本调整的机制。就当前光伏成本和我国的资源条件，应形成有资源差别的电价制度。逐年降低电价补贴，实现 2020 年在用电侧平价上网，2025 年在发电侧平价上网。

为了鼓励可再生能源发电的升级换代和创新应用模式，对于新型可再生能源利用形式，如光伏建筑一体化（building integrated photovoltaic，BIPV）、智能家庭、带储能的微电网等，可以在初期给以更高的电价或额外的补贴，以鼓励投资者。

2. 推进电力体制改革

目前，中国电力消费属于垄断市场，不利于公平竞争和可再生能源电力的发展，尤其是在一些光伏和风力发电可以和常规电价竞争的地方，应逐渐引入电力市场价格竞争机制。

电力体制改革应该打破电网企业的垄断经营，按照党的十八大"使市场在资源配置中起决定作用"的要求，发挥更加开放公平的市场作用，在末端电力市场开放的同时，开放含分布式能源的配电网的建设、运营和服务。

电力体制改革的内容应该包括：创新发电计划管理方式；允许发电厂和

用户之间直接制定电价进行交易，允许民营资本进入配电和售电领域；允许社会资本进入，成立售电公司，促进屋顶、空地等分散资源得到更加合理的配置和利用，促进多种分布式发电经营模式的生长。

3. 创新商业模式和投融资机制

分布式可再生能源项目规模小、商业模式复杂、不确定因素多，在寻求投融资上有其特殊的困难。分布式可再生能源的发展需要创新商业模式和投融资环境，构建完整的金融体系和渠道，包括：建立项目评级制度；建立完善的第三方评估和项目资产量化体系，为项目融资打下基础；建立"统借统还"和"组合信贷"融资平台；组建可以承担较高风险的创业投资引导基金和产业投资基金，建立分布式电站风险投资机制；充分发挥多层次资本市场的作用，创新金融组织管理方式；开发分布式电站金融产品，探索项目证券化；进行项目债权融资、股权融资、租赁融资、购电协议融资等。

4. 优化产业发展政策

加大对分布式可再生能源产业技术创新和升级改造的扶持力度，优先支持建设国家及省级工程中心、重点实验室、技术中心，提升研发水平。鼓励组建产学研用一体化协同创新平台。

在高新技术企业认定、企业所得税减征、研发费用的加计扣除和成本摊销、固定资产加速折旧等方面，对分布式可再生能源企业给予更多的优惠和支持。

严格落实"有保有压"的信贷政策，支持企业做优做强；防止落后产能项目盲目扩张建设，对不符合国家产业政策的项目不予信贷支持。推动金融保险机构与生产制造企业、项目开发商的互利合作，完善相关服务体系，提高企业竞争力，促进我国可再生能源企业国际化发展。

5. 创新财税政策

当前国家通过在电价中征收附加费的方法来筹集对可再生能源发电的补贴资金，每千瓦时电征收 1.5 分钱，每年大约能筹集 400 亿元。这个办法简单易行，但却不尽合理，并没有直接抑制 CO_2 的排放。

而碳税是以减少 CO_2 排放为目的，对化石燃料按照其碳含量或碳排放量征收的一种税。碳税有利于推动消耗化石燃料产生的外部负效应内部化，通过增加能源的使用成本达到减少能源消耗的目的，是促进我国节能减排和建立环境友好型社会的有效经济手段之一。

征收碳税按照"谁排放，谁缴税"的原则，既可以抑制碳排放，又可以形成支持可再生能源的良性机制，更加公平。征收碳税符合国际上"可测量、可报告、可核实"的原则，提升中国负责任大国的形象。

五、建议

我国应该制定更加积极的能源转型战略，制定减少煤炭消耗、降低化石能源比重的行动计划，制定和实施科技与产业创新促进太阳能发展、分布式能源与城镇化、太阳能与智慧能源社区计划等，大力发展分布式可再生能源，全面加速我国能源转型，构建未来我国自主、自立、清洁、可持续发展的能源体系。

（一）建立张家口可再生能源应用综合创新示范特区的建议

张家口是我国华北地区风能和太阳能资源最丰富的地区之一，也是离北京、天津等负荷集中地区最近的可再生能源规模化发展地区，而且具备抽水蓄能电站和电网建设条件。建议张家口地区以申办 2022 年冬季奥运会为契机，建设可再生能源应用综合创新示范特区，建立可再生能源发展的综合改革体系，为国家探索可再生能源"技术-经济-政策-法规"综合发展模式，有力促进我国太阳能、风能、储能、智能电网等技术进步和产业发展，促进京津冀城市群绿色、生态能源体系建设。

（二）开展百个中小城镇分布式可再生能源综合示范的建议

城镇化是我国社会转型与变革的必然发展趋势，是未来相当长一段时期我国社会经济发展的动力和重要内容。城镇化既带来了能源利用方式变化、能源消费增加等挑战，也提供了在未来广大中小城镇重构能源体系、调整能源结构的机遇。建议国家开展百个中小城镇分布式可再生能源综合示范，将中小城镇绿色能源体系建设纳入国家能源发展战略，将分布式可再生能源的发展纳入我国城镇化建设发展中的能源供应体系规划和建设，统筹各种资源，持之以恒，持续发展。

（三）加大对分布式可再生能源的科技投入

发展可再生能源、建立绿色高效可持续的能源体系是能源革命的主要内容。尽管国家多年来一直支持可再生能源的科技发展，但目前的力度和方式尚不足以支撑这样的能源技术革命。

建议国家有关部门将可再生能源转换与利用长期纳入科技创新计划，并积极推动启动国家科技重大专项。加强创新，加强对太阳能、风能等可再生资源的评估和调查，长期持续支持超大型风机、高效低成本光伏发电和光热转换利用、高效新型储能、智能微网等关键核心技术的发展，支持建立若干可再生能源国家级示范工程，抢占可再生能源领域技术制高点，以实现能源技术革命。

（四）政策保障和制度创新

可再生能源正处在快速成长阶段，成长的动力是技术不断进步和市场快速发展。政策保障和制度创新对促进其产业发展十分重要，有利于克服目前面临的一些体制、机制和观念上的障碍，促进其技术不断发展、产业规模不断扩大、成本不断下降。

建议国家加强对分布式可再生能源与智能微网发展的政策支持，创新电价补贴机制，推进电力体制改革，打破市场的垄断，创新商业模式和投融资机制，创新财税政策，从产业政策等方面支持分布式可再生能源技术和产业更快更好地发展。

（本文选自 2016 年咨询报告）

咨询研究项目组专家名单

路甬祥	中国科学院院士	中国科学院
李静海	中国科学院院士	中国科学院
卢 强	中国科学院院士	清华大学
周孝信	中国科学院院士	中国电力科学研究院
过增元	中国科学院院士	清华大学
严陆光	中国科学院院士	中国科学院电工研究所
徐建中	中国科学院院士	中国科学院工程热物理研究所
褚君浩	中国科学院院士	中国科学院上海技术物理研究所
周 远	中国科学院院士	中国科学院理化技术研究所
程时杰	中国科学院院士	华中科技大学
金红光	中国科学院院士	中国科学院工程热物理研究所
江东亮	中国工程院院士	中国科学院上海硅酸盐研究所
李立涅	中国工程院院士	南方电网科学研究院
陈立泉	中国工程院院士	中国科学院物理研究所
郭剑波	中国工程院院士	中国电力科学研究院
陈 勇	中国工程院院士	中国科学院广州能源研究所
肖立业	研究员	中国科学院电工研究所
孔 力	研究员	中国科学院电工研究所
王斯成	研究员	国家发展和改革委员会能源研究所
王仲颖	研究员	国家发展和改革委员会能源研究所
吴创之	研究员	中国科学院广州能源研究所
赵黛青	研究员	中国科学院广州能源研究所
仲继寿	高级工程师	国家住宅与居住环境工程技术研究中心
叶 青	高级工程师	深圳建筑设计研究院
许洪华	研究员	北京科诺伟业科技股份有限公司
祁和生	高级工程师	中国农业机械工业协会风力机械分会
王成山	教 授	天津大学

黄学杰　研究员　　　　　中国科学院物理研究所
陈海生　研究员　　　　　中国科学院工程热物理研究所
齐智平　研究员　　　　　中国科学院电工研究所
王志峰　研究员　　　　　中国科学院电工研究所
王文静　研究员　　　　　中国科学院电工研究所
隋　军　研究员　　　　　中国科学院工程热物理研究所
王一波　研究员　　　　　中国科学院电工研究所
吕　芳　副研究员　　　　中国科学院电工研究所
原郭丰　副研究员　　　　中国科学院电工研究所
裴　玮　副研究员　　　　中国科学院电工研究所

"'胡焕庸线'总理三问"的时空认知与建议

郭华东 等

一、背景与意义及研究特色

（一）背景

2013 年 8 月 30 日，国务院总理李克强邀请中国科学院、中国工程院院士及有关专家到北京中南海，听取城镇化研究报告并进行座谈。就"胡焕庸线"问题，李克强总理在座谈会上提出了"该不该破？能不能破？如何破？"三个问题，我们称之为"'胡焕庸线'总理三问"。2014 年 11 月 28 日，李克强总理在中国国家博物馆参观人居科学研究展时，再次发出了"'胡焕庸线'怎么破"之问。

"胡焕庸线"即我国地理学家胡焕庸教授提出以"瑷珲—腾冲"一线划分我国人口密度的分界线。1935 年，时任中央大学教授的胡焕庸先生在《地理学报》发表《中国人口之分布》的著名论文。由于"年来中外学者，研究中国人口问题者，日见其多，中国人口是否过剩，国境以内，是否尚有大量移民之可能，此实当今亟须解答之问题，各方面对此之意见，甚为分歧"，胡焕庸教授根据 1933 年人口分布图和人口密度图，发现从黑龙江省瑷珲（今黑河市）到云南省腾冲，形成大致为北东 45°的人口密度分界线，后人称之为"胡焕庸线"。当时（注：1935 年的统计数据国土范围含蒙古），该线东南方 36% 的国土居住着 96% 的人口，西北方 64% 的国土分布着 4% 的人口。

为理解和认识李克强总理提出的这个重大问题，中国科学院学部于 2015 年设立"'胡焕庸线'时空认知：聚焦总理'三问'"学部咨询项目进行专门研究。

（二）意义

"胡焕庸线"在经济生产、社会发展和科学研究方面均具有重要意义。"胡焕庸线"是现代地理学界完全由中国人完成的标志性成果之一，在地理学、人文科学、经济学等诸多领域均具有重要价值。学者们发现，这条人口密度分界线与气象降水量线、地形区界线、生态环境界线、文化转换分割线乃至民族界线等均存在某种程度的契合，沿着"胡焕庸线"也是中国生态环境脆弱带分布区。在全球变化背景下，"胡焕庸线"两侧环境波动特征以及人口波动情况与未来我国人口分布趋势，线东西两边城镇化空间格局模式，丝绸之路经济带以及长江经济带与新型城镇化可能导致的"胡焕庸线"的变化趋势等均是学术界值得深入研究的问题。同时，该线对国土空间规划、生产力宏观布局、民政建设和交通发展等也具有重要的科学参考价值。

多年来，"胡焕庸线"东南半壁用占全国约 2/5 的国土，GDP 占全国的 90% 以上，居住 90% 以上的人口。今天，中国的经济总量居世界第二位。党的十八届五中全会提出，2020 年中国全面实现小康，人均 GDP 达到 1 万美元。如果把发展增量仍然集中在"胡焕庸线"东南半壁的国土上，势必造成土地、资源与环境难以为继，导致东、西部发展严重失衡，不利于中国社会、经济、环境的和谐发展。但是，西北地区水资源缺乏、生态环境脆弱、基础设施滞后，如何让约占国土 3/5 的西北半壁实现跨越式发展，需要用国际发展战略的视野、全国东西部统筹协调发展的思路，用创新的思想、方法与举措，发挥西部的长处与优势，发掘西部资源与环境的独特价值，优化水资源利用模式，走西部新型城镇化路子，进而形成中国西部特色的新经济发展模式。

（三）研究特色

"胡焕庸线"是历经数千年、跨越数千公里，在复杂的自然和人类活动条件下形成的科学现象，对其研究需要长期而系统的过程。作为前期的基础性、铺垫性研究，空间技术不失为一个有效的方法。

本研究的方法论和特色即是基于空间技术而开展的有关研究工作。利用空间技术宏观、客观、快速的优势，以大数据理念和技术做支撑，在综合考虑自然、经济、社会、人口和政策因素基础上展开研究。本文所用数据包括：1978 年以来美国陆地卫星系列数据；1992～2010 年美国军事气象卫星全球夜间灯光遥感数据；中国资源卫星遥感数据；20 世纪 80 年代末、2000 年、2010 年中国城镇密度 1 千米栅格数据集；1935 年以来 7 次人口统计数据；全国 30 米、90 米数字高程模型（DEM）数据；全国 753 个气象站点数据；中国相关年份社会经济统计数据等。为了有针对性地开展咨询研究工作，项目组人员于 2014 年、2015 年先后到新疆、陕西、甘肃、宁夏、河南及云南 6 个省（自治区）20 个市（县）进行调研，与调研的省（自治区）及其市（县）近 20 个相关厅、局、委、办、中心，以及有关的企业召开座谈会 20 余次。在上海、南京胡焕庸先生母校参加与举办"胡焕庸线"专题研讨会议，探究"胡焕庸线"两侧自然-社会-经济现状与问题，研讨突破的可能，寻求破解的办法。

二、对"'胡焕庸线'总理三问"的三点认识

围绕李克强总理针对"胡焕庸线"该不该破、能不能破和如何破三个问题，通过研究形成以下三点认识。

（一）认识一："胡焕庸线"应该破及其理由

（1）人口密度分界线是动态变化的，作为近代人口密度突变线的"胡焕庸线"，不具备可以永远不破的理由。

当前中国人口东密西疏格局是历史发展过程中不断演化形成的。自汉代以来的 2000 多年，考察汉、唐、明、清代若干时间段，中国人口格局在不断变动之中。人口密度分界线变化轨迹：由东—西向（汉代）转南—北向（明代），再变为东北—西南向（清代末）。西汉时期，由于中国历史早期农业发展集中在人口最稠密、经济最发达的黄河中下游流域，故全国人口分布格局为北多南少。以长江为界，那时 81.0%的人口分布在北方，南方地区人口只

有19.0%；而到东汉时期，长江以南地区人口比重上升到33.6%，北方为66.4%。初唐时，北方人口占45.4%，南方占54.6%。明洪武年间形成了以今山西—湖北—湖南—广东西缘的一条人口密度分界线。清嘉庆二十五年（1820年）形成了西至嘉峪关和青藏高原东缘，西南至云南边界的人口密度分界线，若取直线该人口密度分界线接近"胡焕庸线"，但是呈30°方向延伸。当时全国约有4.3亿人，其中线南侧人口比重为71.4%，北侧占28.6%。人口最密集的地区分布在今太湖平原、长江流域、大运河沿线以及黄河流域下游。由上可见，2000年来，中国人口密度突变分界线是不断变化的。

可以参考发达国家美国、发展中大国印度的人口宏观格局情况。夜间灯光亮度既是经济繁荣的反映，也是人口聚集的表现。通过夜间灯光的空间分布，可以反映人口的宏观分布格局。

由夜间灯光亮度分析可知，美国（不含阿拉斯加州）存在一条南—北向的人口密度分界线，分界线东部与西部面积各占44.55%与55.45%，结合其他统计数据计算，美国东、西部人口比例为73.91%与26.09%。印度则存在一条大体处于西北—东南向的分界线，线东部与西部面积分别占45.97%与54.03%，人口分别占48.94%与51.06%。基于夜间灯光数据和土地覆盖等数据估算，2010年中国人口分布情况是，"胡焕庸线"两侧，东南与西北面积所占比例分别是43.68%与56.32%，人口各占93.49%与6.51%。在东、西两侧面积比例上，中国与美国的接近，且10年间西侧人口增长比例也接近（约0.5%），但中国的西边人口所占比例为6.51%，与美国的26.09%有较大不同（表1）。

表1　美国、中国与印度人口密度分界线两侧面积与人口所占比例情况　　（单位：%）

国家	两侧面积比		2000年两侧人口占比		2010年两侧人口占比	
	东侧	西侧	东侧	西侧	东侧	西侧
美国	44.55	55.45	74.60	25.40	73.91	26.09
中国	43.68	56.32	93.84	6.16	93.49	6.51
印度	45.97	54.03	48.31	51.69	48.94	51.06

综上可见，人口数量、密度与质量是社会、经济、生活方式与环境容量的综合反映，不同国家因不同的自然、经济情况而不同，同一国家在不同发

展阶段人口空间格局也不同。中国人口格局从汉—唐—明—清一直处于不断变化之中。中国人口格局变化是伴随作为农业大国的人口在社会-经济-科技-环境等因素共同作用下而不断演变的。"胡焕庸线"作为中国近代时期的人口密度突变线，也不会永远不变的。只要东、西部发展（思路、条件）情况变化，这条人口密度分界线就会变化。

（2）"胡焕庸线"西北半壁人口与 GDP 占全国的比例在缓慢上升，但是，中华民族要实现伟大复兴，需要跨越"胡焕庸线"，改变西部发展思路与条件来实现更大、更快的发展，与东部携手前行的统筹、协调、均衡的发展。

基于全国县级人口历次普查数据和遥感观测数据，对中国人口密度空间变化进行研究。1935～2010 年，全国平均人口密度由 1935 年的 41 人/千米^2，增长为 2010 年的 144 人/千米^2，每平方千米平均增长 103 人。全国人口平均密度的显著变化发生在 1964 年和 1982 年。虽然"胡焕庸线"西部大面积的人口密度小于平均数，但是其人口已由 1935 年的 1500 万人（不含蒙古人口 300 万人）增加到 2010 年的 8800 万人，人口比例由 1935 年的 3.21%增加到 2010 年的 6.51%（表 2）。

表 2　"胡焕庸线"两侧人口占全国的比例变化情况　　　（单位：%）

年份	"胡焕庸线"东南半壁	"胡焕庸线"西北半壁
1935	96.79	3.21
1964	95.33	4.69
1982	94.21	5.79
1990	94.08	5.92
2000	93.84	6.16
2010	93.49	6.51

2004～2013 年，"胡焕庸线"西北半壁的 GDP 占全国的比例缓慢上升。由 2004 年的 7.74%上升到 2013 年的 8.78%。其中，农业 GDP 由 10.72%增加到 11.55%，工业 GDP 由 6.41%增加到 8.58%，第三产业 GDP 则由 7.71%增加到 7.85%。

过去 30 多年，中国城镇化主要发生在"胡焕庸线"东部的农耕区，城市扩展占用了大量的优良土地资源。对全国 60 个主要城市的遥感监测表明，

1973～2013 年 40 年间，60 个主要城市实际扩展面积 15 755 千米²，其中，56.51%源自对耕地的占用。平均每个城市中心建成区面积增加了 5.23 倍。城市化过猛发展，造成东部一些特大城市人口以及城市群人口过密，东部的水体、土壤、大气污染加剧，东部人口-资源-环境系统承压过大，发展难以持续。

遥感监测还表明，中国中部地区城市人均建设用地面积仅有 67.28 米²，发展严重不足。根据 2010 年遥感监测数据统计，"胡焕庸线"以西地区未利用土地面积占全国未利用土地总面积的 96.66%，其中裸岩石砾地、戈壁、沙地等占 85%。在传统农业经济模式下，这些土地被认为是"生态脆弱"的"无用之地"。但是，这些地方有的却是绿色能源（光能、风能等）高产区，只是尚未开发。西南与西北的高山与低谷、寒冷与干旱环境，孕育出独特的生物资源与生态产品，由于条件限制，对它们的研究与开发也是远远不够的。21 世纪，西部如果继续贫穷，就不能再说是因为土地的贫瘠、自然条件的不良缘由了。必须要改变西部的发展思路，突破发展的限制条件，扬长避短来实现更大、更快的发展。

1935～2010 年，"胡焕庸线"西部人口从占全国的 3.21%增加到 6.51%，75 年间缓慢上升 3.3 个百分点。近 10 年的 GDP 上升速度比人口上升速度也相对要快。如果在 21 世纪前半叶，或在 2030 年，在"新五化"的引领下，"胡焕庸线"西部人口能再提高 3～4 个百分点，占全国人口 10%的时候，西部发展潜力将获得更有效的释放，东、西部的差距进一步缩小、发展也更加均衡，中国的社会、经济、城乡发展和生态环境改善会再上一个大台阶，距离建成富强民主文明和谐美丽的社会主义现代化强国的目标就会更加接近。

（二）认识二："胡焕庸线"可以破及其依据

当今世界，信息技术推动的泛全球信息覆盖与联系越来越紧密，全球变化导致的机遇与挑战对全人类影响越来越深刻，资本的扩张与竞争引起国际市场与利益重新分配，新技术层出不穷使过去认为诸多不可能的事情得以解决与实现，创新驱动社会经济发展成为国际共识。在当今国内外发展新理念与科技进步驱动发展的大背景下，西部发展需要的资源、交通、市场、产业模式及政策诸方面因素发生了改变，突破"胡焕庸线"具备了以下七项可倚的条件。

1. 利用全球资源与市场是缓解西部水资源短缺千载一遇的机会

目前，西部水资源主要用于农业灌溉，如新疆农业灌溉用水量占总用水量的 90% 以上，西部稀缺的水资源利用模式需要调整。今天，我国的经济社会发展早就超越了"一方水土养一方人"的模式，相应的是我国已经成为利用全球资源、面向全球市场的世界第二大经济体。利用全球资源与全球市场可为缓解我国西部的用水紧缺提供解决方案。以大豆为例，2014 年我国大豆进口已经突破 7000 万吨，大豆进口量占我国大豆总需求量的 90% 以上，相当于利用国外 5 亿亩耕地的水土资源。与大豆类似，近年来，全球大宗粮食的生产价格远低于国内粮食的生产价格。因此，利用国外（包括中亚国家）大宗粮食减轻水土资源约束的时机已经到来。在保障基本口粮的前提下，我国应更加充分地利用全球农产品市场来满足国内的需求，特别是要将西部地区从粮棉生产的"囚笼"中解放出来，腾出更多的水资源发展现代产业，满足居民生活与经济社会发展用水的需求。西部到了调结构、改模式，利用全球资源与市场发展经济与社会千载一遇的时候。

2. 先进的节水措施以及水处理与调水技术是解决西部水缺乏问题的钥匙

干旱-半干旱区缺水是限制其发展的首要因素。中国目前的用水情况是：东、中、西部人均用水量分别为 393 米³、468 米³、545 米³——西部人均用水量最大；万元 GDP 用水量分别为 63 米³、129 米³、158 米³——西部万元 GDP 用水量效益最低；耕地实际灌溉亩均用水量分别为 379 米³、378 米³、512 米³——西部耕地亩均用水量最大。中国西部的水资源利用需要提高效率。西部水资源利用具有一定的挖掘潜力，其承载潜力也具备可增大的空间。今天，干旱-半干旱区节水灌溉技术在我国已经成熟。先进的水处理技术在世界上也不乏成功案例，如新加坡利用先进的污水回收与处理技术，实现了污水 100% 回收、再处理与回用，很好地解决了该国缺水的问题。另外，调水工程与技术也逐步成熟，通过科学调水，实现区域跨越式发展的案例也非少数。美国加利福尼亚州的帝王谷（Imperial Valley）灌区，曾经是寸草不生的戈壁滩，但美国通过修建 2300 千米的灌溉渠道与 1800 千米的灌溉管道，引用科罗拉多河的水资源，将帝王谷发展成为全球最大的番茄酱生产基地，每年生产全球 25% 的番茄酱，创造 10 亿美元的农业产值；加利福尼亚州的北水南调工程的实施，成就了当今加利福尼亚州南部地区全球科技中心的地位；地处美国内华达沙漠的拉斯维加斯原本是一个地处大漠的小村庄，但在科罗拉多河胡佛水坝成功修建之后，在充足的电力与水量保证下，加上实施该国特有的政策，沙漠城市拉斯维加斯已经拥有约 200 万人口并成为举世闻名的旅游与疗养胜地，每年吸引近 4000 万名游客。

科学使用、合理利用加上适当的引水与调水是可以解决西部发展遇到的水资源不足问题的。

3. 西部丰富的绿色能源将为未来新兴产业提供强大的动力支持与发展空间

随着经济的快速发展，能源消费也呈现快速增长的势头。我国能源资源禀赋与需求的地理分布失衡，能源资源主要分布在西部和北部地区，而能源消费目前主要集中在东部地区。另外，能源消费结构不够合理，以煤炭、石油、天然气消费为主，绿色能源消费比重极低，造成我国石油、天然气对外依赖性非常大，容易受到国际市场波动与政治经济环境不稳的影响。另外，西部地区目前高耗能、高污染、低效益产业所占比重较大，这对脆弱的西部生态环境产生很大威胁，必须加快调整与解决西部经济建设与生态保护、节能减排之间的矛盾。我国西北太阳能与风力资源充足、稳定，西南水力与地热资源蕴藏丰富，充分利用西部丰富绿色能源，调整能源消费结构、发展绿色经济是西部未来发展的科学选择。西部可以选择耗水少、耗电大、技术高的新型产业实现"弯道超车"快速发展新途径，例如大数据与云计算新产业就是耗水少、耗电大可以在西部适当布局的产业。西部丰富的绿色能源为未来新兴产业提供强大的动力支持与发展空间。

4. 快速的交通技术将解决西部因行路难造成的空间、心理的距离与障碍

广袤的地域空间、崎岖的地形、恶劣的环境引起的交通不畅曾是限制"胡焕庸线"西北、西南区域发展的另一个主要因素。现代交通技术与交通方式已经发生了翻天覆地的变化,远距离的朝发夕至甚至当天往返已经成为现实,地形对人类活动的约束已经极大地弱化。便捷的交通是促使人口不断迁移的强大推动力。快捷交通工具的普及,极大地消除了距离产生的障碍,城市与乡村的联系更为紧密,人口的流动性大大增强,这为进一步突破"胡焕庸线"东西人口空间分布不均的状况提供了通行交往的技术保障。同时,快速交通方式也改变了中国传统农业的"守土恋家"的思想束缚与障碍,极大地促进了人口的流动、农民工离乡进城以及创业的发展,为新型城镇化提供了人力资源。

5. "互联网+"将为西部的生产与生活方式及消费模式带来重大的变革

"让互联网发展成果惠及 13 亿中国人民"①是中国互联网下一步发展的行动目标。中国正在从互联网大国走向互联网强国。"互联网+"代表一种新的经济形态,它充分发挥互联网在生产要素配置中的优化和集成作用,改变了市场竞争格局,提升了实体经济的创新力和生产力。由于"互联网+"不受地域的限制,它为受自然条件束缚的区域找到了发展的快捷通道。"互联网+"产业为突破"胡焕庸线"东西两侧人口空间分布的不均提供产业支撑。"互联网+"商业模式的出现,特别是大型电商的出现,让购买与出售产品方便快捷,让经济活动的每个领域信息变得更加对称,供需关系变得更加灵通,现在购买新疆的优质水果,只需要在网上下一订单,在很短的时间内就能获得,摆脱了过去有货卖不出,想买找不到货的尴尬境况,特别为西部的小批量的、特色的产品打开面向全球市场空间提供了可能。互联网改变的不仅是信息产品,还包括物质产品,它还调动更多的资源,让资源流动产生价值,让分享经济能够形成。互联网将给西部的生产与销售、生活与消费方式带来重大变革。

---

① 习近平纵论网络:互联网大有作为让亿万人民共享发展成果. http://jhsjk.people.cn/article/28293542.

6. 气温与降水的变化有利于西部总体发展

综合竺可桢等相关专家研究成果，可知，2000 多年来，汉、唐均是处于温度较高时期，明末处于最冷期。自明朝之后，气温波动上升并贯穿整个清朝时期，到民国时期温度上升到比较基准线（0℃）附近。1951～2010 年 60 年来，我国平均气温整体呈明显上升趋势，但局部时段、地区有降温现象。1989 年之后，我国平均气温以正距平为主，近 30 年是近百年来我国最暖、气温上升幅度最大的时期，接近汉、唐时期的温度（图 1）。

温度的变化影响降水、储水的空间分布与变化。西部的降水量、流域的水储量在一些地区呈现上升趋势。从历史发展的角度看，目前的西部气温与降水的变化有利于其总体发展。

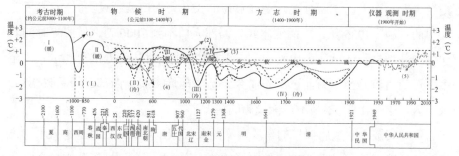

图 1　5000 年来中国气温变化趋势图

7. 国家"一带一路"倡议和相关宏观政策提供了"破解"的保障

"一带一路"涉及 65 个国家、44 亿人口，约占全世界人口的 57%，是一个突破性、全局性的倡议，具有范围广、周期长、领域宽等特点。跨洲的"一带一路"突破传统的地缘政治，发挥资本、文化的空间覆盖属性，把以往两-两城市或区域间的"点"的联系改变为点-线-带（面）的连接与覆盖，其中"丝绸之路经济带"，从北、中、南三条线（带）穿越"胡焕庸线"。另外，"长江经济带"战略的实施，又把我国经济发达的长江三角洲地区与西部密切串联起来。这些倡议和战略必将引领该区域社会-经济-环境-人口的较快发展，为我国东、西部均衡发展提供千载难逢的历史机遇，成为突破"胡焕庸线"的重要政策基础与保障。

（三）认识三：突破"胡焕庸线"的思路

"胡焕庸线"能否破？首先要对突破"胡焕庸线"的内涵有个科学的认识。突破"胡焕庸线"，不是要突破自然因素（降水、气温、生态环境等）的状态，而是要突破西部经济与社会发展的制约因素以及改善人民生活水平的不利条件，寻求解决的思路与办法。

1. 厘清突破"胡焕庸线"的内涵

（1）要动态、辩证看待人口、环境、资源承载力。西部缺水、生态环境脆弱，这是不争的事实。但要动态、辩证看待承载力这个问题。事实上，环境承载力与产业直接相关，伴随着人类社会的发展，其约束条件也在不断变化。汉代的西域绿洲 36 国，虽有灌溉农业但是粮食亩产量低，人口上万就是较大的"国"了，而今天，乌鲁木齐市 350 万人口就超过当时 36 国所有人口的总和。1935 年，"胡焕庸线"西部人口不到 2000 万，按照当时的农业生产条件与土地承载力水平，诚如胡焕庸先生当时认为西部再加承载"至多不过数百万乃至千万而已"。而今天，"胡焕庸线"西部已经承载 8800 余万人，这在 1935 年是不可能设想的情况。

（2）突破"胡焕庸线"的本质内涵是要打破东、西部的不均衡发展。突破"胡焕庸线"不是要突破自然因素的状态，例如一个区域年降水量 200 毫米，人工无法显著提高降水量，但是人可以改变水的利用方式与效率，以及采用其他办法使得 200 毫米降水量不构成发展的限制因素。突破"胡焕庸线"也不是要在西部大举进行传统农业生产，更不是要人口的大量西部迁移。我们谈论是否能突破"胡焕庸线"，是要借助现代技术、新的生产方式、新的商业模式、现代资本运作，在科学的政策引领下，用农业现代化、新型城镇化、新型工业化、信息化与绿色化"五化"同步发展的举措，跨越"胡焕庸线"去发展西部、消除贫困，实现东、西部均衡发展，达到社会、经济、生态的协调发展。

2. 突破"胡焕庸线"的宏观思考

正如上述，突破"胡焕庸线"的内涵是要打破东、西部的不均衡发展。

如何使西部能快速、绿色发展，这是突破"胡焕庸线"应主要思考的问题。

（1）科技进步为突破"胡焕庸线"提供创新动力。世界范围内第三次工业革命正悄然兴起。第三次工业革命是人类历史上第一次智能基础设施革命，经济社会发展依赖的基础资源要素将被重新进行考量，它会带来人类生产力的突飞猛进。节水与循环水处理技术、可再生能源、互联网技术和运输系统智能网络等科技革命将为大力促进社会经济发展提供新的动力源。

（2）丰富的自然、文化资源为突破"胡焕庸线"提供物质基础。西部地区资源、能源丰富，待开发的风力和太阳能等可再生能源潜力巨大。西部土地广阔，草原、沙漠、戈壁、冰川、动植物资源独具特色，民族文化和民俗风情绚丽多姿，形成极具开发价值的旅游资源。这些为西部发展提供重要的能源与资源物质基础。

（3）现代经济发展模式为突破"胡焕庸线"提供广阔的市场空间。我国西北地区经过近40年的改革发展，综合交通运输网络基本形成、信息与电力和水利基础设施建设得到加强和完善。突破"胡焕庸线"需要扬长避短。要充分利用自身的特色资源与地缘优势，充分利用"互联网+"产业模式与全球市场，构建精品农业、高端旅游、绿色能源、大数据与云计算于一体的新经济模式，走绿色发展之路，最大限度地降低对"水"的依赖。

（4）科学宏观政策支持与引导是突破"胡焕庸线"的坚强保障。在国家"一带一路"倡议、"长江经济带"等国家战略和区域发展战略引导与支持下，"胡焕庸线"西部发展遇到了千载一遇的历史机遇。科学的政策为跨越式发展提供坚实的支撑保障。例如，重庆市抓住发展机遇，在"长江经济带"和"一带一路"发展促进下，创新开放模式，不断完善对外开放平台，积极融入全国乃至国际大市场，逐步成长为内陆地区的开放高地。未来，西部内陆以及沿边众多中、小城镇乃至村在政策引领下，都有可能成为中国西部经济发展的亮点。

（5）成就人才建功立业是突破"胡焕庸线"的最关键要素。世界的竞争是技术的竞争，是创新的竞争，最终是人才的竞争。谁能吸引人才，谁就可能获得成功。古往今来，概莫能外。西部要营造良好的软、硬环境，吸引人才、留住人才、成就人才，才能在未来发展中"弯道超车"、后来居上。美国中西部地区的自然环境与我国西部地区有类似之处，发展也受地形、气候和水资源限制。但美国硅谷作为当今高科技发展的样板和策源地，斯坦福大学等知名院校作为人才智库对硅谷的支撑是最重要、极关键的因素。多年来，斯坦福大学等院校就像动力强劲的火车头，带动着硅谷这趟列车高速前行。

三、突破"胡焕庸线"的四点建议

（一）建议一：多方并举提高西部水资源承载力，"三业"联动铸就西部大发展新模式

1. 控制耕地规模、调整种植结构、转换经营方式，多方并举提高水资源承载力

从总体上看，西部地区灌溉农业的发展规模已经超越区域水资源承载能力，如果再放任灌溉农业的肆意扩张，将造成湖泊萎缩、河流断流。例如，已经成为我国耕地保有量最大省（自治区、直辖市）之一的新疆，耕地的绝对数量近年还在继续增长。基于遥感监测数据，1990~2010 年新疆耕地面积增长 1.66 倍，2010 年耕地面积达 1 亿亩，对水资源大量使用形成巨大的生态压力。新疆最大的咸水湖泊艾比湖由于流域内开垦耕地，农业灌溉大量用水导致注入艾比湖的水量急剧减少，中华人民共和国成立初期湖面面积为 1200 千米^2，2003 年湖面面积为 884 千米^2，2013 年湖面面积仅为 408 千米^2。裸露在外的有毒盐尘在阿拉山口大风的作用下对湖区群众健康与生物多样性构成巨大威胁，也成为中国西部沙尘暴主要策源地之一，直接威胁到天山北坡经济带的可持续发展和新亚欧大陆桥的安全运行。

鉴于严峻的水资源短缺局面，"胡焕庸线"以西的区域，特别是西北地区要强化耕地规模和耗水量监测，促进农业种植结构调整。例如，新疆博州

灌溉试验站采用基于耗水控制的枸杞高效节水灌溉，水分生产率提高了 0.11 千克/米³，亩均耗水量相比棉花减少 58 米³，产生明显的节水效果。

在保证基本口粮的前提下，转换经营方式，适度进口高耗水的大宗农作物，实现虚拟水的转移。西部生产一亩棉花大约需要耗水 450 米³，生产一亩水稻需要耗水 800~1000 米³。反过来，进口棉花与水稻等高耗水作物，其实就是进口水资源，就能为西部生态环境的恢复、居住生活用水与低耗水产业的发展节省更多的水资源，助力突破水资源短缺对西部发展的约束，达到提高西部水资源承载力的目的。

同时，要严格执行水资源总量控制、用水效率与水环境控制的"三条红线"监测与管理；强化水处理技术，提高污水回收利用率；开展"藏水入疆"以及其他调水方案的可行性研究与规划，多渠道合力解决西部缺水问题。

2. 打造西部特色高附加值生态产业，铸就西部经济增长与社会发展新引擎

我国西部是生态多样并具有独特优势的地区，可以在生态产业上做大文章。不同于传统产业，生态产业（eco-industry）将生产、流通、消费、回收、环境保护及能力建设纵向结合，谋求资源的高效利用和有害废弃物向系统外的零排放，从而实现更高的产出。把生态工业、生态农业、生态服务业"三业"进行联动发展，将是西部实现飞跃发展的有效途径之一。要发挥西部独特的生态优势，逐步摒弃低质、耗水粮棉种植模式，走以提高水分生产效益与品质为导向的精品农业发展的道路。由于西部个性化的、特色的生态环境，产出特色的生态产品（如云南松菌、宁夏黑枸杞、新疆大枣等），其产品的特征是产品量小、健康、保健，因而具有高附加值。基于"互联网+"，面向全球市场，塑造中国西部高端农业形象，打造以特色水果、绿色产品生产与加工为支撑的"互联网+"产业，把西部打造成健康、节水、高附加值的中国精品生态农业与农产品加工基地。

西部还是文（化）、景（观）、民（族）、生（活）奇特多彩之地，要用现代大旅游理念，开发西部独特的旅游资源，发展生态与文化服务业。用"大旅游经济"思想，就是以旅游产业发展为基础和联系纽带，把相关旅游元素充分融入新型工业化、信息化、新型城镇化、农业现代化同步发展进程以及生态环境保护方面，形成全方位、关联型、生态化的经济发展与生态保护协同推进体系。保持与弘扬西部异域风情，培养旅游、探险、体育、体验等消费新需求，打造西部文化、旅游、体育等特色消费产品，形成新型增长方式，铸就西部经济增长与社会发展新引擎。

另外，西部很多地方是生态修复区和水源保护区，要通过生态系统价值评估，实现生态系统价值补偿，使生活在当地的人民从自然资本中获取应当得到的利益，从生态保护中分享社会经济发展的生态系统价值补偿。

（二）建议二：打造中国绿色新能源基地，构建耗能密集-节水型高新技术产业

1. 开发西部丰富的绿色新能源，把西部打造成为中国绿色能源基地

中国西部地区风（能）、光（能）、水（力）、（地）热绿色新能源蕴藏量巨大。我国西北部分布着太阳能、风能四个主要区域——太阳能高产能区、太阳能特高产能区、风能高产能区、风能特高产能区。

新能源开发利用技术日趋成熟。建议国家有关部门在这四个高产能区进一步做好勘测、选址工作，统筹规划西部绿色能源开发与科学布局，抓紧把西部打造成国家重要的绿色能源供应基地，改善我国能源结构，走低碳绿色发展之路。

2. 大力倡导与鼓励绿色能源消费，打造西部耗能密集-节水型高新技术产业

充分发挥西部绿色能源丰富的优势，大力倡导绿色能源消费。为部分解决西部能源东送的问题，西部可以部署能量消耗大、水量需求少、技术要求高、环保代价小的高新技术产业，推动西部新型工业革命。"输煤不如输电，输电不如输信息"，云基地、新一代数据中心等大数据产业在西部布局将具有跨越式发展的作用。例如，宁夏中卫市正在同北京共同建设"宁夏中关村科技产业园西部云基地"，将传统的能源储备转化为信息储备，能源输出转化为信息输出，把发展大数据产业作为促进区域经济转型升级的战略选择，抢抓"大云西移"政策机遇，采用"前店后厂"模式和新一代云计算技术，

与中国移动、中国联通、易慧科技数据中心以及我国网络安全龙头企业奇虎360公司、世界云计算巨头亚马逊 AWS 公司等合作，着力打造西部云基地和国家战略数据安全储备基地。我国西部有条件的地区可借鉴这一模式。另外，针对西部居民点分散的特点，可以用广布的绿色能源解决西部农村居民用电问题。在乡村建设太阳能热水器、太阳能灶、太阳能热发电系统等，积极开展太阳能电池板、新能源车等的推行。

建议在总结已有的绿色能源开发经验基础上，抓紧开展光与热、光与电的转换研究与规划，在西部合适地区抓紧部署一批重大绿色能源工程建设上马，做好示范，以便在中国西部乃至中亚、西亚、非洲等地推广未来的又一张中国名片。

（三）建议三："城市群"-"城市带"结合走西部城镇化之路，挖潜革新促东西部均衡发展

1. 发挥后发优势培育新的增长点，打造"城市群"-"城市带"结合的西部城镇化模式

"一带一路"倡议实施将会培育一批增长极与增长带。西部要抓住国家沿边和内陆开放机遇，发挥后发优势，发掘新的增长极（点）、增长带（线）。如西北的新疆、西南的云南都毗邻数个国家，在"丝绸之路"北带和南带建设中处于桥头堡的重要地位，口岸与沿边的开放、经济走廊的建设都将提供重大的发展机遇。

优化城镇化布局是新时期城镇化发展的战略任务之一。西北地区特别在新疆，其山脉东—西横亘，聚居点沿绿洲-交通线在山前、后呈东西向的线或带状展布。西南地区山高地狭，聚居点也是沿着山谷-河流及道路呈线性发展。西部这种线-带的展布情况与东部点-线-面铺开的城镇体系格局，在未来的空间发展规划上应当考虑两者有所不同。西部区域城镇体系空间结构发展模式，不能仅考虑面状的城市群，还要把数千年来依托绿洲发展呈线（带）状的城-镇-村结合考虑进去，走城市群与城-镇-村-企（业）带相结合的发展模式，带动农村及区域的经济发展。西部不能简单地把东部难消化的产业过渡或迁移到那里，要通过新能源、绿洲经济、绿色高附加值生态产品

开发，培养西部可能的增长极、增长点，谋划新的增长线与增长带，走西部新型城镇化发展道路。当前，除建设天山北缘经济带外，还要抓紧谋划依托天山南侧（塔里木盆地北缘）绿洲的城-镇-村-企联动发展的绿色城镇带，走军-地融合发展之路，进而带动塔里木盆地周边包括南疆的发展。

虽然国家主干交通布局已经基本完善，全国基本实现电信全覆盖，但由于西部地广人稀，在西部边穷的乡村货运公路、市场信息"最后一公里"仍然没有连通，把知识和信息送到乡村、货物产品方便地运出与运进仍然是最后的攻坚之战。可以结合精准扶贫，抓紧开通"最后一公里"的"三路"（脱贫创业的思路、接通信息的网路、运送货物的公路），为老少边穷区经济快速发展铺平道路，实现城-镇-村-户（企）的连通。

2. 开启西部城镇化发展的巨大潜力，促进中国东、西部社会经济的均衡发展

推进城镇化是现代化必由之路。遥感监测表明：1973～2013年全国主要城市建成区面积扩展了5.23倍，城市扩展中56.51%的土地来源于耕地。"胡焕庸线"以东地区城镇用地扩展速度是以西地区的23倍，反映东、西区域城镇化发展的严重不均衡，以及下一阶段西部城镇化启动发展的急迫任务。

新时期，推进城镇化的目标是要提高城镇化的质量，其中在土地方面要提高城镇土地利用效率和城镇建成区的人口合适密度。当前，中国城镇用地总体供求矛盾突出，在可持续发展要求下，城镇建设用地的可增加量是城镇化发展潜力的关键因素之一。利用遥感技术监测中国城镇用地规模，结合《中国城市建设统计年鉴2010》城市城区人口和暂住人口数据，计算2010年中国所有城市城区人均建设用地空间格局及内部可挖的潜力。

调查显示：中国城市用地集约化程度偏低，人均建设用地面积129.06米^2，城区内部尚有吸纳新增城镇人口的潜力。下文将着重分析未来中国东、中、西部城镇用地的潜力情况。新型城镇化的城镇用地潜力包括现有城镇内部潜力、农村居民点转换潜力和外延扩展潜力三部分，以2014年发布的《国家新型城镇化规划（2014—2020年）》提出的集约化紧凑型城市开发模式为目标，人均城市建设用地严格控制在100米^2，计算潜力城镇用地可吸纳的城镇化人口数量。"胡焕庸线"西部地区城市人均建设用地面积为166.21

米^3，具备很大的内部挖潜的空间；"胡焕庸线"东部的沿海与中东部地区城市人均建设用地面积为 136.69 米^3，内部具备一定的可挖潜空间，主要可挖潜力集中在 50 万人以下的城镇；西南及华中等落后地区人均建设用地面积仅有 67.28 米^3，该区未来城镇化发展势必要以外延式扩展为主。基于城镇建设用地测算："胡焕庸线"西部地区城镇用地潜力为 0.50 万～0.53 万千米^2，可以承载新增城镇人口 0.48 亿～0.50 亿人，中部地区城镇发展用地需求 0.60 万～0.65 万千米^2，可承载新增城镇人口 0.57 亿～0.66 亿人。就新型城镇化的城镇用地挖掘潜力而言，中、西部 12 个省（自治区）能够满足未来新增 1 亿人口的城镇化用地需求。建议国家进一步加大在中、西部地区的投入，可以以更低的土地代价实现新型城镇化目标，提高中、西部地区的吸引力，更让中、西部务工人员就近就业与市民化。

（四）建议四：打造以人为本的制度环境吸引各类人才，构建利益均沾的机制保障创新供给

1. 营造环境激励各类人才到西部创业，发展教育培育后备梯队在西部生根

"扶贫必扶智，治贫先治愚"[①]，是我国长期以来消除贫困、共同发展的经验和体会，是西部地区社会经济实现快速发展的必然之路。以人为本的制度与基础设施建设是吸引人的重要手段，通过制度化、体系化的管理，提高服务水平与管理水平，给每个人以全面系统、持续不断的激励，给予尊重感、自豪感与成就感。今天，以大数据和云计算为代表的新兴产业在全国各地都处于起步阶段，并且西部有明显的能源优势，这是西部地区实现"弯道超车"的大好机会。新兴产业的关键在于人，"胡焕庸线"以西的区域在加强硬件环境建设的同时，更重要的是在人才引进层面，需要有超前意识，充分利用土地储备优势和气候优势，制定比东部地区更好的人才引进政策，在中央层面财政工资分配体制要向西部倾斜，在地方层面如户籍管理、创业用地、政策保障等给予 100%的满足，解决创新创业的后顾之忧，吸引人才在西部落户、发展，留住人才在西部创业。

---

① 习近平：坚决打赢脱贫攻坚战. http://jhsjk.people.cn./article/29626301.

用适度超前的教育战略培育西部发展所需要的人力资源。为适应新经济发展对人才的需求，教育战略必须要研究如下有关问题：首先，如何在思想观念上适应未来新经济的发展要求？其次，人力资源如何在职业技能上适应未来新经济的需要？最后，发展所需要的这些专业、技术的人才，如何合上区域发展的步骤、节拍？国家需要进一步加强西部教育建设，教育投入要向西部倾斜，应特别鼓励东部地区著名高校在西部设立分校，扩展西部高等教育规模，提高西部高等教育水平，为产业发展提供后备高级人才。美国的例子可以借鉴：美国名校分布与交通枢纽分布相似，遍及全国各地，并且许多高校都分布在小城镇。美国加利福尼亚州立大学各分校均分布在加利福尼亚州不同的区域，有效地促进了人才空间分布的均衡。相比之下，我国名校都扎堆在北京、上海、南京等东部城市，西部地区名校寥寥无几，这不利于教育的均衡化，影响了发展的同步化。建议国家通过整合一部分高等院校和科研机构，在西部地区组建若干综合性和专业性大学及学院，以新能源、新材料、航天新科技、对地观测、"互联网+"、大数据、云计算、绿色经济、生态恢复与利用、特色医药、特色食品加工、现代化管理等为主要专业，以西部学生为主要生源，学生毕业后主要留在西部工作，为西部地区培养高水平新型科技与管理人才，带动西部地区高新技术产业长期、稳定的发展。同时，在西部地区大力发展民族文化教育与职业教育，形成初中、中专技术人才—高中、大专技术人才—大学创新与高新技术人才队伍结构梯队，并有针对性地进行职业与专业教育，毕业后就地安排对口工作，做实西部教育资源和教育水平均衡式、梯级化发展。需要在创业、定居等方面出台优惠政策，激励西部人才在当地扎根、生根与创业发展。

2. 构建安全、稳定的环境与宽松的政策制度，建立资源公平与利益均沾分配机制

吸引人才、技术、资本前来创新、创业、投资是"胡焕庸线"西部区域发展的前提条件。除便利、优质的硬件设施之外，安全的生产、生活环境，以人为本的政策、制度环境是吸引人才的关键措施与保障。当前有的地方距离以人为本的目标还有相当差距，部分区域为吸引投资许诺一些不切实际的优厚条件，待投资落地之后，许诺却不能兑现造成不利的负面影响。此外，

西部个别地方极端恐怖分子制造恐怖事件不仅危害人民群众生命财产,造成的恐怖氛围已经影响区域经济与社会发展,成为西部有的地区不容忽视的问题,亟须采取果断与切实的措施,打造稳定、安全的生产、生活环境,吸引人才、资本去创新与投资。

建立资源公平分配与利益均沾分配机制对保障各方面利益,进一步形成利益与命运共同体,从而形成保障供给不竭的发展动力意义重大。西部开发涉及当地百姓与管理者、外来创业及投资者,国家与地方政府等多方利益。发展的红利要在促进资源公平分配与利益均沾机制下合理、合情分配。西部生态资源稀缺、量小,但附加值高,光能、风能以及水力、地热丰富但是开发不够,自然景观多彩、文化遗迹众多但是利用不够。要鼓励民营企业、小微企业对生态产品进行开发;鼓励资本雄厚的企业开展新能源技术研发、开发与使用;鼓励企事业单位与个人参与对文化-体育-体验项目或产品的开发。出台并切实落实优惠、鼓励与配套政策,吸引管理与创新人才。科学管理与生产的创新人才均是稀缺资源。要给予足够的优惠政策措施以及物质与精神的奖励吸引人才到被认为"不适于人居"与"不能生产"的西部去创新与创业。创业者(企业、个人)可以对土地(包括沙漠、戈壁、盐碱地等)进行承包,与当地政府、居民(土地拥有者——农民、牧民等)进行产权界定,共同分享土地在使用方式以及管理方式改革中创新、创业带来的红利。19 世纪美国联邦政府以政府赠送土地的方式来鼓励和吸引东部人口到西部去置地定居,使得西部人口迅速增加。经济迅速发展。近几十年来,美国西部又出现了一个人口、经济西移的小高潮,但是此次的动力则是直接来自西部优美的自然环境、现代白领的绿色环保意识,以及相对低廉的投资成本。美国西部的发展模式可以为"胡焕庸线"西侧发展提供模式的借鉴与参考。

以人为本的制度与便利的基础设施建设是吸引人的重要因素,让创业者感受尊重感、自豪感与成就感是吸引人才、留住人才的不二法门。突破"胡焕庸线",实现西部大发展,最大的制约因素是人才的缺乏,最急的需求是人才的需求,最终的竞争是人才的竞争。厚利招揽企业人才,厚礼征聘科技人才。西部要发展,就要不拘一格用人才。

今天的中国正处于国际地缘新格局的形成以及国际产业结构与市场调

整的新时期的背景之下。从国内看：东部需要改善生活与生态环境的呼声与西部需要加快经济与社会发展的要求并存；气候变化引起的海平面上升对于中国沿海发达地区遭受更大的灾害损失风险加高；东部过度工业化引起的环境、生态污染到了必须解决的时候，是否要向西加快发展的问题已经摆在我们面前；中部崛起、东北振兴目标尚未达到；"胡焕庸线"东侧的人口密度不均衡化、"空心村"问题更加突出；突破"中等收入陷阱"与中国的新型城镇化势在必行。中华民族的伟大复兴，中国梦的实现，需要突破"胡焕庸线"，让西部得到更大的发展。

马克思认为"物质的生产将最终决定文明的性质"。"胡焕庸线"东西部地区社会、经济、人口乃至文化的差异是作为传统的农业大国长期形成的一种态势反映。今天，中国要用"新五化"引领新发展，"胡焕庸线"不应当成为新形势下中国东、西部打破不均衡发展的一条界线。就此命题，应沿着李克强总理的"'胡焕庸线'总理三问"之路，持续开展深入、系统的研究。

（本文选自 2016 年咨询报告）

咨询项目组成员名单

郭华东	中国科学院院士	中国科学院遥感与数字地球研究所
徐冠华	中国科学院院士	科技部
陆大道	中国科学院院士	中国科学院地理科学与资源研究所
安芷生	中国科学院院士	中国科学院西安分院
吴国雄	中国科学院院士	中国科学院大气物理研究所
谢联辉	中国科学院院士	福建农林大学植物病毒研究所
谢华安	中国科学院院士	福建省农业科学院
戴金星	中国科学院院士	中国石油天然气集团有限公司
袁道先	中国科学院院士	西南大学
刘嘉麒	中国科学院院士	中国科学院地质与地球物理研究所
杨元喜	中国科学院院士	西安测绘研究所

王　颖　中国科学院院士　　　南京大学
方　新　发展中国家科学院院士　中国科学院
王心源　研究员　　　　　　　中国科学院遥感与数字地球研究所
易小光　研究员　　　　　　　重庆市综合经济研究院
吴炳方　研究员　　　　　　　中国科学院遥感与数字地球研究所
张增祥　研究员　　　　　　　中国科学院遥感与数字地球研究所
王世新　研究员　　　　　　　中国科学院遥感与数字地球研究所
贾根锁　研究员　　　　　　　中国科学院大气物理研究所
樊宝敏　研究员　　　　　　　中国林业科学研究院
秦其明　教　授　　　　　　　北京大学
刘海启　研究员　　　　　　　农业部规划设计研究院
张文涛　研究员　　　　　　　交通运输部科学研究院
赵晓丽　研究员　　　　　　　中国科学院遥感与数字地球研究所
李新武　研究员　　　　　　　中国科学院遥感与数字地球研究所
刘亚岚　研究员　　　　　　　中国科学院遥感与数字地球研究所
孙中昶　副研究员　　　　　　中国科学院遥感与数字地球研究所
肖　函　助理研究员　　　　　中国科学院遥感与数字地球研究所

加强和促进我国高层次科技创新
人才队伍建设的政策建议

何积丰 等

一、研究背景和研究意义

实施人才强国战略，建设创新型国家，关键在人才。人才的分布有一定的层次性，这种层次性反映了人才对社会贡献的大小。在人才群体中，高层次科技创新人才是新知识的创造者、新技术的发明者、新学科的创建者、新产业的开拓者和新文化的弘扬者。在本研究中，高层次科技创新人才主要指以下四类人群：第一，在高等院校、科研单位从事尖端科学研究的人才；第二，在自然科学领域（包括数学和思维科学）内进行创造性劳动并取得创新性成果的科技人才；第三，具有深厚的理论基础或实践经验的高水平的科技人才；第四，具有创新意识、创新精神和创新能力，能直接参与或开展科技活动，为取得创新性成果不断奋进，为科技发展和社会进步做出重要贡献的人才。

高层次科技创新人才是一个国家人才队伍的核心，是推动经济社会发展的重要力量，是建设创新型国家和增进国家竞争力的决定性因素。世界各国之间日益激烈的综合国力竞争，其实质就是高层次科技创新人才的竞争。大力培养高层次科技创新人才，是世界各国提升综合国力和国际竞争力的重大战略选择。

建设创新型国家，关键在人才，基础在教育。自改革开放以来，我国人才培养工作取得了前所未有的成效。这一方面得益于 30 多年来我国经济社会发展所取得的巨大成就，它从物质层面保障了教育、科技等高层次科技创新人才培养和成长的经费投入；另一方面也与党和政府历来重视人才工作有关，尤其是党的十八大报告、《国家中长期教育改革和发展规划纲要（2010—2020 年)》，以及《中共中央国务院关于进一步加强人才工作的决定》，都明确提出要以高层次科技创新人才培养为重点，努力造就一批世界一流水平的科学家、科技领军人才、工程师和高水平创新团队，更加注重培养一线创新人才和青年科技人才，建设宏大的创新型科技人才队伍。然而，现实状况是，我国是科技人力资源大国，但并非科技强国；是教育大国，但并非教育强国。

深入把握和评估当前我国高层次科技创新人才培养与成长所面临的问题，分析进一步推进高层次科技创新人才培养和成长的机制研究，对服务国家战略，推进高校和科研机构提升高层次科技创新人才培养水平，具有重要的参考价值与实践意义。

二、现状分析与主要问题

本研究以高层次科技创新人才为研究对象，但考虑到大学生中的拔尖（创新）人才是我国高层次科技创新人才队伍的重要后备力量，青年科技人才是未来科技人才队伍的中坚力量，已有突出贡献的科学家是高层次科技创新人才队伍的核心力量，因此，研究对象的范围根据研究工作的实际需要，适当做了一些调整，向下包含本科生和研究生的培养，向上把杰出科学家的科技创新活动也纳入进来。关于课题展开的具体过程，一方面，课题组通过自行编制问卷，对北京、上海、广州、武汉、成都等地部分高校和科研院所的院士、长江学者、国家杰出青年科学基金获得者、高校理科相关专业教师和博士生等进行网络调查和问卷调查，回收有效问卷 2480 份，并在上述地区组织由著名科技专家、优秀青年教师、优秀博士研究生等参与的座谈会，问卷与访谈的内容既涉及问卷填写者的身份、专业水平，也包含影响高层次科技创新人才成长的个人、环境、过程、制度等内外部因素。我们尝试基于数据分析,真实反映高层次科技创新人才培养的现状,并提出应对策略。另一方面,借助比较教育研究的优势,对美、英、法、德、日、俄等发达国家的高层次科技创新人才培养的政策与经验,从基础教育与高等教育中的科技创新人才培养、科研项目管理与政策支持、优秀人才成长支持等维度,进行综合的比较研究。

经过调研和分析,我们发现:高层次科技创新人才成长和培养是一个系统性工程,遗传基因和个体努力是高层次科技创新人才成长的前提性因素;家庭教育、幼儿教育、中小学教育和高等教育等阶段的学习是影响高层次科技创新人才成长的基础性因素;丰富的学术涵养、厚实的专业基础、严格的科研规范与研究方法训练,以及扎实的科研创新实践,是影响高层次科技创新人才成长的关键因素;博士后科研流动站建设和博士后培养是高层次科技创新人才夯实研究基础进而脱颖而出的重要平台;科研体制、科研管理机制、科研工作环境在很大程度上影响着青年创新能力的发挥和创造活力的释放程度;各类人才支持计划、基金、奖励等因素是激励和促进高层次科技创新人才持续成长的重要支持条件;有效的国际学术交流与科研合作是提升高层次科技创新人才科研竞争力的重要动力。

但是,当前我国人才发展的总体水平,尤其是高层次科技创新人才水平同世界先进国家相比仍存在较大差距,与我国创新驱动发展战略和创新体系建设的目标还有一定距离。总体而言,我国高层次科技创新人才队伍建设存在的主要问题表现在:高层次科技创新人才匮乏,人才创新创业能力不强,人才结构和布局不尽合理,人才成长的体制机制障碍尚未消除,人才资源开发投入不足等。具体而言,当前我国高层次科技创新人才培养与成长中主要存在以下几方面问题。

(一)学校教育功利化,违背了教育与人才的成长规律

改革开放 30 多年来,伴随着社会各领域改革的不断深入,我国经济社会快速发展。在效率理性和技术理性的驱使下,社会各领域都对人才有着急切的需求,由此导致学校教育的功利价值和外在社会价值的不断放大。在理

应注重打好思想道德、文化科学、劳动技能与身体心理素质基础的中小学教育阶段，存在教育功能错位、功利性价值放大的严重现象。中小学教育普遍存在重考试轻教育、重书本知识轻实践应用、重死记硬背轻思维训练、重考试成绩排名轻学生素质发展等现象，奥林匹克竞赛等各种课外科技竞赛被赋予过多的工具价值和功利价值，导致科技创新人才的培养缺乏坚实的教育基础。普通高校作为人才培养的主阵地，是高层次科技创新人才培养的基点和源头。但目前我国普通高校在人才培养中也面临着培养目标单一、专业划分过细、教学重灌输、学习方式过死、评价过于片面等问题；研究生培养过程中也存在诸多弊端，教学过程重灌输轻启发，重记忆轻实践，重知识积累轻实验创新；教育评价重结果轻过程，重分数轻能力，严重阻碍了学生，尤其是研究生创新意识、创新思维的养成及创新性实践能力的提升。基于公平和均衡的基础教育综合改革，在一定程度上遮蔽了创新人才培养的战略需求。

（二）学校教育与市场社会需求矛盾

我国高校科技教育经过多次改革逐渐趋于合理，但在与经济社会的衔接上还不够有效，高校科技教育理念明显滞后，工程科技人才培养有待进一步改进。主要原因如下。

第一，高校育人理念和办学定位千篇一律，就业取向成为我国高校人才培养的重要"指挥棒"，科技创新人才培养被大学生就业率"绑架"，导致学生在入学之初就把目光锁定于"找工作""找高薪岗位"。

第二，高校在专业培养计划、课程设置和招生规模等方面的设计与执行，没有从人才培养目标的专业化发展要求出发，也不是从社会经济与科学技术发展的实际需求出发，而是从大学自身发展和现有教师工作需要出发，导致国内科技人才培养的层次和结构不尽合理。

第三，学制设置不尽合理，普通高校学制一般为四年，而学生真正用于基础知识学习的时间却不到三年，导致大学生的学习时间大大缩水，基础知识储备严重不足。

第四，我国科技教育知识分割过细，工学门类专业划分过细，过分强调专业知识而忽略基础知识，这种"碎片化"的知识教育势必会导致工程教育与当前大工程背景下社会工程状况的脱节。

第五，社会与企业对人才的培养与选用意识不强，企业只注重直接使用"成品"人才，而不关注人才的培养，导致高校中的科技人才与市场社会之间产生养和用的鸿沟。

（三）博士后研究人员的科研中坚力量尚未显现

改革开放以来，在政府主导力量的推动下，我国博士后事业取得了巨大成就。但随着社会的发展，博士后管理制度不断面临各种新的机遇和挑战。

第一，过多的统一规定限制了博士后工作发展的活力。我国博士后工作管理制度的宏观管理具有明显的计划性，主要表现在：全国博士后管理委员会统一进行博士后流动站的资格审批与工作评估，统一规定博士后资格条件、在站时间，统一办理博士后进出站手续，统一规定博士后工作定位及博士后人员的身份，发放统一的博士后证书，等等。这种带有强烈计划色彩的博士后管理模式与高等学校办学自主权不断扩大的教育综合改革趋势背道而驰，越来越难以适应不同地区、不同部门、不同单位、不同学科、不同利益主体对博士后工作多样化的需求，从而限制博士后招收单位管理与发展的自主权。各高校博士后工作管理制度严重制约了博士后工作发展的活力与效益。

第二，博士后工作的行政管理与学术管理关系有待优化。大学与科研院所博士后工作管理部门既负责对博士后人员进行选拔、福利待遇、住房安排、职称评定、户口与人事关系、配偶与子女安排等行政性工作，也掌控大部分学术权力，直接管理学术性事务，以统一的标准或量化指标衡量不同学科、不同专业的博士后人员科研评估，造成博士后管理部门与相关专业学院（系、研究所）、合作导师及博士后人员之间关系紧张，从而影响相关专业学院（系、研究所）、合作导师及博士后人员的积极性。

第三，博士后管理制度僵化，流于形式。博士后制度非常重视对高层次科技创新人才的培养，博士后人员进站考核、开题报告、中期考核与出站报告等，类似于博士生培养模式，看似管理有序、严格，但实际上流于形式；相关博士后工作管理制度，主要关注对博士后人员的管理，对导师及流动站的管理缺乏明确、具体的要求。

第四，博士后人员的研究水平与作用有待提高。博士后人员的进出站考核具有"宽进宽出"的特点，合作导师的责任不明，疏于指导，量化指标难以激发博士后人员的创造性，博士后人员承担国家重大科研项目的比例不高，博士后研究人员在科研中的中坚作用尚未显现。

第五，博士后工作经费保障有待提高。国家对博士后的经费投入不足，渠道单一，严重减小了博士后研究工作的吸引力；博士后科学基金难以满足在站博士后人员的日常生活与高质量科学研究需要，资助力度有待提高。

（四）行政化的管理逻辑超越甚至替代了学术研究逻辑

第一，科研活动中业务管理趋于行政化，日常科研过程中的诸多项目申报、手续、考评和表格等都极大地分散了科研人员宝贵的时间和精力。调查发现，认为"行政管理过多介入项目评审"的占 22.1%；认为"检查过于繁琐""繁复的科技管理规定限制了科技创新""经费管理失当导致经费使用不便"的分别占 17.9%、15.9% 和 12.7%。此外，问卷调查的其他项目还涉及"政府官员更易获得项目""经费管理失当导致经费滥用""科技管理的服务和保障作用不到位"等问题。科研经费中的人员经费管理缺乏科学合理的规定，既有悖于国际惯例，也不利于调动科研人员的科研创新积极性。

第二，高层次科技创新人才的行政化任用失当。随着行政权力在资源获取、学术晋升过程中的作用日益突出，"官本位"的思想有所抬头，"研而优则仕"已成为目前我国部分科研人才实现自身价值的主要途径之一。然而，科技创新人才的行政化任用，严重阻碍了高层次科技创新人才的培养与成长。比较研究表明，中外杰出科学家行政任职上的主要差异表现在：在任职上，我国杰出科学家行政任职纵向升迁特点显著，而国外杰出科学家行政任职更倾向于横向交流；在规模上，我国杰出科学家的行政任职现象更为普遍；在类型差异上，国外杰出科学家的行政任职主要集中于学术事务的专业化管理，而我国杰出科学家的行政任职大都与行政管理相关，即使是学术管理岗位，也与学术资源配置有着较强的相关性。可见，我国优秀青年和杰出科学家的"双肩挑"和一身多职现象比较普遍。关于青年科技人才担任行政职务的主要原因的调查发现，48%的人认为最主要的原因是"有利于取得学术上的成就和得到更多的学术研究资源"。导致行政权力大于学术权力的重要原因在于：①从事行政事务可以掌握和调控学术资源，与之配套的人财物支配权、项目、经费会比较充足，容易产出学术成果；②同级科技人员与管理人员的收入差距较大，其收入往往超过业务骨干；③对行政人员考核没有硬指标，而对工作在一线的科技人员，考核指标十分严格，直接关系到相应的奖金、津贴等；④担任行政职务不仅有利于申报项目，还可在成果署名、评奖、晋升职称、出国考察等方面占据优势；等等。因此，在高校和科研机构中，让具有学术建树的优秀科技人才担任一定行政职务似乎成为人才使用的"潜规则"，尤其对所引进的海外高层次科技创新人才，更是如此。

（五）科学研究自身的制度设计存在偏差

第一，科研氛围浮躁。调查显示，"缺少科研和学术氛围"是当前科研工作亟待解决的首要问题。在浮躁的学术生态中，部分科研人员出现了投机取巧的心态，对科技创新活动缺乏应有的认真态度；有的科研人员急功近利、心浮气躁，科研成果粗制滥造；有的科研人员不顾职业操守，弄虚作假，欺骗社会大众，学术不规范与学术不端行为时有发生。相关问题已经波及项目申请、研究实施、项目评审和成果宣传等多个方面，严重阻碍了科技创新工作的开展。此外，浮躁的学术氛围，导致一些科研创新项目周期短，难以持续，研究成果没有达到应有的广度和深度。此外，量化的学术评价体系，也导致了科研质量下降，科研活动功利性增加，急功近利风气加剧。

第二，学术评价的过度指标化。过度量化的评价体系使得高校在评价教师学术成果时有意加重论文数、课题数和各类奖励的权重，直接导致教师的科研活动和教学工作受到干扰；过于强调科研成果的刊发等级、论文数量、影响因子等，导致部分青年科技创新人才专业晋升动机错位，也生产出大量盲目追求"短平快"的科研成果。

第三，青年科技创新人才薪酬水平偏低。有关青年科技人才薪酬与激励方式的调查显示，39%的被调查者认为，薪酬水平偏低，劳动付出与薪酬期望差距很大。面对现有的薪酬待遇与其社会价值和贡献不相匹配的现实状况，部分科研人员不得不投入大量时间和精力申请项目、课题，进行无实质性贡献的科研论文发表。

（六）科研奖励制度存在目的性偏差

第一，重大科研奖项的设置存在本末倒置现象。调研过程中，有专家指出，国家为激励科技创新人才成长、奖励优秀科技创新成果，设置了不同类型的科研奖项，但在实践过程中，科技创新人才的科研成果奖励体制与激励机制存在偏差，过于注重物质激励；各类奖项在创新人才计划申报中的功利效应被片面放大；科研奖励评审过程中"透消息""打招呼""走门子""买选票"等不良现象盛行。科研奖励体制与活动中的种种功利化倾向使得一些科研人员热衷于追逐名利，为赢得各种"帽子"而消耗大量精力，从而导致学术浮躁，科研奖励目的与价值错位，其激励作用随之削弱。科研人员难以从中获得持久的发展动力，既严重影响了科技奖励的质量与权威性，又有损于良好学术和科研氛围的形成与发扬。

第二，各类人才支持计划的实施过于简单化。目前我国的科技人才支持计划种类繁多，标准不一，且呈叠加递进关系，优秀青年科技人才在其专业发展过程中，必须层层申报，"过关斩将"，费时又费力。更为值得关注的是，部分高层次科技创新人才支持计划大都有"45周岁"的年龄限制。在专家访谈与座谈过程中，许多专家指出："很多人过了45周岁都不干活了，没评上的不干活了，评上的也不干活了。"可见，人才支持计划过度强调年龄限制等相关政策，已成为高层次科技创新人才成长与持续发展的严重障碍。

（七）国际交流与科研合作成效不显著

改革开放以来，我国积极推进国际人才的交流与合作，在留学生派出、来华留学生教育等方面取得很大进展。同时，积极创造更加良好的工作和生活条件，吸引外国专家、华人学者和外国留学生以各种方式参与中国的现代化建设。但是，随着国际交流与合作事业的日益发展，高层次科技创新人才的国际交流与合作，仍显现出诸多不完善之处。

第一，留学人员派出结构不尽合理，派出人员种类主要集中在高校，国家建设亟须的科学技术、工业企业、农业、商业等领域，以及老少边穷地区的派出力度有待提高。

第二，留学生派出重遴选审查，轻过程管理与绩效评估。高校和科研院所在人才派出上，注重对候选人的筛选和审查，对留学人员的出国研修过程则管理不够；对留学归国人员的绩效、后续发展及其在各行各业做出的贡献，监测评估不够。

第三，联合培养研究生成效有待进一步提高。国家高水平大学公派研究生计划等公派留学计划派出的联合培养研究生，由于大部分派出人员的双方导师缺乏实质性的学术联系、派出人员的外语与专业水平限制、与国外导师之间并无契约意义上的指导关系、对国外科研资源利用不足、国内导师疏于过程管理等诸多原因，联合培养成效并不显著。

第四，人员交流多，科研合作少。调查发现，高校与科研院所对国际交流与合作的重视程度日益提高，双边与多边交流机会增多，人员往来频繁；但是，许多国际交流往往限于签署框架性合作协议，缺乏基于共同的科研合作项目、由双方科研人员参与的实质性合作，更缺乏持续的长效合作机制。

第五，人才引进缺乏制度保障。人才引进工作缺乏长远规划，导致人才引进的格局在学科、专业与方向上存在张力，更被高校和科研院所当成盲目攀比的"指标"；相关人才引进政策与制度，往往侧重科研条件、薪酬待遇、子女入学等当下的配套条件，缺乏对公民权利、社会保障、医疗保险等长效性保障条件的系统化设计；人才引进过程中，复杂、烦琐的行政化手续与管理事务，缺乏明确要求与明晰的管理流程，严重牵制了引进（归国）人员的时间与精力。

综上所述，我国在高层次科技创新人才培养与成长过程中依然面临着诸多问题，如何正视这些问题并针对性地提出解决策略，是当前必须思考的问题。

三、解决思路与政策建议

高层次科技创新人才的培养与成长是一项长期性、综合性、复杂性的系统工程，需要高层次科技创新人才自身、社会、政府等不同主体多方联动，形成协同创新力量，共同探索新机制和新方法。对此，我们提出以下策略与建议。

（一）深化教育领域综合改革，为高层次科技创新人才成长奠定坚实基础

措施 1：把握和遵循创新人才培养规律。首先，要加强宣传和引导，充分发挥政策和媒体舆论的引导作用，在全社会形成尊重知识、尊重人才、尊重劳动、尊重创新、包容理解的社会氛围，为高层次科技创新人才成长营造一个宽松和谐的社会环境；要提高知识分子的地位和待遇，在全社会形成尊重知识、尊重人才的风尚。其次，正确认识和科学把握高层次科技创新人才的成长规律，克服急功近利、拔苗助长的倾向，着眼于高层次科技创新人才培养的长期性、综合性、复杂性，以足够的耐心给予高层次科技创新人才成长充裕的时间和空间，科学合理地建构促进科技创新人才成长的体制与长效机制；建立和完善教育系统与经济社会系统之间、基础教育与高等教育之间、不同学科与不同专业之间的联动机制，形成具有中国特色的普通教育和高层次科技创新教育相融合的科技创新人才培养分层与分类结构体系。

措施 2：夯实中小学生人文与科学底蕴。中小学校要坚持教育家办学，注重校长在办学中的核心作用。首先，中小学校要营造一种鼓励质疑、独立思考的氛围；强化人文教育，注重学生人文素养的提升；可借鉴国外 STEM（科学、技术、工程、数学）教育的成功经验，进一步加强科学教育、技术教育与工程教育；倡导启发式教学，释放学生创造活力；着力培养学生良好的生活习惯和学习习惯；加强思维训练，充分尊重学生个性化发展需求，培养学生科研与创新志趣，提高学生自主学习与探究能力。其次，注重大、中、小学教育在创新人才培养上的一体化有机衔接。人才培养是一个系统工程，子系统之间必须加强衔接，共同致力于高层次科技创新人才的培养。教育改革应该着眼于从人才培养的"创新链"系统设计教育领域综合改革。注重基础教育与高等教育的衔接性，把高层次科技创新人才培养的理念贯穿到整个教育系统，践行于家庭教育、幼儿教育、中小学教育、高等教育的整个过程之中。

措施 3：优化人才（学生）选拔机制。深化高等学校考试招生与录取制度改革，以上海、浙江高考综合改革试点为契机，积极探索基于学生综合素质评价、甄别发现具有科技创新潜质的优秀青年人才的教育选拔机制；扩大高校招生自主权，拓宽优秀青年人才脱颖而出渠道；改革研究生招生考试制度，进一步完善博士研究生申请入学制改革，探索优秀青年人才脱颖而出的新机制。

措施 4：深化高校课程与教学改革。全面革新专业教育内容，注重基础研究，辅之以当代科技发现的最新成果，使科研渗透课程，夯实学生基础；加强跨学科课程和方法论课程建设，鼓励和支持高水平专家学者积极为本科生开设学科导引课程、科研渗透课程和学科前沿讲座，拓宽学生的学术视野，培养学生追求真理、严谨治学、献身科学的精神，着力培养学生的跨学科学术视野与科研创新能力；深化高等学校课程改革，使学生在接受通识教育、夯实基础知识的基础上，培育和确立科技创新志趣；在加强专业知识指导的同时，培养学生探索自然、追求真理、献身科学、严谨治学的精神，引导学生在较高的起点上领悟科学的真谛，帮助学生找到人生的目标。积极创造宽松和谐的科研创新氛围，充分尊重学生个性化发展需求，以科研成果反哺教学，促进科研与教学相结合。

措施 5：完善高校人才培养与评价体系。拓宽学生知识面和研究视野，强化严格规范的专业训练，促进学生在大学期间形成终身受益的学习与研究习惯；鼓励学生在内在的科研兴趣的驱动下，自主开展学习与探究活动，提升多学科知识分析和解决现实问题的能力；加强社会实践，为高层次科技创新人才成长打下坚实基础；注重学生科技创新思维品质、科技创新潜质、科技创新能力以及综合学术素养的养成，注重科研创新过程评价，鼓励科研团队合作。

（二）加强政产学研合作，协同培养高层次科技创新人才

措施 6：大力引进市场资源。加强基础研究，强化原始创新、集成创新和引进消化吸收再创新，加快提升我国的创新能力，解决制约发展的关键和瓶颈问题，为经济社会发展提供更加坚实的知识基础和更加强劲的发展动力；建立优秀青年科技创新人才风险投资机制，制定和完善高新科技公司培养计划和给予优惠政策等一系列"诱导性"政策；加大发展创业投资、完善科技风险投资市场，为科技创新人才的发展提供一个良好的市场环境和发展平台；鼓励国内外猎头公司等科技服务机构在中国市场的健康发展，改进科技技术服务、管理咨询服务、人力资源服务、信息服务等，为高层次科技创新人才队伍的建设提供有力的信息技术和服务环境；借鉴国外经验，建立高水平的开放性科研创新中心、创新教育基地、科技创业基地。

措施 7：推进校企合作和政产学研合作。鼓励企业和社会机构以人员双聘、项目合作等多种合作模式，主动参与大学和科研院所的科技创新和人才培养；政府要制定和完善科技创新优惠政策，提升高校中高层次科技创新人才将科技与产品相结合的意识与能力；应进一步重视通过贷款、税收、委托研究、政府定向采购等措施，加强政府、高校、研究机构和企业的科技合作，鼓励企业和社会机构以人员双聘、项目合作等多种合作模式，主动参与大学和科研院所的科技创新和人才培养；鼓励高校和科研机构采用技术转让、合作开发和共建实体等产学研合作活动。

（三）进一步完善和优化博士后制度，吸收有潜力、有决心进行探索研究的拔尖人才进入博士后流动站

措施 8：健全以国家投入为主体的多元化博士后投入保障体系。进一步加大国家财政投入力度，建立与完善多元化博士后投入体制，探索与多元化博士后投入体制相适应的运行机制与管理模式。取消通过设立流动站、分配资助计划指标并按人头下拨经费的方法，建立与完善基于国家重大发展战略需求的博士后研究重点投入机制；鼓励地方政府、企业、高校及其他科研单位自筹经费，设立博士后研究基金，支持基于地方经济社会发展、企业创新和重大科研项目的博士后研究；建立与国际接轨的"博士后资助金"，实现与同行业副教授级人员同等待遇。

措施 9：优化博士后研究工作治理体系。扩大大学和科研院所博士后工作的管理自主权，改变国家统一计划、直接管理的运作方式，减少行政干预，取消统一设立博士后流动站、向各单位分配招收计划指标的做法，取消对基

层单位和博士后人员在学科、年龄、任期等方面的统一规定；鼓励各地区、各高校着眼于科技创新后备人才的培养，因地制宜地制定本地区、本单位的博士后发展规划；转变大学和科研院所博士后工作管理部门的管理职能，下放博士后学术管理重心，努力为专业学院（系、研究所）的博士后工作及博士后人员的科学研究提供良好的支持性服务。

措施10：健全博士后研究质量保障体系。加强对博士后招收单位及合作导师的考核评估，确保招收单位及合作导师能够为博士后人员提供必备的科研条件，明确合作导师的学术指导责任，建立与完善"多对一"的联合指导模式；依托国家重大科研项目和重大工程、重点学科和重点科研基地、国际学术交流合作项目，鼓励和支持博士后人员在站独立申请、承担科研项目，建立基于重大研究项目的合作研究与人才培养机制，促进博士后研究人员的科研创新；完善评估机制和创新创业激励政策，资助创业孵化和科技成果转化；积极搭建国际化交流平台，鼓励和支持博士后研究人员的国际学术交流与合作研究；大力吸引海外留学博士回国、外籍博士后来华从事博士后研究；改进对博士后人员的学术考核，探索多元化学术评价机制。

（四）逐步推进"去行政化"改革，健全和完善科研管理治理体系

措施11：倡导"去行政化"的科研过程。一是规范杰出科学家和顶尖科技创新人才的行政任职，区分科研管理与科学研究事业的不同职能，分离高层次科技创新人才的科研角色和行政管理角色，规范和限制高层次科技创新人才的行政任职；适度限制担任党政领导职务的科研人员以主持人或首席专家身份申报重大科研项目。二是改变行政过多干涉科研项目管理现状。变革行政干涉科研管理事务现状，减少频繁的科研评估和检查，尤其要减少对项目的直接检查；提高成果验收的深度和效果，改变"重立项、轻验收"或"重形式、轻效果"的不合理现象；切实减少行政主导的鉴定、报奖和评优，强化科技成果评价的"创新"标准。三是健全同行评审制度，确保同行真正参与评审，保证科研项目按其课题性质、研究领域分配至该领域真正的专家来领导；避免行政管理过多介入项目评审，遏制游说、公关等非学术性因素的影响，坚持以原创性科技成果创新、促进科技创新人才的培养与成长为立项

的根本标准。四是建立与完善科研服务与支持体系。将科技管理的职责从科学研究事务中剥离出来，建立一支相对稳定的科技管理职业化队伍，提高科研效率和科技管理水平；切实保障科研人员充足的科研时间，使科研人员六分之五的时间用于科研。

措施 12：探索更科学合理的经费投入机制。加强科研预算管理，适度增加研究平台公共经费和人员经费；经费预算管理按照不同学科开展科学研究的特点，允许按科研工作的实际需要调整科研经费支出结构；提高科研经费预算的人员费用比例，设置特定的创新科研岗位，聘用海外学者、国内同行和研究生，组建科技创新团队；尝试建立基于市场化的薪酬制度，推进基于年薪制的高层次科技创新人才薪酬制度改革；设立青年科学家专项基金；提高博士研究生和博士后待遇，激励和保障优秀青年人才和高层次科技创新人才潜心科学研究。

（五）改革科研评价制度，完善科研支持与激励机制

措施 13：优化以质量和实际贡献为核心的科研评价制度。改变以往仅仅依据发表成果的期刊等级、课题与论文数量、经费额度、获奖情况等因素进行学术评价的做法，综合考虑科研条件支持情况、科研投入水平、特定学科或科研领域的科学知识发展特点，以及科研人员的科研过程等因素，注重科研成果的原创性与创新性、解决重大科学技术问题的贡献度等因素；变革以第一作者和通讯作者发表科技创新成果为依据的学术评价体系；鼓励团队协同科技攻关，尤其支持青年科学家参与国家重大科研项目；建立和完善科学认定每一位团队成员的科研贡献的机制与方法。引入第三方评价，力求公正科学地评价其科技创新能力和科研业绩。

措施 14：畅通优秀青年人才专业晋升渠道。根据青年科技创新人才的专业特长、专业志趣和研究方向，鼓励青年科技创新人才参与杰出科学家的实验室和研究项目；为青年科技创新人才搭建合适的研究与交流平台，鼓励人才合理流动，创造更多的研究、表达和发展机会，拓宽专业晋升渠道；鼓励符合条件的青年科技人才独立承担或参加各类科技项目；安排更多的青年科技人才参与或担纲科技领军人才领衔的国家重大项目；进一步完善青年人才

专项培养计划，为青年科研人员提供更多的与国内外同行交流协作以及海外访学的机会。此外，要参照国内外市场行情和物价水平，适当调整和提升科研人员的薪酬待遇，尝试建立基于市场化的薪酬制度，推进基于年薪制的高层次科技创新人才薪酬制度改革，激励和保障优秀青年人才和高层次科技创新人才潜心科学研究。

（六）优化国家科技奖励和人才支持计划，促进高层次科技创新人才的可持续发展

措施 15：整合国家科技奖励计划（奖项）。完善国家科技奖励制度，逐步淡化和消解各类奖项中的功利化价值，整合和优化国家不同系统、不同部门、不同专业的科技奖励计划（奖项）；适当减少人才支持计划的考核指标，逐步取消年龄限制，关注和保护青年学者的"事业生命期"，根据人才成长的实际需要，设置针对不同年龄段的人才支持计划，避免高层次科技创新人才的专业成长因年龄限制而中断；持续释放青年创新人才的创造活力，保证人才培养的连续性。

措施 16：优化奖励评价机制。简化评奖流程，去除烦琐的申报材料环节，建立健全公正、公平、公开的奖励评价机制，逐步实现由行业的杰出专家根据科研成果的创新性及同行认可水平，直接提名和评选；注重团队激励，更加强调对科研团队（课题组）的奖励，奖励配合默契、工作成绩突出的科研团队（课题组），激发科研团队的荣誉感和成就感，尤其重视对优秀青年科技人才和高层次科技创新人才的激励和宣传。

（七）进一步加大人才国际交流与合作力度，提升高层次科技创新人才的国际化水平

措施 17：加大国际人才交流规划与治理力度。立足提高科学技术事业的国际化水平，实施国家高层次科技创新人才成长的国际化战略，开展多层次、宽领域的教育交流与合作，引进优质教育资源和提高交流合作水平，提高我国高层次科技创新人才培养的国际化水平；根据产业发展、区域发展的实际需要和发展趋势，编制产业和区域国际化人才开发规划，建立国际人才市场

与服务资源库，构建以大数据为基础的海内外高层次科技创新人才信息中心、人才需求信息发布平台和公共服务平台。

措施18：优化国家公派出国留学和来华留学政策。完善资助海外学者的各类基金支持计划，完善出国科研合作与培训管理制度和措施，加强公派出国的过程管理与绩效评估，多渠道开发国外优质教育与培训资源，建立与完善基于研究生导师合作研究的研究生联合培养机制，提高国家公派留学成效；进一步完善来华留学教育政策，提高来华留学生质量。

措施19：加强国际科研合作，提高国际合作研究实效。改善国际学术交流与合作的结构，由重学术交流转向学术交流与科研合作并重，建立健全基于双方科研人员共同学术志趣的双边、多边科研合作项目，支持和保障科研人员实质性地参与国际重大科研合作项目，支持高等学校、科研院所与海外高水平教育、科研机构建立联合研发基地；充分利用国际知名的全球化科研创新平台，推动我国企业设立海外研发机构，进一步发挥中外合作交流计划、中外合作办学机构、国内外科技机构和"科技企业孵化器"在促进创新人才培养与成长方面的作用。

措施20：进一步优化人才引进政策的系统化设计，改善人才引进环境，加大引进国外智力工作力度，吸引海外高层次科技创新人才来华（归国）创新创业。围绕国家建设重点需求，科学规划人才引进的学科、专业布局；加强人才引进政策的系统化顶层设计，进一步梳理对引进（归国）不同地区、不同部门人才政策、社会保障政策之间的矛盾与冲突，公平、公正地系统化设计引进（归国）人员的居民（公民）权利、社会保障、医疗保险等长效性保障机制，改善人才引进（归国）环境；推进专业技术人才职业资格国际、地区间互认，促进高层次科技创新人才的合理流动，鼓励、支持海外留学人员、华人学者回国工作、创业或以多种方式为国服务，吸引外籍高层次科技创新人才来华（归国）工作。

（本文选自 2016 年咨询报告）

咨询项目组成员名单

专家组

组长：

| 何积丰 | 中国科学院院士 | 华东师范大学 |

成员：

周其凤	中国科学院院士	北京大学
石耀霖	中国科学院院士	中国科学院研究生院
郭光灿	中国科学院院士	中国科学技术大学
侯凡凡	中国科学院院士	南方医科大学南方医院
康 乐	中国科学院院士	中国科学院动物研究所
李 灿	中国科学院院士	中国科学院大连化学物理研究所
刘嘉麒	中国科学院院士	中国科学院地质与地球物理研究所
南策文	中国科学院院士	清华大学
戎嘉余	中国科学院院士	中国科学院南京地质古生物研究所
吴一戎	中国科学院院士	中国科学院电子学研究所
叶培建	中国科学院院士	中国空间技术研究院
朱邦芬	中国科学院院士	清华大学
朱 荻	中国科学院院士	南京航空航天大学校长办公室
张 杰	中国科学院院士	上海交通大学
张启发	中国科学院院士	华中农业大学
陈建生	中国科学院院士	中国科学院国家天文台
陈凯先	中国科学院院士	中国科学院上海生命科学研究院、上海中医药大学

工作组

组长:

| 范国睿 | 教 授 | 华东师范大学 |

成员:

时 勘	教 授	中国科学院大学
杨向东	副教授	华东师范大学
童 康	副研究员	华东师范大学
李 凌	副教授	华东师范大学
曾林蕊	副教授	华东师范大学
仇春涓	讲 师	华东师范大学
武 萍	讲 师	华东师范大学
苏 娜	助理研究员	上海市教育科学研究院
杜明峰	博士研究生	华东师范大学
刘雪莲	博士研究生	华东师范大学
卢正天	硕士研究生	华东师范大学
李 欣	硕士研究生	华东师范大学
李海生	副研究员	华东师范大学
范竹君	助理研究员	华东师范大学
谢书玲	项目组秘书	华东师范大学

关于加强生物分类研究的政策建议

魏江春 等

世界著名未来学家阿尔文·托夫勒（Alvin Toffler）在 1980 年出版的《第三次浪潮》中预言，社会经济的发展将由农业经济、工业经济进入信息经济和生物经济时代。当前人类正处于信息经济的成熟阶段和生物经济的成长起步阶段。生物经济是以生物资源可持续利用与生物技术为基础的，其中生物资源是生物多样性与人类智慧相结合的产物。而生物分类研究体系及其三大存取系统则是将生物多样性转变为生物资源的桥梁，是生物多样性与人类智慧相结合的首要关键研究领域。

生物多样性是指地球生物圈内生态系统多样性中含有基因多样性的物种多样性。因此，生物多样性的核心便是物种多样性。然而，地球生物圈内究竟生存有多少物种？美国国家科学院院士、中国科学院外籍院士彼得·雷文（Peter Raven）指出："我们甚至不能将地球上的物种估计到一个确定的数量级，从我们影响人类前景的知识能力的角度来看，这是一个多么令人震惊的现实！很明显没有几个科学领域中，我们的知识还如此贫乏，然而没有哪一个科学领域与人类有如此直接的相关性。"

生物分类研究的任务就在于对地球生物圈内貌似一堆乱麻又不断演化中的物种多样性进行调查、研究、命名，并根据其演化种系的亲缘关系通过表型与基因型相结合的综合分析，将其梳理成种、属、科、目、纲、门、界的有序等级的分类系统，为生物经济时代的生物资源开发利用及生命科学研究提供三大存取系统，即物种信息存取系统（生物分类研究著作及期刊出版系统等综合信息库）、原型标本存取系统（生物分类学者将从自然界采集的生物个体制作成永久保存的干标本，即保存于标本馆中的生物物种原型标本）和物种活体存取系统（生物种质资源和基因资源的种子库、藻种库、菌种库、细胞库等），从而将在自然界中多种多样生态条件下自由生存的物种转变为生物经济时代的创新产业及生命科学研究可自由存取的生物资源宝库。

任何一项生命科学研究首先必须知道研究对象的名称，其研究结果才有客观性、可比性、可重复性，从而具有科学性。作为生物经济时代基础的生物资源是人类健康食品、药物、清洁能源、多种工业材料以及农作物抗病虫害、抗干旱、抗低温、抗辐射等种质和基因资源的源泉，也是海关管理和监测外来有害物种入侵的依据。因此，作为生物资源研究与开发利用的桥梁，生物分类研究提供了以物种为基础的分类系统，建立了生物标本与活体相关联的资源库，对遗传资源、后基因组等研究起到重大的支持作用，既是密切联系实际的应用基础，又是整个生命科学的基础。没有生物分类研究，上述学科的研究就无从下手或陷入盲目状态，而且生物分类研究自身更是一个随着地球及其生物多样性的存在而持续发展的学科领域。

加强生物分类研究体系及其三大存取系统的建设、保障研究队伍的稳定与持续发展是我国生物经济时代的战略需求。

一、我国生物物种分类研究进展

中华人民共和国成立之前，我国的生物物种多样性主要由外国生物分类学家（包括动物分类学家、植物分类学家和微生物分类学家）进行研究。这些生物的原型标本，包括新分类群的模式标本主要由外国人采集并保存在欧美国家的标本馆。从 20 世纪 30 年代开始，才有留学回国的生物分类学家进行我国生物物种多样性的研究和标本采集与保藏。

中华人民共和国成立后，中国科学院组织全国有关科研院所及高等院校的生物分类学家，分别于 1958 年和 1959 年启动了《中国植物志》和《中国动物志》的编研工作，尤其是在 1973 年召开了包括《中国孢子植物志》在内的"三志"工作会议，全面恢复了《中国植物志》和《中国动物志》的编研工作，启动了《中国孢子植物志》的编研工作，从而全面加强了我国生物物种多样性及生物资源的研究。虽然"三志"之一《中国植物志》的中英文版本已经完成，并正在将工作目标转向国际，但是《中国动物志》和《中国孢子植物志》的编研工作还任重道远。

自然界生物物种在演化过程中新种不断产生，濒危物种不断灭绝，面对我国和全球变化中的生物多样性，资源发掘和分类研究势必持续不断地进行，并为我国社会可持续发展提供丰富的生物资源。

迄今为止，全国约有 500 个生物标本馆，收藏标本总量达 3500 万号（仅相当于美国众多标本馆中斯密森研究院一个标本馆的收藏量），主要保存在中国科学院生物标本馆体系（包括亚洲最大的动物、植物和菌物标本馆，共保藏 1800 万号）以及有关大学。同样，我国生物分类及生物资源研究的某些领域与欧美许多国家存在一定差距，但在生物资源的收集整理、深度研究和保护等方面则远远落后，研究力量薄弱。

我国是全球物种多样性最丰富的 12 个国家之一，部分发达国家对这些宝贵的生物资源垂涎已久。不仅在中华人民共和国成立之前，即使改革开放之后，仍有一些国家继续通过各种方式收集我国的生物资源。为了更好地发掘我国生物资源，摸清家底，使有价值的生物资源在生物经济时代为我所用，加强生物分类研究体系及其队伍建设，形成竞争力，刻不容缓。

二、我国生物物种分类面临的主要问题

（一）生物资源家底不清

发达国家对本土的生物资源调查比我国超前了 100 多年。我国生物分类研究，尤其是孢子植物和无脊椎动物中的昆虫等低等生物还远远不能反映我国生物多样性和资源门类及分布的实际情况。以往的工作多限于收集原型标本，因此，调查物种，收集标本及其活体样品，为种质资源和基因资源的研究与开发提供信息和资源的基础性工作亟须加强。

（二）评价体系有待改革

SCI 是美国科学信息研究所（Institute for Scientific Information）的文献

检索工具"科学引文索引"（Science Citation Index）的缩写。我国以在 SCI 收录的期刊中发表论文及其反映引用频率的影响因子作为科研成绩评价标准，导致科技人员以追求高影响因子的期刊论文为首要目标。SCI 源刊主要在国外，导致大量科研论文外流，国内刊物稿源日益匮乏。这是强者更强，弱者更弱的马太效应在科学论文领域的典型案例。照此下去，作为大国，我国何时才能拥有向世界展示我国学者科研成果的世界著名刊物？！

以真菌界的"石耳目"（Umbilicariales）为例，该新目于 2007 年 2 月 22 日由我国学者发表在未被 SCI 收录的《菌物学报》（*Mycosystema*）上；该目名称又于 2007 年 5 月 13 日由美国学者发表在被 SCI 收录的英国《真菌学研究》（*Mycological Research*）上。以《国际植物命名法规》中"分类学上类群命名以发表先后的优先律为根据"，我国学者命名的"石耳目"由于符合国际规则的优先律而被国际学术界所接受，然而该研究成果却被国内科技评价体系所拒绝。

（三）调查研究经费不足

生物分类研究是基础学科，研究经费仅来自国家自然科学基金、科技部和中国科学院等少量不稳定的项目资助，大多数科研单位尚不能保障固定人员科研津贴等待遇，严重影响了人员的积极性和稳定性，从而导致国家培养的生物分类研究生 80%以上未能从事本领域研究，研究队伍后继乏人日益严重。

经费支持不足、不合理的评价体系以及对分类学缺乏正确认识是阻碍生物分类研究和导致人才流失的主要原因；继续发展下去势必影响研究领域的生存，并直接威胁生物资源的研发；错过生物经济时代的机遇将对国家经济和社会发展造成严重伤害。

（四）生物标本馆建设滞后

作为原型标本存取系统的生物标本馆是生物分类研究中重要的支撑系统。然而，国内部分标本已经沦于无人管理，任其虫食霉腐和自生自灭的境地。经过多年采集、收藏和积累的珍贵标本因此毁于一旦，对国家和科学都是莫大的损失！专家们反映，过去许多部门（农、林、牧、渔、卫生、环保、检疫等）送检的标本基本有能力进行鉴定，而现在由于分类研究人员短缺，对许多送检标本难以进行鉴定或无能力进行鉴定。与此同时，大量的珍贵标本和研究材料无法向社会展示，公众对生物分类研究的作用和生物标本馆的功能乃至生物资源的重要性缺乏足够了解。

三、针对上述主要问题的对策建议

（一）制定物种多样性考察研究规划

建议在中国科学院主持下，组织全国生物分类研究专家，对全国关键生物类群、重点区域进行考察与研究，特别是研究薄弱或空白的生物类群和生物多样性丰富地区、野外考察不足和边远地区，彻底查清我国的物种资源家底。

依据"一带一路"倡议构想，加强国际合作和交流，开展周边国家、地区（特别是南亚、东南亚、中亚以及西亚）和国际上生物多样性热点地区的生物资源考察与研究。同时对早年流失国外的标本，特别是模式标本进行数字化图像采集，并争取尽快将这些宝贵的数据收归我国。

在野外采集和研究中逐步健全我国生物物种三大存取系统，特别是物种活体存取系统。增加种子库、藻种库、菌种库、细胞库等的保藏数量，提高质量，促进生物资源储备，直接服务于社会生物经济发展。

（二）改革科技评价体系

在生物分类研究领域，制订"生物分类研究成果评价标准（建议稿）"，建议将以 SCI 期刊及其影响因子主导的科技评价体系改革为以科学创新成果和实际贡献为主轴，按照生物分类研究国际规则，通过国家生物分类研究体系专家管理委员会（见下第三点）审定，以新分类单元的发现、物种划分或名称修订和专科、属的专著为主要依据的生物分类研究成果评价标准进行评价。

加强我国生物分类学术刊物建设，为分类学工作者提供发表研究成果的良好平台，在国际本领域中占据与我国国际地位相称的学术阵地。例如，经国际菌物命名委员会授权和国际菌物学大会批准，我国学者组建的 Fungal

Names 菌物名称注册信息库成为当今世界三大注册信息库之一（菌物新名称必须注册才能合格发表），使我国在国际菌物分类命名方面占有一席之地。

建议将研究生的注意力从发表 SCI 期刊论文引导至重视科学和学术水平，将科技人员的注意力从向国外 SCI 刊物投稿吸引至破解新的科学问题和加速国家建设上；鼓励科技人员将创新成果发表在国内科技刊物上。

（三）完善生物分类研究体系

制定"国家现代生物分类研究体系建设方案（建议稿）"，建议设定国家分类研究岗位，建设国家现代生物分类研究体系，使国家有一支稳定而专心从事生物分类研究的科学研究队伍。

成立由专家组成的国家生物分类研究体系专家管理委员会和咨询委员会，挂靠中国科学院，主持和管理生物分类研究体系及其三大存取系统的正常运行。委员会下设动物、植物、菌物、原核及非细胞微生物四个分会，分别挂靠中国科学院动物研究所、中国科学院植物研究所及中国科学院微生物研究所。

在全国有关科研院所及高等院校设立国家生物分类研究岗位，规定各岗位的研究任务，并给予稳定的经费支持。

（四）加强生物标本馆建设

将中国科学院动物研究所的动物标本馆、植物研究所的植物标本馆及微生物研究所的菌物标本馆分别命名为"国家动物标本馆"、"国家植物标本馆"和"国家菌物标本馆"，并继续挂靠在这三个研究所。国家标本馆具有固定运行经费，得到稳定支持；各馆设立由国家生物分类研究岗位科学家组成的若干研究组，为科研工作提供服务和支撑作用；馆内管理与技术岗位的工作人员纳入国家分类研究岗位的经费支持体系。

通过中国科学院的"国家生物标本馆体系"，将国内各个标本馆纳入体系进行管理。国内有关单位已处于无人管理状态的生物标本馆，应并入上述相关的国家标本馆，以便于标本的安全保藏和管理，并发挥其在科学研究与资源开发中原型标本存取系统的作用。

生物标本馆收藏的大量标本及其相关信息是科学普及不可多得的第一

手材料，对公众开放可成为引导和开发青少年的学习兴趣和科学思维的基地。展品（保存标本）和信息（专业研究成果）的优势、适当的国家投入，将使生物标本馆和博物馆更好地发挥不可替代的科普功能。

（本文选自 2016 年咨询报告）

咨询项目组主要成员名单

项目负责人：

魏江春　中国科学院院士　　　中国科学院微生物研究所

主要成员：

陈宜瑜　中国科学院院士　　　国家自然科学基金委员会

洪德元　中国科学院院士　　　中国科学院植物研究所

尹文英　中国科学院院士　　　中国科学院上海生命科学研究院

王文采　中国科学院院士　　　中国科学院植物研究所

印象初　中国科学院院士　　　河北大学、中国科学院西北高原生物研究所

曹文宣　中国科学院院士　　　中国科学院水生生物研究所

赵尔宓　中国科学院院士　　　中国科学院成都生物研究所

郑守仪　中国科学院院士　　　中国科学院海洋研究所

郑儒永　中国科学院院士　　　中国科学院微生物研究所

郑光美　中国科学院院士　　　北京师范大学

庄文颖　中国科学院院士　　　中国科学院微生物研究所

乔格侠　研究员　　　　　　　中国科学院动物研究所

胡征宇　研究员　　　　　　　中国科学院水生生物研究所

姚一建　研究员　　　　　　　中国科学院微生物研究所

张宪春　研究员　　　　　　　中国科学院植物研究所

开展我国主导的全球生态环境
多尺度遥感监测的对策建议

李小文　等

生态环境恶化是世界各国面临的共性问题，严重制约了社会经济的发展，危害着人们的健康。党中央高度重视推进生态文明建设，党的十八大将其纳入中国特色社会主义事业五位一体总布局，党的十八届五中全会提出"推进美丽中国建设，为全球生态安全作出新贡献"。2015 年 11 月 30 日，习近平主席在气候变化巴黎大会开幕式讲话中进一步明确了"生态文明建设"是我国"十三五"规划重要内容，承诺 2030 年左右森林蓄积量比 2005 年增加 45 亿米³ 左右，并于 2016 年启动在发展中国家开展 10 个低碳示范区、100 个减缓和适应气候变化项目及 1000 个应对气候变化培训名额的合作项目[①]。这是迄今为止我国领导人针对全球生态环境问题的郑重承诺，是世界第二大经济体在国际社会中应尽的义务，同时也对我国全球生态环境动态监测的能力提出了更高的要求。

一、开展我国主导的全球生态环境遥感监测符合我国社会经济发展的重大战略部署

由于全球环境变化与人类活动的共同影响，世界各国均面临着空气污

---

① 参见：习近平在气候变化巴黎大会开幕式上的讲话. http://www.xinhuanet.com/world/2015-12/01/c_1117309642.htm.

染、水土环境恶化、湿地萎缩、生物多样性锐减、生态服务功能衰退等一系列生态环境问题，这些问题直接影响到生态环境安全与人类健康，成为经济社会可持续发展的障碍因素之一。党的十八届三中全会将生态文明建设作为未来中国发展的战略目标，生态环境动态监测将为国家与地区制定生态文明建设策略提供科学依据，因此提升我国与全球生态环境监测能力刻不容缓。

传统基于地面台站测量的手段远远不能满足对区域乃至全球尺度生态环境监测的需求。遥感具有宏观、快速、定量、准确的特点，经过 50 多年的快速发展，已从可见光发展到全波段，从传统的光学摄影演变为光学与微波结合，主动与被动协同的综合观测技术，空间、光谱、辐射、时间分辨率持续增加，具有大范围、全天时、全天候、周期性监测地球环境变化的优势，成为监测宏观生态环境动态变化最可行、最有效的技术手段。

近年来，我国对地观测能力和手段取得了长足进步，截至 2015 年底，在轨卫星已位居全球第二（144 颗），并在生态环境遥感监测的理论、方法、技术研究、产品研发和人才队伍建设方面进入世界前列，已经具备对全球生态环境进行动态遥感监测的基础和条件。但与美欧等发达国家/地区相比，我国还没有形成全球生态环境遥感持续监测的应用系统与生态环境定量遥感系列产品。这不仅影响科学界对我国生态环境恶化的驱动与影响的判别分析，而且由于缺乏对全球生态环境数据的掌控，我国在全球气候谈判中一直处于被动、弱势的地位。近年来，由于美国、欧洲等主要国家/地区的预算缩减，全球生态环境遥感监测任务逐渐减少，它们的全球观测能力的发展受到制约。因此，为应对全球生态环境恶化问题，作为崛起的大国有必要建立由我国主导的全球生态环境遥感监测体系，发起重大对地观测计划，制定信息获取与服务的方法及标准体系，协调有关国家共同生产生态环境遥感定量产品，为全球变化研究和我国全球战略发展规划提供支撑。为此，建议国家设立重点科研专项，突破全球生态环境遥感监测的理论、方法与关键技术，完善和提升我国生态环境遥感监测能力，实现对全球生态环境的多时空尺度遥感监测，主导全球生态环境遥感监测和评价，将我国的生态文明建设和全球生态环境保护结合，促进我国与世界各国的合作与发展。该项目的实施不仅对我国生态文明建设具有重要的现实意义，而且对提升我国在全球生态环境保护和全球变化研究的话语权，提高我国的国际地位和大国形象具有重要的战略意义。

二、我国及全球生态环境遥感监测面临的问题

（一）我国卫星遥感监测计划分散在各部门，迫切需要国家层面的统筹规划机构，建立全球生态环境遥感监测体系

随着中国高分辨率对地观测系统重大专项的全面实施，我国对地观测能力得到大幅提升，目前在轨卫星数量已经超越俄罗斯，位居全球第二。2015年10月出台的《国家民用空间基础设施中长期发展规划（2015—2025年）》指出，我国将进一步构建七个星座及三类专题卫星组成的遥感卫星系统，并积极推进资源、环境和生态保护综合应用等七个重大应用，为我国与全球生态环境遥感监测能力提供进一步保障。但是长期以来我国卫星遥感产业重卫星制造与发射，轻应用共性技术研发与应用系统建设。国家国防科技工业局主要关注卫星设计与发射以及星座的建立，而各行业部门根据各自业务需求和已有数据源独立开展遥感监测工作，各自为政。这导致以下两方面的问题。

（1）资源分散、重复浪费，数据、信息和技术共享渠道不畅，缺乏统一的标准、规范和评价体系，监测和分析结果不一致，产品整合困难，造成了严重浪费。

（2）研究缺乏全球视野，已开展的项目从局部、区域角度研究多，从全球、大区域、跨学科布置研究少，缺乏足够的积累和长期监测的系列化遥感定量产品。尽管国家正在推动数据共享、全球生态环境遥感监测等任务，但仍然缺乏顶层设计和统一协调。

全球生态环境遥感监测涉及多行业、多部门的协调以及多源遥感监测数据、地面网络台站观测数据的联合应用。如何统筹、综合利用这些分散的软硬件设施、数据、信息和技术，集中优势力量攻克生态环境遥感监测中的关键共性技术难题，提高对地球表层生态环境要素的监测水平和信息产品质量，全面提升我国全球生态环境遥感动态监测能力，是我国急需解决的现实问题。因此，迫切需要设立国家层面的我国主导的全球生态环境遥感监测统

筹规划机构。

相比之下，遥感卫星研究和应用实力最强的美国和欧盟，分别由美国国家航空航天局（NASA）和欧洲空间局（ESA）统筹负责全球对地观测计划的设立和实施，以及全球陆地、海洋和大气相关参量产品的研发、生产与服务，集中优势力量攻克共性技术难题，保障了产品的质量和连续性。例如，美国国家航空航天局制定的地球观测系统（EOS）计划把地球作为一个整体环境系统，通过一系列遥感卫星平台装载先进仪器，获得大量的卫星遥感数据，对全球陆地、海洋和大气进行综合、全方位、长时间序列的观测研究，了解和预测全球和区域环境变化过程，在全球及区域生态环境监测中发挥了重要作用。

借鉴美欧等国家/地区的经验，设立全球生态环境遥感监测重点科技专项，明确一个统筹规划机构组织实施，进行顶层设计与共性技术攻关，制定统一标准，开展中国及全球生态环境多尺度遥感监测系统建设与产品生产势在必行。

（二）我国遥感数据获取能力和多时空尺度产品生产能力不匹配，迫切需要加强全球生态环境遥感监测产品生产和服务

原始的遥感数据需要转换成反映地球系统物理特性的高级产品，才能更加有效地用于环境监测和其他各种应用。自 1957 年第一颗人造卫星上天以来，世界各国成功发射了 7000 多颗卫星，获取了大量遥感数据。在此基础上形成了多种全球遥感信息产品，成为度量全球生态环境质量，制定碳排放协议的依据。但是地表是复杂多变的巨系统，不同的生态环境问题需要不同时空分辨率的遥感数据产品，尤其需要高时空分辨率遥感产品来获知地表的精细、动态变化。国际上已有的全球数据产品包括陆地植被、水域、大气、海洋等，当前任何一个国家的卫星遥感数据的时空分辨率尚不能满足全球生态环境监测的需求，需要综合应用多个国家的卫星遥感数据进行全球生态环境遥感信息产品的生产。

由于原有计算能力和遥感数据处理水平的限制，一方面大量遥感数据未能得到有效应用，另一方面单颗卫星甚至一个国家的卫星难以满足全球生态

环境高时空分辨率的持续监测。美国国会曾指责美国国家航空航天局 95%的遥感数据从来没有被有效应用，"淹没在数据的海洋中，渴求着信息的淡水"。这是遥感数据海量获取和遥感信息提取不足的矛盾，主要原因在于多源遥感数据之间的协同不够和遥感反演理论与方法的滞后，导致大量的原始数据没有及时转化成各种应用急需的遥感高级产品。以李小文院士为代表的我国科学家提出了对地遥感的病态反演理论，强调先验知识的积累，强调尺度问题，提出了不同尺度多源遥感数据主被动协同的解决方案，在基础理论研究方面得到了世界各国科学家的高度评价。2012 年，我国自主生产的全球陆表卫星（GLASS）产品首次面向全球发布，国家遥感中心向全球公开发布了全球生态环境遥感监测报告（包括植被、湖泊、湿地、粮油作物生产形势等）。2014 年，我国政府向联合国捐赠了全球 30 米分辨率地表覆盖数据，这标志着我国已经缩短了与欧美的差距，在全球生态环境遥感监测的某些方面走在了世界前列。

《国家民用空间基础设施中长期发展规划（2015—2025 年）》将发射一系列遥感卫星，构建对地球大气、陆地、海洋的综合观测体系，形成高、中、低空间分辨率合理配置、多种观测技术优化组合的综合高效全球观测和数据获取能力，为我国主导全球生态环境遥感监测奠定了基础。但是生态环境的变化需要长时间序列的观测支持，我国遥感卫星所获取的历史数据、境外数据仍严重不足，需大力开展国际合作，进行充分数据共享，在已有理论技术的支撑下，结合国外长时间序列的遥感数据和我国即将拥有的多模式、多分辨率遥感数据，生产长时间序列、多时空尺度全球生态环境遥感监测产品，并进行全球产品发布和数据共享服务，奠定我国在该领域的技术领先地位，赢得我国在全球生态环境遥感监测方面的国际话语权。

三、关于开展我国主导的全球生态环境遥感监测的建议

（一）建立国家层面的全球生态环境遥感监测统筹规划机构

汲取美国、欧盟在对地观测和空间探测计划设立方面的经验，建议设立或指定国家层面的全球生态环境遥感监测统筹规划机构，例如，充实和提升

国家航天局的职能，统筹协调军民各部门遥感监测计划与任务。针对全球生态环境遥感监测，其主要职能包括以下几个方面。

（1）规划以生态环境监测为导向的遥感卫星系统，发展并牵头组织国际生态环境遥感监测科学计划。

（2）研究提出全球生态环境遥感监测及产品生产和共享标准规范，组织协调生态环境遥感产品生产、评价、共享和应用。

（3）统筹国内行业部门之间的分工与协作，组织开展全球生态环境遥感监测国际合作与交流。

（二）设立国家重点科研专项，突破关键技术，对我国与全球生态环境进行多时空尺度遥感监测

建议科技部设立全球生态环境遥感监测重点科技专项，长期稳定支持，突破生态环境遥感监测理论、方法与关键技术，进行广泛国际合作，形成我国主导的全球生态环境遥感监测体系和业务化的遥感信息产品体系，服务于我国应对全球生态环境和气候变化的挑战。专项内容包括以下几个方面。

1. 研究完善生态环境遥感监测理论、方法与关键技术体系

组织国内外研究力量开展协作研究，突破多源遥感数据尺度效应与尺度转换以及信息提取的理论、方法与关键技术，建立遥感知识库和大数据平台，新建一批遥感综合验证场，整合全球已有的遥感定标站点和适合生态环境遥感产品验证的站点，形成我国主导的全球遥感传感器定标与遥感产品检验网，大幅提高我国生态环境遥感监测理论与技术水平，保障多时空遥感信息产品的质量。

2. 构建"天地一体化"生态环境遥感监测国际网络

组织论证全国生态环境监测站网的协同布置，将现有的生态、环境、农业、林业观测站点升级为国家统筹的生态环境监测站，将卫星遥感和航空遥感与地面传感器联网，优先在我国构建"天地一体化"生态环境遥感监测国际网络。建立国家生态环境地面监测数据与卫星遥感数据共享和信息发布中心，促进国际合作和数据共享，开展国际培训，推广我国主导的标准体系，逐步构建"天地一体化"生态环境遥感监测国际网络。

3. 生产面向我国与全球生态环境监测的多时空尺度遥感信息产品

基于我国现有高分遥感数据和未来多源遥感数据，优先建立我国陆地、海洋和大气等生态环境遥感监测系统，生产多时空尺度遥感信息产品，形成生态文明指数，主要包括大气环境指数、水量与水质指数、土壤污染指数、地质灾害指数、干旱指数、森林覆盖指数、作物生长指数、城镇绿化指数等。根据需要和可能，这些指数有些是日均指数，有些是月均指数，有些是年均指数。抓住我国卫星观测计划集中设立和国际社会遥感数据免费共享的契机，综合利用国内外遥感监测数据，将我国生态环境遥感监测的技术与方法应用于全球监测，解决国际现有全球数据产品精度低、时空连续性差、时间跨度短、不同尺度产品间不一致等问题，生成全球生态环境多尺度长时间序列遥感信息产品，服务于全球生态环境变化分析。

4. 开展面向全球重大生态环境问题的遥感监测，满足国家战略空间拓展的决策需求

服务于国家"一带一路"倡议，基于我国自主知识产权的生态环境监测遥感产品，重点开展"一带一路"大气环境、水环境和生态遥感监测，应用于国家重大决策；响应习近平主席在气候变化巴黎大会上关于我国应对气候变化的承诺，开展全球森林遥感监测，揭示全球发展中国家 10 个低碳示范区的生态环境变化及发展趋势，评价全球生态安全和粮食安全，分析全球经济一体化和城镇化背景下全球生态环境服务功能和承载力，争取我国在全球生态环境监测方面的主导权，满足参与国际合作发展的战略需求。

（本文选自 2016 年咨询报告）

咨询项目组成员名单

项目负责人：

| 李小文 | 中国科学院院士 | 北京师范大学 |
| 龚健雅 | 中国科学院院士 | 武汉大学 |

专家组

徐冠华	中国科学院院士	科技部
刘昌明	中国科学院院士	中国科学院地理科学与资源研究所
周成虎	中国科学院院士	中国科学院地理科学与资源研究所
夏 军	中国科学院院士	武汉大学
彭以祺	司 长	科技部
宋长青	研究员	国家自然科学基金委员会
景贵飞	副主任	科技部国家遥感中心
张松梅	处 长	科技部国家遥感中心
陈拂晓	主 任	国务院信息化办公室
王 桥	主 任	环境保护部卫星环境应用中心
林宗坚	研究员	中国测绘科学研究院
陈子丹	研究员	水利部信息中心
刘顺喜	高级工程师	中国土地勘测规划院
路京选	研究员	中国水利水电科学研究院遥感中心
李增元	研究员	中国林业科学研究院资源信息研究所
赵春江	研究员	北京市农林科学院
王纪华	研究员	北京市农林科学院
顾行发	副所长	中国科学院遥感与数字地球研究所
田国良	研究员	中国科学院遥感与数字地球研究所
徐希孺	教 授	北京大学
李传荣	研究员	中国科学院光电研究院
张仁华	研究员	中国科学院地理科学与资源研究所
宫 鹏	教 授	清华大学

吴炳方	研究员	中国科学院遥感与数字地球研究所
施建成	研究员	中国科学院遥感与数字地球研究所
李　新	研究员	中国科学院寒区旱区环境与工程研究所
肖　青	研究员	中国科学院遥感与数字地球研究所
黄文江	研究员	中国科学院遥感与数字地球研究所
唐伶俐	研究员	中国科学院光电研究院

工作组

梁顺林	教　授	北京师范大学
阎广建	教　授	北京师范大学
王锦地	教　授	北京师范大学
杨胜天	教　授	北京师范大学
刘志刚	副教授	北京师范大学
龚剑明	副研究员	中国科学院学部工作局
万华伟	研究员	环境保护部卫星环保应用中心
宋金玲	副教授	北京师范大学
孙　睿	教　授	北京师范大学
李世华	教　授	北京师范大学
程　洁	副教授	北京师范大学
尤淑撑	高级工程师	中国土地勘测规划院
胡建民	研究员	江西省水土保持科学研究院
曾　源	研究员	中国科学院遥感与数字地球研究所
李世华	教　授	电子科技大学
柏延臣	教　授	北京师范大学
屈永华	副教授	北京师范大学
张立强	教　授	北京师范大学
赵红蕊	教　授	清华大学
朱忠礼	副教授	北京师范大学

关于海洋生物质资源开发
与利用中存在的问题和对策

张俐娜 等

一、背景和意义

全球海洋面积约占世界海陆总面积的 71%,海洋中栖息着地球上 80%的生物,其中许多生物是人类赖以生存的食物,海洋是天然"粮库"。海洋每年可为人类提供 30 亿吨鱼、虾、贝、藻等食物,可满足 300 亿人的食品需求。我国水产品总产量已连续 25 年排名世界第一,2014 年达 6450 万吨,相当于 1.9 亿亩地的粮食产量。而且,海洋是生命之源,近年来又从海洋中发现大量新物种,包括病毒、植物和动物。

另外,作为地球上最主要的能源,不可再生的石油、煤炭及天然气等化石资源日益减少,终究会面临枯竭。此外,基于化石资源的高分子材料导致的白色污染日益严重,人类必须考虑利用可再生动植物资源,通过环境友好的方法和技术构建新环境友好材料。海洋是生物质资源最大的宝库,有大量动植物和微生物,它们富含有机和无机物质。海洋生物质属于可再生资源,包括鱼类、软体动物、甲壳动物、哺乳动物、微生物和海洋植物,其总量远大于陆地可再生资源。这些海洋资源不仅是不枯竭的可再生资源,而且是人类天然药物、食物、能源和功能材料的重要原料,在医药卫生、新材料和新能源这三大新兴领域具有广阔的应用前景,符合国民经济可持续发展战略。

2001 年,联合国正式提出"21 世纪是'海洋世纪'"。发展海洋经济也是我国"一带一路"倡议的重要组成部分。海洋是经济的"蓝色动脉"。海洋资源的研究、开发与利用对由"中国制造"到"中国智(创)造"以及中华民族伟大复兴具有举足轻重的作用。我国大陆海岸线总长约 1.8 万千米,是"海洋大国",但远不是"海洋强国"。当今时代,海洋经济发展空间极其广阔,已成为国民经济发展的新引擎、新支撑。没有科技的突破和支撑,人们面对浩瀚的海洋,只能"望洋兴叹"。党的十八大已明确提出"海洋强国"战略。海洋经济的发展不仅可以为我国国民经济提供一个崭新的经济增长极和供给侧,构筑大规模的新型产业经济群,而且可以有效缓解我国陆域经济发展面临的资源、环境、人口压力,为国民经济和社会的可持续发展提供新的空间,同时还可以为将来全面走向蓝海奠定坚实基础。为此,开发与利用可再生的海洋生物质资源已经刻不容缓。

据初步核算,2015 年全国海洋生产总值 64 669 亿元,比 2014 年增长 7.0%,同时海洋生产总值占全国 GDP 的 9.6%,已成为国民经济的支柱产业。其中,海洋产业增加值 38 991 亿元,海洋相关产业增加值 25 678 亿元。据测算,2015 年全国涉海就业人员 3589 万人。根据海洋产业产值变化规律,2015 年海洋生物医药业、海洋渔业和海洋化工业产值达到 41 416 亿元(表1)。由此预期,若加大对海洋生物质相关的研究与开发力度,产生一批具有国际竞争能力的新产业,将可带来巨大的经济效益(约新增工业产值 1 万亿元)。

表 1　我国海洋生物医药业、海洋渔业和海洋化工业产值(2004~2015 年)

年份	海洋生物医药业		海洋渔业		海洋化工业	
	产值/亿元	增长率/%	产值/亿元	增长率/%	产值/亿元	增长率/%
2004	64	—	3 795	—	—	—
2005	48	−25.00	4 402	15.99	293	—
2006	94	95.83	4 533	2.98	406	38.57
2007	134	42.55	6 437	42.00	615	51.48
2008	192	43.28	8 653	34.43	1 157	88.13
2009	251	30.73	11 162	29.00	1 768	52.81
2010	318	26.69	13 975	25.20	2 333	31.96
2011	417	31.13	17 262	23.52	3 024	29.62

续表

年份	海洋生物医药业		海洋渔业		海洋化工业	
	产值/亿元	增长率/%	产值/亿元	增长率/%	产值/亿元	增长率/%
2012	589	41.25	20 914	21.16	3 808	25.93
2013	813	38.03	24 786	18.51	4 716	23.84
2014	1 071	31.73	29 079	17.32	5 627	19.32
2015	1 373	28.20	33 431	14.97	6 612	17.50

二、国内外海洋生物质资源利用现状与挑战

海洋中大量的动物、植物和微生物是人类天然药物、食物、能源和功能材料的重要原料，在药品和功能食品、新材料和新能源领域具有广阔的应用前景。

（一）海洋药物

生命起源于海洋，许多海洋生物长期生活在无光、低氧、低温和高压等极端环境中，对它们的研究将为人类提供更多的有关生命的信息，并且有望在生命科学和医学领域取得重大突破。如图 1 所示，海洋生物约有 20 万种，其中海洋植物有 1 万多种（占比 5%）、海洋动物有 16 万多种（占比 80%）；而海洋天然产物有 2 万多种，其中具有生物活性的约 1.2 万种（占海洋天然产物的 60%）。图 1 给出基于海洋生物质资源的药物、健康食品与生物制品、功能性材料和能源的国内外研究进展。

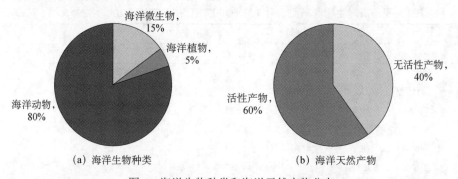

（a）海洋生物种类　　　　　　（b）海洋天然产物

图 1　海洋生物种类和海洋天然产物分布

目前，全球已发现3万多种海洋化合物，其中有1400多种活性先导化合物，但完成注册上市的海洋药物仅7种，它们主要用于急慢性淋巴细胞和髓性白血病、慢性顽固性疼痛、晚期难治性乳腺癌等治疗。全球新药在研报道594种，在研临床 I ~ III 期新药65种，涉及抗病毒、白血病、抗肿瘤等领域，显示了独特的疗效。预计2016年，全球海洋药物的市场销售额将达到86亿美元。我国在研的海洋药物有10个以上，进行临床研究的有5个，呈现出良好的发展势头。但是，国内海洋药物研究多停留在初级代谢产物的研发阶段，对药物先导化合物研究较少，尤其天然药物的结构和功能之间的构效关系尚不清楚。

（二）海洋生物质功能食品

近年来，科学家们发现深海鱼油可调节血脂、虾青素具有抗肿瘤活性、二十二碳六烯酸（DHA）促进大脑发育、脂联素受体保护DHA等，它们是有利于人类健康的天然物质。2015年我国仅保健品的市场规模即达4500亿元。但就海洋功能食品和保健品而言，目前国内企业以粗加工、粗制品为主，技术含量很低，缺乏国际竞争能力，而且其科学研究水平与发达国家相比有较大差距。

（三）海洋生物质功能材料

海洋中大量海藻和海鞘以及虾、蟹等海产品加工废弃物主要是纤维素、甲壳素、琼脂、多糖等物质，它们的蓄藏量极其丰富，应用价值巨大。科学家已发现可以利用海产品加工废弃物通过"绿色"技术直接转化构建生物医用、光电储能、纺织、农业以及水处理等高值化功能材料。最近，科学家们呼吁要充分利用甲壳素这种活性生物质，切勿废弃，要"变废为宝"。同时，对海洋生物质大分子转化为高分子功能材料的开发利用可节约大量化石资源和耕地，又可生产高附加值功能材料，带来可观的经济效益。

国内外对海洋生物质功能材料的研发主要集中在甲壳素/壳聚糖、纤维素、海藻酸和蛋白质等，主要基础研究成果涉及生物大分子结构与功能以及生物医用、光电储能和智能材料开发应用等。我国在海洋生物质研究和利用方面已取得了一些进展。例如，武汉大学基本解决了顽固性生物大分子（纤维素、甲壳素等）难溶解及一系列新功能材料构建的关键技术问题。青岛明月海藻集团有限公司有关海藻酸钠及纺织物和敷料产品的产值达30亿元/年。但整体而言，国内对海洋生物质的基础研究仍比较薄弱，海洋生物质功能材料产业化和规模化进展十分缓慢，企业产品技术含量低，缺乏持续的科技创新和技术储备能力。

（四）海洋生物质能源

海洋生物质能源发展潜力巨大。全球海洋生物质能源领域已在微藻和大藻的藻种培育、规模养殖、能源转化以及海洋加工废弃物能源化的综合利用等方面不断取得突破。我国有关海洋生物质能源的投入很少，发展十分缓慢。

目前，我国有关海洋生物质资源的基础研究总体尚处于世界中低水平，许多方面缺乏具有自主知识产权的核心技术，产业技术含量很低，生物质资源的利用率更低。我国关于海洋资源的研究队伍十分薄弱、创新能力较低、领军人才缺乏。国内研究水平相对国际平均水平落后10年左右，我国海洋生物质能源总投入较低，2008年以来仅为0.16亿美元，相当于美国的1/53、欧盟的1/26、日本的1/20，明显制约了我国海洋生物质资源利用和经济的发展。我国科技布局中有关海洋生物质资源研究与开发的部分不仅投入少，而且项目组织和实施较混乱，缺乏系统性和可持续性，导致项目经费的使用效率低下。

综上所述，目前我国海洋生物质资源总体特征可以以"五低"表述：科技水平低、人才水平低、投入产出效率低、产业层次低、产品附加值低。这对我国海洋生物质产业经济的发展提出了严峻的挑战。

三、针对上述主要问题的对策建议

对于我国海洋生物质资源的开发与利用中存在的突出问题，应采取有力措施，以科技创新引领产业优化升级，推进产学研协同创新和成果转化应用，抢占全球科技创新制高点。

（1）建设海洋生物资源库和海洋生物资源药物信息库，构筑海洋药物发现和成药性评价平台及共享机制。建立复杂天然产物的高效合成方法、创建海洋药物的绿色化学制备技术。从海洋生物中分离与合成改造的化合物中优化出 300~500 个先导化合物，研发出具有海洋活性物质特点的药物新工艺和新药剂，并完成临床前研究的新药 5~10 个。发现若干新酶，研发新型酶制剂 3~5 个。预计 2020 年产业规模达 500 亿元，2025 年产业规模达 1000 亿元以上。

（2）在保持和维护海洋生态环境的基础上，研究开发 5~10 类对我国人口健康和食品安全有重要保障作用的海洋功能性食品和保健品，建立相关数据库，形成较强的国际竞争能力。建立现代化示范生产线和基地，筹建海洋功能性食品和保健品领域跨学科、跨行业、跨地区的研究队伍，形成全链条式一体化的产学研深度融合新机制，为我国海洋功能食品和保健品工业提供科学依据和技术支撑。通过技术创新，建立应对粮食安全问题的新途径，由主要依赖陆地作物拓展到海洋食品。预计 2020 年海洋产品（包括功能食品和保健品）产业规模达 800 亿元，2025 年产业规模达 1500 亿元以上。

（3）建议大力发展海洋生物质"绿色"技术转化为功能材料的高附加值产业，利用丰富的海产品加工废弃物，研发新型功能材料。组建海洋生物质功能材料国家级研发平台和研发基地；推进产学研结合，多学科交叉，协作攻关，实现从基础研究到产品开发，获得具有国际市场竞争力的 30 个以上系列新产品。预计 2020 年产业规模达 500 亿元，2025 年产业规模达 1000 亿元以上。

（4）建立覆盖我国主要海域及滩涂的生物能源种质资源库，以及海洋能源生物的评价与信息共享机制。实现海洋产能藻类的合成生物学定向构建。实现大规模藻类培养装备的标准化、培养过程的自动化。突破海洋生物质的生物炼制技术，突破海洋生物大分子降解与转化酶的协同、高效、循环利用的技术，突破海洋生物质废弃物综合开发利用的关键技术。获得具有优良工业应用前景的海洋产能生物种质资源 10~20 个，创制能源分子与高值化学品联产种质资源 20 个。预计到 2020 年，开发系列海洋藻类燃料、色素、不饱和脂肪酸、糖脂等高值化有机化学品与生物能源联产技术，培育和扶持新技术装备企业 5 家以上。建立千吨级海洋生物柴油/航空生物燃料工业示范基地、千吨级海藻乙醇示范工程。预计到 2025 年，能源与高值化学品产业产值达 500 亿元，使我国在海洋生物能源利用方面处于国际领先行列之中。

以上海洋生物质资源开发与利用的相关建议实施后预期可以在科学技术创新及社会经济效益方面取得重大突破：①在发现海洋新生物体、新天然药物、新理论、新材料和新方法上取得重大进展。②揭示复杂生物质分子结构及其与生物活性和功能的构效关系。③创建海产品加工新技术，支撑一批高水平的国内企业，提高国际市场竞争力。④利用海产品"废弃物"，通过"绿色过程"转变为新材料，如仿生材料、生物医用材料、光电及贮能材料、水处理、纺织材料，以及有机单体或燃料。⑤形成由基础研究到成果转化的一条链模式，创造出具有自主知识产权的系列新产品，预计 10 年内基于海洋生物质的新药物、功能食品和保健品、新功能材料和生物燃料等产值达4000 亿元以上，利润约 500 亿元。预计海洋生物质新产品的开发和利用可节约耕地 18 亿亩以上。

四、关于海洋资源开发和利用的政策建议

（1）科技部和国家海洋局应尽快组织专家进行海洋生物资源物种和产量分布以及国内外海洋生物质产品生产现状的准确调查，建立国家海洋生物资源数据库和云数据系统。在保护海洋生态环境的前提下，有计划地开发海洋生物质资源，保证海洋经济可持续发展。

（2）设立"海洋生物质资源开发与利用"产学研结合的重大专项（一期工程 2016～2020 年，二期工程 2021～2025 年），重点支持海洋新药、海洋功能食品、海洋生物质材料和能源四大领域，预计 2025 年基于海洋生物质的新产品产业规模达 4000 亿元以上，最终从海洋生物质开发出新产品并进入国际市场；设立海洋经济产业基金，吸引企业和社会资金积极参与，打造具有国际竞争能力的产品陆续投入市场。

（3）加强顶层设计，对建立重大理论体系、原始创新、关键技术与装备等进行严密组织和部署，涵盖从海洋生物资源基础研究到应用开发直到新产品投入市场的各个环节，使基础研究与经济发展紧密结合，为国家创造更多财富。

（4）建立政、产、学、研、资"五位一体"协同创新机制，以需求为导向和产业化为方向，采取有力措施促进企业与高等院校、科研院所开展以资

产为纽带的产学研联合，重点突破一批关键核心技术，加速成果转化，不断提升科技对海洋经济的贡献率。加强海洋生物质研发人才队伍的建设，成立跨学科、跨地区的海洋生物资源研发群体，主要包括海洋学、化学、生物学、医学、药学、物理学和工程等领域的人才。

（5）尽快建立海洋生物质国家实验室、工程技术研究中心等，强调原始创新、绿色化和应用前景，充分体现国家发展的"五个理念"（创新、协调、绿色、开放、共享）。

（6）全方位加强国际合作，率先与东南亚沿海国家建立科研合作和产业联盟，积极发展海洋合作伙伴关系，特别是在科学管理和资源合理开发利用等方面，共同探讨出一条资源节约、环境友好的海洋产业发展道路。进而，逐步辐射到欧洲、非洲……

（本文选自 2016 年咨询报告）

咨询项目组主要成员名单

项目负责人：

张俐娜　　中国科学院院士　　武汉大学

主要成员：

程津培　　中国科学院院士　　清华大学、南开大学

管华诗　　中国工程院院士　　中国海洋大学

朱清时　　中国科学院院士　　中国科学技术大学

赵玉芬　　中国科学院院士　　厦门大学、清华大学

江桂斌　　中国科学院院士　　中国科学院生态环境研究中心

颜德岳　　中国科学院院士　　上海交通大学

倪嘉缵　　中国科学院院士　　深圳大学

吴云东　　中国科学院院士　　北京大学

涂永强　　中国科学院院士　　兰州大学

韩布兴　　中国科学院院士　　中国科学院化学研究所

邓子新	中国科学院院士	武汉大学、上海交通大学
张 希	中国科学院院士	清华大学
王玉忠	中国工程院院士	四川大学
杜予民	教 授	武汉大学
邵正中	教 授	复旦大学
徐 坚	研究员	中国科学院化学研究所
黄 勇	研究员	中国科学院理化技术研究所
相建海	研究员	中国科学院海洋研究所
李鹏程	研究员	中国科学院海洋研究所
孙恢礼	研究员	中国科学院南海海洋研究所
谭仁祥	教 授	南京大学
焦炳华	教 授	第二军医大学
丁 侃	研究员	中国科学院上海药物研究所
谢明勇	教 授	南昌大学
刘会洲	研究员	中国科学院青岛生物能源与过程研究所
杜昱光	研究员	中国科学院过程工程研究所
许小娟	教 授	武汉大学
伍新木	教 授	武汉大学
岳建民	研究员	中国科学院上海药物研究所
张洪斌	教 授	上海交通大学
宛新华	教 授	北京大学
王斌贵	研究员	中国科学院海洋研究所
林 鹿	教 授	厦门大学
蔡 杰	教 授	武汉大学
邹圣灿	董事长	青岛银色世纪健康产业集团有限公司
张国防	董事长	青岛明月海藻集团有限公司
于 琳	副总裁	深圳市海王生物工程股份有限公司

发展冷链装备技术，推动冷链物流业成为新的经济增长点

周　远　等

一、研究背景和我国冷链发展现状

（一）研究背景

根据国家标准《冷链物流分类与基本要求》（GB/T 28577—2012）的定义，冷链物流是指"以冷冻工艺为基础、制冷技术为手段，使冷链物品从生产、流通、销售到消费者的各个环节中始终处于规定的温度环境下，以保证冷链物品质量，减少冷链物品损耗的物流活动"。随着我国经济的飞速发展以及人民生活水平的逐步提高，易腐食品（水果、蔬菜、肉类及肉制品、水产品、蛋类、乳制品等）的产量和需求量在逐年增长，消费者对食品的品质和安全也更加重视。因此，如何建立完善的冷链物流体系，进而降低易腐食品的流通腐损率，保障易腐食品的品质及安全，已逐渐成为关系民生、影响农业及食品工业转型升级和可持续发展的热点问题。

1. 冷链是易腐食品流通的重要手段

根据国家统计局发布的 2009～2014 年数据，我国各项易腐食品的总产量巨大且在逐年递增（表1），易腐食品总量已分别超过 12 亿吨。上述食品中绝大部分需要采用冷链方式进行流通，以确保其品质并降低流通腐损率。

并且我国的易腐食品产供销具有地域性、季节性和习惯性特征，这使得易腐食品产业发展在多样化、流通效率以及产品增值等方面受到不同程度的限制。对此，冷链能够提供很好的解决方案，甚至改善传统的易腐食品产供销格局，在为消费者提供种类更加丰富的易腐食品的同时，提升产品价值，为企业增加收益。

表1　2009～2014年我国主要易腐食品总产量　　（单位：万吨）

年份	水果	蔬菜	肉类	水产品	蛋类	乳制品
2009	20 395.51	61 823.81	7 649.75	5 116.40	2 742.47	3 677.70
2010	1 401.41	65 099.41	7 925.83	5 373.00	2 762.74	3 747.96
2011	22 768.18	67 929.67	7 965.10	5 603.21	2 811.42	3 810.69
2012	24 056.84	70 883.06	8 387.24	5 907.68	2 861.17	3 875.40
2013	25 093.04	73 511.99	8 535.02	6 172.00	2 876.06	3 649.52
2014	26 142.24	76 005.48	8 706.74	6 461.50	2 893.89	3 724.64

2. 冷链是降低易腐食品流通腐损率的重要途径

我国每年易腐食品的总调运量达3亿多吨，综合冷链流通率仅为19%，长期以来我国易腐食品在流通环节中损失严重，以果蔬、肉类和水产品为例，其流通腐损率分别达到20%～30%、12%、15%[1]。大量易腐食品在产销过程中的损耗和变质造成了社会资源的巨大浪费，所导致的直接经济损失达到6800亿元，约占GDP的1%。要降低流通过程中的腐损率就必须对易腐食品的生产、加工、储运和销售环节的温度进行控制。国外对此提出了"不高于原则"（the never warmer than rule），即保证易腐食品在流通过程中始终处于规定的温度环境下[2]。冷链成为降低易腐食品流通损耗率的一个重要途径。

3. 冷链对保障食品质量和食品安全具有重要意义

易腐食品在流通过程中所处的环境温度没有达到规定要求和环境温度频繁波动的情况，都会在一定程度上影响易腐食品的品质，甚至导致食品的腐败变质，进而给民众带来食品安全隐患。

控制易腐食品安全的关键是控制微生物的生长速度，而控制微生物生长速度的关键就是控制温度，温度每升高6℃，食品中细菌生长速度就会翻一番，货架期缩短一半。冷链物流能够实现食品信息的全程可追溯以及食品流通过程中环境温度的精确控制，因此可以很好地保障食品品质及降低食品安全隐患。

4. 我国冷链物流发展宏观环境良好

近年来，中共中央、国务院及相关部委大力推动农产品冷链物流的发展。2010年、2012年和2014年的中央一号文件中都提出了加快发展冷链物流体系建设的要求，并先后出台了《物流业调整和振兴规划》（2009年）、《农产品冷链物流发展规划》（2010年）、《物流业发展中长期规划（2014—2020年）》（2014年）、《关于进一步促进冷链运输物流企业健康发展的指导意见》（2014年）等文件对建设冷链物流体系进行顶层设计。地方各级政府也从政策和制度层面上为冷链物流产业提供了一系列发展条件，为我国冷链物流提供了良好的发展环境。

当前我国经济步入新常态，仍处于重要战略机遇期。冷链物流体系的建立可以促进我国健康饮食文化的发展，惠及民生。不仅如此，随着"互联网+"这一"新引擎"的推动，冷链物流这一传统行业正在迸发出新的活力，电子商务企业纷纷进驻冷链行业，"大众创业、万众创新"为冷链物流行业带来了更多商机，这都使冷链物流成为我国一个重要的经济增长点。据预测，冷链本身在我国具有每年超过1000亿元的设备市场，并且冷链物流由于涉及从产地到居民餐桌的长链条，应用范围广、涉及人员多，预计冷链物流及其附带的总产值将超过万亿元，产业发展空间巨大。

目前，国家提出"一带一路"倡议，国家要发展，要"走出去""带进来"，"一带一路"打通之后，未来沿线国家或地区的新鲜农副产品交易规模和频次将大幅度提升，冷链物流的需求则会越来越大。因此，"一带一路"也为冷链物流的发展提供了强大的驱动力。

目前，我国制造业仍然大而不强，在自主创新能力、资源利用效率、产业结构水平、信息化程度、质量效益等方面差距明显，转型升级和跨越发展的任务紧迫而艰巨，但这也是我国制造业转型升级、创新发展的重大机遇。"制造强国"战略的提出为推动冷链物流装备发展提供了良好机会。

（二）我国冷链发展现状

1. 冷加工

（1）预冷。预冷是冷链的第一个环节，称之为"最先一公里"，其突出特点是快速冷却。2014 年我国的水果产量为 26 142.24 万吨，蔬菜产量为 76 005.48 万吨，水果和蔬菜产量位居世界第一，超过世界总产量的一半，且蔬菜的人均占有量达到 500 多千克，超过发达国家水平。虽然目前我国果蔬产量位居世界第一，但是果蔬产后预冷环节普遍缺失，大量缺乏产地专用预冷设备，大多采用冷库对果蔬进行冷却，因此，无法达到预冷工艺的要求，冷却效率低，效果差，影响了果蔬在流通过程中的品质。而欧、美、加、日等发达国家/地区在果蔬产地采后大多采用以压差预冷和真空预冷方式为主的预冷装备进行预冷，果蔬预冷率高，为预冷环节后的流通过程奠定了基础，在一定程度上降低了果蔬流通腐损率。

（2）速冻。速冻是在很短的时间内使食品中心温度达到储藏或保鲜温度的一种冷加工工艺。近些年来，我国速冻食品制造行业发展快速，总产值大幅度增长，从 2007 年的 192 亿余元上升到 2013 年的 649.81 亿元，同时涌现出一大批知名品牌。但是仍然存在着管理标准不完善、产品质量良莠不齐、产品品类较国外发达国家少、人均占有量偏低等问题。

2. 冷库

冷库是应用制冷设备制造特定的低温环境，用来贮存食品、工业原料、生物制品以及医药等物资的专用建筑物。随着国家和地方政策的推动，我国冷库建设持续升温，总量不断增长。根据《中国冷链物流发展报告》统计数据，2014 年，全国冷库保有量达到 3320 万吨。相比于 2013 年的 2411 万吨，增长了 37.7%。虽然这些新建冷库在一定程度上缓解了冷链行业设备、设施紧缺的情况，但是一些冷库投资方在规划方面缺乏合理的分析和指导，导致重复建设现象发生，这使得部分冷库在建成后没有市场，空库率较高。并且，一些冷库未按照国家标准进行设计、设备采购和工程建设，造成我国目前在用冷库在卫生水平、能耗、安全和自动化程度等方面水平相差较大，存在参差不齐的现象，货主在选择冷库时无从参照。

3. 冷藏运输

冷藏运输是指使用装有特制冷藏设备的运输工具来运送易腐货物。我国的冷藏运输方式主要有公路、水路、铁路、航空运输四种[3]，其中由于公路运输有周转快、短途运输时效性高、灵活性强等优势，在交通运输中占主导地位。

近几年，我国冷藏运输发展迅速，运输效率得到大幅提升，公路冷藏运输占货物运输总量的份额不断上升，运输装备的保有量也在逐年增加。但是从总体上看，仍然存在着运输集中度不高，专业化服务能力不强、运输效率低、成本高等问题，冷链食品的冷链成本占销售价格的 40%～70%，比普通货物的成本高 1 倍以上。从公路冷藏运输来看，2014 年我国的冷藏车和保温车保有量为 7.6 万辆，同比大幅度增长 37.5%[4]，虽然车辆的总量在不断增加，但是由于运营模式单一、信息不畅造成的冷藏运输有车难找货、有货难找车，以及返程空驶等问题较为严重。另外，现有部分冷藏车存在老化和更新问题。

另外，冷链的末端环节通常被称为冷链的"最后一公里"，是从易腐食品零售商或分销商手中到达消费者家中的过程，由于消费者在运输过程中缺少相应的低温储运设备，易腐食品往往会经历一定的高温，品质无法得到有效保障。随着目前生鲜电商的迅速发展，高度分散且千差万别的客户状况给配送工作造成了很多困难，这对冷链宅配提出了新的要求。因此，迫切需要研究并开发出方便消费者使用、与冷链宅配配套的低温储运设备。

4. 冷链标准

冷链市场的快速发展，给冷链标准化体系的完善和原有标准尽快适应现有冷链发展的需求提出了挑战。据不完全统计，我国已发布与冷链（涉及温度控制要求）有直接关联的国家标准、行业标准（商业、物流、农业、林业、水产、进出口等）和地方标准 139 项。其中，技术标准涉及面较广，占冷链相关标准的 71.5%，主要以产品标准、工艺标准、检测试验方法标准，以及安全、卫生、环保标准为主。我国冷链物流方面的标准虽然数量得到快速增长，原有标准的修订工作进程也有所加快，但是总体工作由于涉及面较广、管理部门多、协调难度大，造成标准体系不完善，框架缺乏整体性，对冷链标准主体认识不清，标准名称及内容交叉重复，缺少易腐食品冷链各环节包装标识类标准和中间环节质量检查标准，技术标准存在指标前提条件、设备设施类标准之间交接环节技术要求不明确、管理和工作标准的管控条款不明确等问题。总之，冷链标准尚未跟上冷链行业快速发展的需求。

2015 年 6 月 11 日，商务部、国家标准化管理委员会等 12 个部委召开农产品冷链流通标准化工作动员会，成立标准化工作协调小组，这将对冷链标准体系梳理完善起到很好的推动作用。

5. 与发达国家的差距

中国冷链物流行业目前仍处于起步阶段，与世界发达国家存在较大差距。当前我国综合冷链流通率仅为 19%，而美、日等发达国家的综合冷链流通率达到 85% 以上。2010 年国家发展和改革委员会规划的我国果蔬、肉类、水产品冷链流通率在 2015 年分别达到 20%、30% 和 36%，而目前美、日等发达国家肉禽冷链流通率已接近 100%，蔬菜、水果冷链流通率也在 95% 以上。

从冷链物流各个环节来看：我国的产地预冷是非常薄弱的一环，约 80% 的水果、蔬菜不进行预冷处理即在常温下流通，少部分预冷处理也未采用专用设备，没有实现真正意义上的预冷。而早在 20 世纪 70 年代预冷蔬菜就已在日本市场上大量出现，而且当前日本超市销售的蔬菜 95% 以上都经过预冷。同时美国、澳大利亚等国的预冷基础设施也十分完备，水果和蔬菜采后几乎全部进行预冷处理。冷库方面，2014 年我国冷库总量为 3320 万吨，日本为 1368 万吨[4]，根据两国的人口总数，我国冷库的人均容量仅为 0.024 吨，远远低于日本的 0.108 吨，冷库总量不足。冷藏运输方面，当前我国冷藏车和保温车占公路营运载货汽车的比重为 0.5% 左右，而美国这一比例为 0.8%~1%，英国为 2.5%~2.8%，德国为 2%~3%[5]，这意味着我国冷藏运输设备总量不足。同时按人均来看，我国约 1.8 万人才有 1 辆冷藏车，而美国平均 500 人就有 1 辆冷藏车。总而言之，我国冷链物流的装备和设施的人均占有量和总量与发达国家相比还有很大差距，而且一些技术较为低端的设备和设施仍在大量使用。从近期来看，我国农村人口的比重还较大，而农村对冷链物流的需求并不高，但随着我国城镇化步伐的不断加快以及集约化、集团化的农业发展，现有的冷链装备和设施总量仍远远不足。

综上所述，我国易腐食品产量巨大，而冷链物流是降低易腐食品流通腐损率、保障食品安全的重要手段，中共中央、国务院、国家各部委已为冷链物流发展创造了良好的宏观环境。然而，由于中国冷链物流行业目前仍处于起步阶段，无论是冷链物流系统、冷链技术还是冷链装备，与世界发达国家都存在较大差距。因此，研究冷链物流技术的发展现状，分析我国冷链物流技术存在的问题，推进冷链物流中关键技术和装备的研究与产业化，对促进我国冷链物流技术和装备体系走在世界前列、加快我国冷链基础设施建设具有十分重要的意义。

二、冷链装备的技术现状

冷链装备是冷链物流体系的核心组成部分，是冷链物流的基础设施，而且这些装备的使用直接影响到环境、能源、食品价格、食品品质，是冷链物流绿色可持续发展的关键。下面从冷加工（预冷和速冻）、冷冻冷藏、冷藏运输、冷链信息化等四个主要技术环节，总结现有技术存在的问题，并提出各技术环节关键技术。

（一）冷加工技术

1. 预冷技术

目前，预冷技术主要有四种，包括压差预冷、冰预冷、真空预冷和冷水预冷[6]。

（1）现有技术存在的问题。①预冷配套工艺不完善。不同种类的果蔬对具体的预冷方式、预冷速率、包装以及码垛方式等配套工艺有不同的要求，预冷后的品质也会受到上述因素的影响。然而国内虽然已有部分针对果蔬预冷工艺方面的研究，但缺乏系统性及预冷装置机理等方面的深入研究。这可能是造成我国果蔬行业中采后不当操作（如直接囤入冷库、冷藏车等）、设备错误使用（系统参数不明确），甚至预冷环节缺失（如常温下流通）的一个重要原因。②能耗大、成本高。随着市场需求的不断增强，预冷设备的生产规模将会不断增大，但是能耗大、成本高、自动化水平低等因素依然是制约预冷技术发展和应用的主要瓶颈。

（2）若干关键技术。①预冷工艺研究。解析不同预冷条件下不同成熟度果蔬的品质变化规律，优化果蔬预冷工艺参数，合理应用预冷，以实现经济效益的最大化。②压差预冷。压差预冷是利用一定的装置在产品包装两侧形成压力差，增强冷空气流动，使冷空气与产品充分接触换热，快速去除产地热的预冷技术[7]。对于压差预冷中压差风机的选择、包装箱开孔形状、开孔面积与通风量的关系以及压降等，仍然需要系统深入的研究。③流态冰预冷。流态冰是一种特殊的冰水混合物，比热容大且流动性好，既可以直接对果蔬进行预冷又可以制取低温高湿空气对果蔬进行预冷。通过研究在不同预冷方式下，不同果蔬与流态冰或者低温高湿空气间的传热传质规律，可以加快果蔬预冷速度，降低流态冰消耗。在保证实现果蔬预冷节能的同时，一方面通过流态冰蓄冷降低设备的装机容量和初始投资，另一方面通过流态冰蓄冷实现电网的"削峰填谷"，降低流态冰预冷装备的运行费用。

2. 速冻技术

目前，我国的速冻设备形式可分为强烈鼓风机式、流化床式、隧道式、螺旋式、接触式及直接冻结式六大类型，其中前四种是采用空气强制循环方式，接触式速冻属于板式热交换，直接冻结式是采用液体气化制冷。

（1）现有技术存在的问题。①速冻设备的多适应性差。我国的速冻食品种类较少、人均占有量偏低、产品质量参差不齐。因此，一方面，需要开发不同种类、结冰点、速冻温度的定制化速冻设备，来满足速冻产品多元化的需求。另一方面，还要注重提升产品的质量，从安全、卫生、清洁等方面着手不断改进设备和工艺。②自动化水平低。我国的速冻机企业在双螺旋速冻机、接触式、直接冻结式等装置的自动控制方面依然与国外先进水平存在较大差距。自动控制可以排除人为因素的干扰，控温更加精确，而且能够提高设备运行效率，从整体上提升速冻产品的产量和质量。③速冻设备能耗大。目前我国速冻设备效率低、能耗大，速冻设备的耗电量占冷冻食品加工厂总耗电量的 30%～50%。

（2）关键技术——超低温速冻技术。低温工质（如液氮、液体 CO_2、液化天然气等）气化速冻可靠性高，使用寿命长，温度场分布均匀且温度升降速率控制精确。中国科学院理化技术研究所利用液氮气化技术，解决了一些货架期极短的易腐食品（如草莓、毛豆、河豚等）的保鲜问题。图1为已开发的超低温速冻处理设备图。另外，超低温速冻设备还可根据实际生产需要，很方便地进行规模化设计和应用。

图1　超低温速冻设备图

（二）冷冻冷藏技术

这里的冷冻冷藏技术主要指冷库技术。典型的冷库按建筑形式可分为土建式冷库和装配式冷库，按不同技术应用可分为气调冷库、自动化立体冷库和冰温冷库[2]。

1. 现有冷库技术存在的问题

（1）冷库能耗问题。目前我国冷库每年的耗电量高达 150 亿千瓦时，即为我国全年总用电量的一天用量，并且随着我国冷库建设的快速发展，其总能耗也会不断攀升。与国外先进冷库能耗相比较，我国冷库单位容量能耗大，冷库节能潜力巨大。

（2）涉氨冷库事故频发。氨由于其环保、价格低廉、热物性好等优点在世界范围内 80% 的大型冷库中得到应用。但是，氨有一定的可燃性和毒性，因此在使用中存在危险性。我国的氨冷库事故发生率很高，据不完全统计，从 2009 年到 2014 年，经报道的冷库火灾、氨泄漏、爆裂及其综合安全事故约有 110 起，造成的经济损失及人员伤亡非常巨大。涉氨冷库事故的频繁发生，一方面与设备的老化和技术落后有很大的关系，另一方面与人员培训欠缺和日常管理中出现的错误有关。从技术层面来看，要降低事故发生率和危害，需要减小氨的充注量、开发并应用先进的氨泄漏检测技术、应用冷库的自动化技术，最终实现冷库自动、安全地运行。

（3）我国特种功能型冷库欠缺。同大型及超大型冷库相比，中、小型冷库及功能型冷库虽然库容量较小，但是有其独特的优势。例如，气调冷库改善了冷藏会使果蔬变色的缺陷，在保持果蔬色泽方面，有明显的优势。冰温冷库能够很好地解决成熟果实贮藏的问题，且能够提供给消费者更加优质的产品。另外，有些食品，例如金枪鱼，需要贮藏在−60℃的环境中，因此离不开超低温冷库。而这些冷库技术相比于传统冷库技术来说，无论从研究方面还是应用方面均有较大的不足。

2. 冷冻冷藏若干关键技术

1）冷库节能技术

冷库节能技术主要包括冷库制冷系统自动控制技术、先进保温隔热技术（如真空隔热板）、变频技术、冷库和液化天然气结合技术、可再生能源利用技术等。

2）涉氨冷库安全技术

（1）氨制冷剂充注减量技术。首先，采用分散式制冷系统，将大的冷库制冷系统分割为多个小的系统，降低单个制冷系统的氨充注量。美国、英国一些企业已经据此研究并开发出超低充注量的冷库氨制冷系统，而我国在该方面的研究还处于空白。

其次，可以采用低循环倍率的供液系统，同时利用冷风机代替国内普遍使用的冷排管，可大大降低系统的充氨量。目前，北京二商集团有限责任公司西郊食品冷冻厂在 2014 年完成改造，采用的是定量泵供液系统，放弃了多倍供液方式，成功减少了氨的充注量，理论上减少的氨充注量为 30%～50%。

另外，采用间接式制冷系统，可以在很大程度上减少氨的使用量，而且还能做到将用氨区域和库内区域隔离，使得人员操作更加安全。目前该项技术的研究和应用主要集中在 NH_3/CO_2 复叠式制冷系统（图 2）。研究显示[8]，NH_3/CO_2 复叠式制冷系统在特定工况下比氨单级制冷系统在制取单位冷吨的冷量耗功方面少 25%，比氨双级压缩制冷系统少 7%。

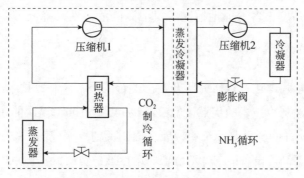

图 2 NH_3/CO_2 复叠式制冷系统原理图

目前，NH_3/CO_2 复叠式制冷系统的关键部件的生产、系统集成和应用均处于起步阶段，无论是技术研发水平还是产业化水平均低于国外先进水平。因此，对该技术关键部件的研发以及系统集成仍然需要更深入的研究。

（2）氨泄漏检测技术。氨冷库的泄漏预警技术目前主要采用的是氨浓度报警装置，这种方法存在着反应时间较长[9]、选择性较差[10]、无法提供准确泄漏位置信息等问题。中国科学院理化技术研究所、国内贸易工程设计研究院以及北京二商集团有限责任公司西郊食品冷冻厂合作研究了利用流量和压力信号对液氨输送管道进行实时监测的技术[11]，检测系统结构如图 3 所示。目前该系统可成功实现对泄漏的判断以及泄漏点定位的功能，已在北京二商集团西郊冷库得到应用。

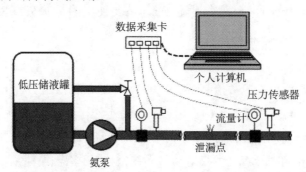

图 3 管道液氨泄漏流量、压力检测系统原理图

（3）应急处置技术。在应急处置方面，烟台冰轮股份有限公司开发了一

系列的氨冷库"主动防御"技术装备和产品，如水幕隔离、爆破片、应急联动等，多角度、多方面地控制了氨泄漏的危害性，降低了涉氨冷库的泄漏风险。

3）超低温冷库技术

中国科学院理化技术研究所开发出混合工质节流制冷技术，结合了普冷与低温两方面制冷技术的优点，能够满足-40～-100℃温区的超低温储存需求。图4为研究的混合制冷工质性能原理图及制冷流程图[12]。混合工质制冷技术具有效率高、设备简单、造价低、运行维护费用低等优点，其作为核心技术可以应用于超低温冷库的开发。

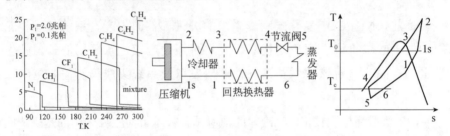

图4　混合制冷工质性能原理图及制冷流程示意图

（三）冷藏运输技术

冷藏运输技术的应用形式主要有公路、铁路、水路、航空四个方面。在公路运输方面，有机械冷藏车、液氮冷藏车、干冰冷藏车和冷板冷藏车；在铁路运输方面，有机冷车和铁路冷藏集装箱；在水路运输方面，有渔业冷藏船、冷藏运输船；在航空运输方面，主要使用的是航空集装箱（ULD）。

1. 现有技术存在的问题

投资和运输成本高是冷藏运输设备的主要问题。一般冷藏车的造价相比于普通货车来说要高出数倍甚至十余倍[3]，而且还需要建造与运输配套的地面设施，因而其投资和运营的费用较高。此外，由于运输途中需要始终维持货物的低温环境，所需的燃油费和电费也均较高。解决上述问题的方案是研究开发低能耗的制冷机（如喷射循环系统）、应用多温区多空间（目的是合理调配运输资源）的新型高效冷藏车以及冷藏运输系统技术。

2. 若干关键技术

1）冷藏运输节能技术

冷藏运输的能耗是通过运输工具的油耗来表征的，制冷系统耗能在运输工具总耗能中占有大约 1/3 的比例[13]。采用新型制冷机以及新型隔热材料车厢可以在一定程度上节省冷藏运输的耗能，并且保证货物的品质。

喷射系统可以有效利用系统中膨胀过程损失的能量来实现节能。日本电装公司开发的冷藏车用第二代喷射循环系统[13]，经过实验验证，制冷机的能耗降低了 27%，车辆整体耗能降低了 5%。相比膨胀阀节流制冷机，在相同的制冷量情况下，能效比（COP）提升了 32%。其系统构成图如图 5 所示。

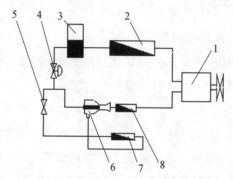

图 5　喷射循环系统原理图

1. 压缩机；2. 冷凝器；3. 储液器；4. 膨胀阀；5. 节流阀；
6. 喷嘴；7. 下风侧蒸发器；8. 上风侧蒸发器

2）多温区、多空间冷藏车技术

新型多温区、多空间冷藏运输是一种合理利用物流资源的技术。通过将车厢内的空间进行分区，然后利用制冷系统制造不同的蒸发温度，用以实现不同种类、不同储藏温度的易腐货物的运输。该技术目前在国内已有一定的研究基础，如广州大学已开发出三温区冷藏运输车。

3）"最后一公里"便携式冷藏设备

随着生鲜电商的快速发展，多批次、大范围的配送需要能够提供持续、足够冷量的冷藏设备。因此，急需开发机械制冷式便携冷藏箱以及生鲜配送柜来满足生鲜电商的特殊需求。

采用直线电机驱动的直线压缩机，省去旋转运动转换为往复运动的传动机构，结构紧凑、效率高、易于实现变容量调节和无油润滑，是在冰箱、冷柜、便携式冷藏箱等小型制冷装置上具有重要应用价值的一项关键技术。中国科学院理化技术研究所已开发出直线压缩机，比现有压缩机节能 10%以上。该项技术为国内自主研发，结合蓄冷技术在便携式冷藏设备方面具有重要的产业化价值。

（四）冷链信息化技术

食品冷链物流过程中主要应用的信息技术包括传感器技术、包装标识技术、远距离无线通信技术、过程跟踪与监控技术以及智能决策技术。

1. 现有技术存在的问题

1）传感器技术尚缺乏深入研究

冷链物流中的传感器技术包括环境信息感知、产品位置感知、产品品质感知。在环境信息感知方面，目前针对单一温区、单一产品配送的冷藏车，现有传感器已可以较好地完成环境信息的实时采集、传输和存储。但对于多温区冷藏运输系统，尚缺乏深入研究。在产品品质感知方面，目前的食品品质快速实时检测大多仅限于室内静态条件下的研究，缺乏车载、实时检测仪器、装置及相应的品质预测模型。

2）信息"断链"

冷链信息化管理中的信息"断链"问题，主要是由于信息不能共享。在目前的冷链物流市场中，冷链体系信息化管理仍旧比较薄弱，信息未得到公开和透明化。这导致一定程度的资源浪费，而且不利于食品安全责任追溯体系的建立。

3）冷链物流模型与设备耦合难题亟待解决

目前已开发的质量追溯系统、物流配送系统、库存管理系统、货架期预测系统等应用软件，均具有独立性和唯一性，只面对特定的用户和相对固定的应用功能。与此同时，这些应用软件仍处于一个相对静态的、独立的应用范围，不能实现跨环节的扩展并实现实时的绑定功能，也未与物流监控设备进行耦合和深度融合。网络服务下的大数据、数据分析、食品质量安全与物流成本的模型耦合成为目前冷链物流亟待解决的核心问题之一。

2. 关键技术

1）信息感知技术

在环境信息感知方面，发展并利用包括温度、湿度、光照、空气含氧量、乙烯含量、硫化氢含量等环境参数监测的传感器技术。在产品位置感知方面，结合全球定位系统（GPS）、北斗卫星导航等定位系统，利用智能手机等移动终端，提高配送车辆、人员的感知精度，从而辅助路径优化和管理决策。在产品品质感知方面，可以利用红外光谱、超声传感、生物传感等技术，实现食品外表品质、物理品质、营养品质、安全品质、感官品质的快速、无损、实时监测。

2）食品安全溯源技术

追溯系统主要包含个体标识、信息采集及中心数据库三个基本要素。在个体标识方面，二维条码和非接触式自动识别技术——射频识别（RFID）技术已逐步应用于食品供应链。在信息采集方面，实时感知技术的发展可为环境信息、位置信息、品质信息的感知提供很好的手段。在中心数据库方面，由于追溯数据来源于生产、加工、流通、销售等各环节，基于 XML 的数据交换技术以其高效、异构等特点成为数据交换的主要方式。

3）冷链大数据技术

在大数据时代，数据具有量大、多样化、快速化、价值高和密度低等特征。充分挖掘和分析海量数据，通过对数据进行关联分析、聚类分析、分类、预测、时序模式和偏差分析等，建立冷链物流过程最优路径调度模型、产品货架期预测模型、库存优化模型、冷链物流效率评价模型等，构建智慧物流平台，为提高冷链效率服务。

三、优先发展的冷链装备技术

根据前述分析，我们认为，应该根据我国在技术研发基础和产业技术水平的情况，对处于不同阶段的技术采取不同的支持方式。对近期能够立即开展并快速实现成果转化的技术可优先发展，设立"十三五"重点研究项目，加强其基础研究、应用研究和产业化示范推广的支持；对今后具有发展潜力的前瞻技术，例如冷链装备用空气制冷和磁制冷技术，液化天然气冷能、余热在冷链装备应用的可行性研究,建议加强应用基础研究的支持力度,作为未来的技术储备,力促中国冷链技术及其装备水平处于世界领先地位。

下面分别就几种优先发展的冷链技术进行分析。

(一)高效、环保、精准冷链装备技术

冷链物流各环节的冷链装备是冷链物流体系的核心组成,而高效、环保和精准是其主要发展要旨。考虑到冷链装备开发和应用是基于食品品质控制、冷冻冷藏工艺、热工基础、制冷技术等理论基础和关键技术,因此需要从基础研究、关键技术、装备研发与应用示范三个层面开展研究(图6)。

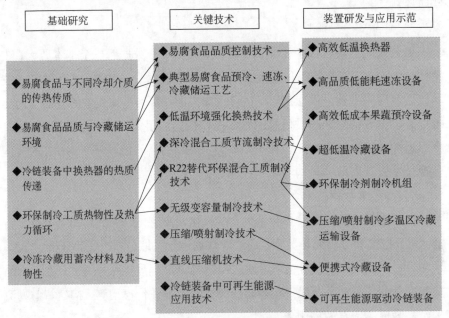

图6 高效、环保、精准冷链装备技术体系图

1. 基础研究

(1)易腐食品与不同冷却介质的传热传质。研究空气、水、冰、流态冰、液态和气态低温工质等冷却介质与易腐食品之间的传热和传质过程,研究食品在冷冻冷藏过程中非稳态热质传递规律,分析细胞间热质传递过程,得出不同冷却介质、冷却方式、冷却速率的食品冷却效果。

(2)易腐食品品质与冷藏储运环境。分析环境条件、相关加工工艺等因

素对易腐食品品质的影响，为冷冻冷藏工艺和冷链装备开发奠定理论基础。

（3）冷链装备中换热器的热质传递。根据冷链装备换热器低温、高湿、多相、结霜等特点，对低蒸发温度下管内流动沸腾换热、低温高湿情况下蒸发器表面结霜机理和规律、换热器空气侧不同结构换热规律、换热器霜层对空气侧换热影响等进行系统性研究。

（4）环保制冷工质热物性及热力循环。对零 ODP、低 GWP 环保单组分制冷工质、混合工质的热物理性质进行测试分析，获取可靠、精确的热物性数据。同时对新工质相对应的热力循环过程开展基础研究，例如深冷混合工质内复叠式制冷循环、压缩/喷射制冷循环等。

（5）冷冻冷藏用蓄冷材料及其物性。分别从材料设计、制备和物性三个方面对蓄冷材料的基础问题进行研究，针对冷库、冷藏车、运输冷藏箱等不同冷链装备的需求，研究冷冻冷藏用蓄冷材料并测试其与蓄冷有关的热物理性质。

2. 关键技术

（1）易腐食品品质控制技术。建立针对不同种类易腐食品的品质控制数据库，建立易腐食品的大宗化共性和特色个性化的品质控制方法体系。

（2）典型易腐食品预冷、速冻、冷藏储运工艺。确定预冷、速冻、冷藏储运不同环节相应的工艺步骤，包括冷却方式、包装、码垛、初加工、冷却时间上/下限等，以保障易腐食品的品质。

（3）低温环境强化换热技术。针对冻结冷藏换热器（冷风机）、速冻设备换热器、超低温换热设备等不同低温环境情况，研究空气侧强化换热技术、换热器外表面抑制结霜技术、管内气液两相流动强化换热技术等。

（4）深冷混合工质节流制冷技术。单级压缩机驱动的混合工质回热式节流制冷技术的性能提升，以及更大容量系统应用的适用性问题。

（5）R22 替代环保混合工质制冷技术。针对目前冷链中的分体式商用冷柜、中小型冷库等主要采用 R22 的制冷系统，开展新型混合制冷剂系统的设计及关键部件研制，发展中小型冷链装备新型环保混合工质制冷技术。

（6）无级变容量制冷技术。对冷冻冷藏工况下变容量调节的系统特性进行研究，如变容量方式对制冷剂流量和制冷效率影响、变容量对换热器换热特性影响、低制冷剂流量系统可靠性分析等。

（7）压缩/喷射制冷技术。压缩/喷射制冷系统可以有效利用系统中膨胀过程损失的能量来提升制冷效率，相比于传统的机械式冷藏车制冷系统来说具有很好的节能效果。研究适用于冷藏车的压缩/喷射制冷流程、喷射器优化等。

（8）直线压缩机技术。研究开发不同结构形式和容量的直线压缩机，应用于便携式冷藏箱等小型制冷装置中。

（9）冷链装备中可再生能源应用技术。研究可再生能源与冷链装备直接集成使用，研究风能直接驱动制冷技术，减少发电过程所带来的能量损失，提高能源利用率；结合聚光式太阳能集热器和吸收式制冷系统，研究太阳能驱动双效吸收式制冷技术，提升太阳能制冷效率。冬季北方地区采用自然冷能，用于果蔬冷藏。

3. 装备研发与应用示范

（1）高效低温换热器。研发高效的冻结冷藏用冷风机、速冻设备蒸发器、超低温工况换热器，应用于相应的冷链装备中，提升冷链装备系统效率和技术水平。

（2）高品质低能耗速冻设备。速冻食品的高品质和速冻设备的低能耗是速冻设备发展的重要方向。采用超低温速冻技术在短时间内迅速降低食品的温度，保证细胞不被破坏；采用高效制冷系统和气流组织优化，降低速冻设备能耗；开发高附加值果蔬、水产等高品质低能耗速冻设备并开展示范应用。

（3）高效低成本果蔬预冷设备。开展压差预冷等预冷装备的气流组织优化、压差风机选择、温度精准控制、变频技术应用等研究，开发高效低成本果蔬预冷设备并进行示范应用。

（4）超低温冷藏设备。采用深冷混合工质节流等制冷技术，开发超低温冷藏设备，应用于超低温冷藏库，在一些特殊贮藏需求的易腐食品（如金枪鱼，$-60℃$以下）冻结冷藏中进行示范应用。

（5）环保制冷剂制冷机组。采用环保工质制冷技术，开发中小型冷冻冷藏用制冷机组。采用天然工质，开发冻结冷藏用大中型单级压缩、双级压缩或复叠式制冷机组，并开展示范应用。

（6）压缩/喷射制冷多温区冷藏运输设备。开发多温区冷藏运输设备，通过将车厢内的空间进行分区，然后利用制冷系统制造不同的蒸发温度，用以实现不同种类、不同储藏温度的易腐货物的运输。根据系统中不同蒸发温度的需求，采用喷射方式提升制冷系统效率，进而降低运输运行成本。

（7）便携式冷藏设备。根据蓄冷技术和直线压缩机技术适用于便携式用冷场合的特点，开发相应的便携式蓄冷冷藏箱和便携式机械制冷冷藏箱，应用于冷链物流的"最后一公里"，如易腐食品从超市到消费者家中、小批次的生鲜配送等。

（8）可再生能源驱动冷链装备。开发风能直接驱动制冷机组、太阳能驱动双效吸收式制冷机组、自然冷能/蒸汽压缩式制冷复合机组，在易腐食品冷链环节中进行示范应用。

（二）氨制冷系统安全技术

氨制冷系统的安全运行是冷库安全生产的保障，而我国氨冷库事故多发的现状令人担忧。从技术角度来说，这个问题的解决途径有三个。一是降低氨充注量，具体讲，要研发高质量和高水平的 NH_3/CO_2 复叠式制冷系统、载冷剂系统、NH_3 直膨式制冷系统和超低充注量氨制冷系统，在不降低能效的情况下大幅度降低氨的使用量。二是氨制冷系统泄漏检测技术，研究氨泄漏的流量/压力检测、泄漏点温度检测、激光光谱检测等新型检漏技术，与传统的氨浓度检测技术有机结合，形成泄漏点定位、氨泄漏多级预警自动检测体系，提升氨制冷系统的安全性。三是氨制冷系统泄漏应急处置技术，如水幕隔离、爆破片、应急联动、氨回收等技术，多方式处置氨泄漏的危害，降低了涉氨冷库的氨泄漏所带来的风险。上述技术在我国已有一定的研究和应用基础，是较短时期内可以发展和推广的技术。

（三）基于信息技术的绿色冷链物流系统优化技术

在冷链物流信息化技术方面，重点突破易腐食品代谢产物、有害微生物、关键功能营养成分、新鲜度等关系到产品质量安全、销售价格的感知技术，发展食品品质感知技术；开发利用温度、湿度、光照、空气含氧量、乙烯含量、硫化氢含量等传感器的环境参数感知技术；结合 GPS、北斗卫星导航等定位系统，利用智能手机等移动终端，开发产品位置感知技术；将自动识别技术、实时感知技术和中心数据库有机结合，发展易腐食品安全溯源技术；基于上述感知技术和溯源技术，建立冷链物流数据中心，收集各环节实时数据，整合冷链物流资源以实现行业内的信息共享和协同运作。

在冷链物流信息化技术基础上，将整个冷链物流作为一个系统，融合食品科学、农业科学、能源科学、制冷与低温技术、信息技术、物流管理、经济学等多学科的理论和方法，分析易腐食品在整个储运过程中物流、温度流、能量流、信息流、品质流、价值流的变化规律；在保障易腐食品安全、食品品质、食品价值、近零腐损前提下，以冷链物流的高效、环保和低成本为目标，采用高效、环保、精准冷链装备，构建了冷链物流系统理论模型，在信息技术和大数据的基础上，研究易腐食品冷链物流系统各环节的关联关系，分析温度流、能量流、品质流、价值流的相互影响，获得易腐食品冷链物流优化流程和优化体系。

四、发展建议

"十二五"期间，我国冷链物流行业特别是在基础设施建设方面虽然取得了快速发展，但是由于目前仍处于起步阶段，其健康可持续发展仍面临严峻问题，表现在：①高效环保安全精准冷链物流装备缺乏，难以满足经济新常态的战略机遇需求；②核心技术缺失，研究分散，冷链物流企业不大也不强；③标准体系不完善，冷链装备和设施认证评定缺失。为避免冷链物流行业重蹈"大而不强""先发展后治理"等不健康发展模式，必须抓紧实施冷链物流关键技术的专项研究，成立冷链物流装备行业产学研用管技术平台以整合优势资源，在国家层面上统一推进冷链物流协调发展，推进国家冷链物流标准体系的完善与落实，开展认证评定工作，以保证冷链物流行业的可持续健康发展。因此，我们建议以下几点。

（一）推进冷链物流关键技术的专项研究

1. 高效、环保、精准冷链装备技术

从基础研究、关键技术、装备研发与应用示范三个层面开展研究：①在基础研究层面，开展易腐食品与不同冷却介质的传热传质、易腐食品品质与冷藏储运环境、冷链装备中换热器的热质传递、环保制冷工质热物性及热力循环、冷冻冷藏用蓄冷材料及其物性等方面的研究工作，为冷链装备关键技术和冷链装备开发奠定理论基础；②在关键技术层面，开展易腐食品品质控制技术，典型易腐食品预冷、速冻、冷藏储运工艺，低温环境强化换热技术，深冷混合工质节流制冷技术，R22替代环保混合工质制冷技术，无级变容量制冷技术，压缩/喷射制冷技术，直线压缩机技术，冷链装备中可再生能源应用技术的深入研究，突破制约冷链装备技术发展的瓶颈，取得一批具有自主知识产权的核心技术；③在装备研发与应用示范层面，开展高效低温换热器、高品质低能耗速冻设备、高效低成本果蔬预冷设备、超低温冷藏设备、环保制冷剂制冷机组、压缩/喷射制冷多温区冷藏运输设备、便携式冷藏设备、可再生能源驱动冷链装备的研制工作，并开展示范应用，从而引领冷链装备沿着高效、环保、精准的方向可持续健康发展。

2. 氨制冷系统安全技术

主要包括：①氨制冷剂充注减量技术，如研究并开发 NH_3/CO_2 复叠式制冷系统、载冷剂系统、NH_3 直膨式制冷系统和超低充注量氨制冷系统，在不降低能效情况下大幅度降低氨的使用量；②氨制冷系统泄漏检测技术；③氨制冷系统泄漏应急处置技术。

3. 基于信息化技术的绿色冷链物流系统优化技术

主要包括：①冷链物流信息化技术，如信息感知技术、易腐食品安全溯源技术、冷链大数据技术；②绿色冷链物流系统优化技术，将整个冷链物流作为一个系统，分析易腐食品在整个储运过程中物流、温度流、能量流、信息流、品质流、价值流的变化规律，获得易腐食品冷链物流优化流程和优化体系，在保障食品品质和近零腐损前提下实现低能耗和低成本。

（二）建立冷链装备产业的产学研用管技术平台

尽管近年来由于国家政策支持、市场需求增长等原因，我国冷链装备企业取得了飞速发展，然而整体力量仍然十分薄弱，严重缺乏具有自主知识产权的核心装备和相关技术，产品和服务低水平同质化竞争严重，高校、科研机构以及企业科研力量分散，缺乏有效协调和关联。

因此，迫切需要建立一个冷链装备产业的产学研用管交流平台，包括果蔬预冷装备、速冻装备、冷冻冷藏装备、冷藏运输与冷链宅配装备、冷链信息化五个子平台。在该平台上集成现有相关冷链物流技术和产业资源，瞄准冷链装备领域所存在的关键和共性问题，部署国家级技术攻关计划，结合市场和企业的具体需求，集中优势力量进行冷链装备技术攻关。

（三）完善冷链标准体系，开展冷链装备设施认证评定工作

根据我国已逐步开展的农产品流通标准化的相关工作，建议对现有的冷链物流标准进行全面梳理，废除并整合一部分标准，建立急需的新标准，特别是需要制定冷链物流装备和设施的能效评价标准，用以提升冷链物流设备制造水平和运行能效水平。同时建议制定配套的鼓励和优惠政策，充分发挥相关管理机构和有关技术委员会的监督和信息反馈作用，加快冷链物流标准体系的完善和落实。

建议国家冷链物流主管部委开展广泛的针对冷链物流装备和设施的调查研究，通过能耗、安全、排放、自动化程度、控温精度、温度可追溯等指标对冷链装备和设施进行检测、认证、评级。建议以冷库入手率先开展认证评级工作，分步推广到全冷链各环节。建议市场准入机制淘汰等级指标过低的装备，对已有设备和设施进行升级改造，对符合高效、环保、精准的冷链物流装备和设施进行适当奖励支持，并作为示范应用进行推广，以引导全行业切实提升冷链物流技术与装备水平。

（本文选自 2016 年咨询报告）

参 考 文 献

[1] 国家发展和改革委员会. 农产品冷链物流发展规划，2010. www.gov.cn/gzdt/2010-07/28/content_1665704.htm.

[2] 申江. 低温物流技术概论. 北京：机械工业出版社，2013.

[3] 谢如鹤. 冷链运输原理与方法. 北京: 化学工业出版社, 2013.

[4] 中国物流与采购联合会冷链物流专业委员会, 中国物流技术协会, 国家农产品现代物流工程技术研究中心. 中国冷链物流发展报告（2015）. 北京: 中国财富出版社, 2015.

[5] 中国物流与采购联合会冷链物流专业委员会, 中国物流技术协会, 国家农产品现代物流工程技术研究中心. 中国冷链物流发展报告（2014）. 北京: 中国财富出版社, 2014.

[6] Brosnan T, Sun D-W. Precooling techniques and applications for horticultural products——a review. International Journal of Refrigeration, 2001, 24（2）: 154-170.

[7] 申江, 刘斌. 冷藏链现状及进展. 制冷学报, 2009, 30（6）: 20-25.

[8] 刘杨, 臧润清. NH_3/CO_2 复叠式制冷系统概述. 制冷与空调, 2010, 10（20）: 53-56.

[9] Stuerchler P A, Binz S. Safety aspects/safety measures for refrigerants NH_3 and CFC/HCFC. www.gfg-inc.com/english/news/gfgarticle.pdf.

[10] Timmer B, Olthuis W, van der Berg A. Ammonia sensors and their applications——a review. Sensors and Actuators B: Chemical, 2005, 107（2）: 666-677.

[11] Tian S, Du J, Shao S, et al. A study on a real time leak detection method for pressurized liquid refrigerant pipeline based on pressure and flow rate. Applied Thermal Engineering, 2016, 95.

[12] 公茂琼, 罗二仓, 周远. 用于复叠温区的多元混合工质节流制冷机. 工程热物理学报, 2000, 21（2）: 147-149.

[13] 山田悦久, 西春幸, 松井秀也, 等. 小型货车用喷射式冷冻机. 制冷技术, 2010, （2）: 35-39.

咨询项目组主要成员名单

周　远	中国科学院院士	中国科学院理化技术研究所
赵忠贤	中国科学院院士	中国科学院物理研究所
周孝信	中国科学院院士	中国电力科学研究院
徐建中	中国科学院院士	中国科学院工程热物理研究所
王占国	中国科学院院士	中国科学院半导体研究所

过增元　中国科学院院士　　　清华大学

王　浚　中国工程院院士　　　北京航空航天大学

江　亿　中国工程院院士　　　清华大学

陶文铨　中国科学院院士　　　西安交通大学

沈保根　中国科学院院士　　　中国科学院物理研究所

金红光　中国科学院院士　　　中国科学院工程热物理研究所

潘秋生　教授级高级工程师　　中国制冷学会

金嘉玮　教授级高级工程师　　中国制冷学会

孟庆国　教授级高级工程师　　国内贸易工程设计研究院

胡小松　教　授　　　　　　　中国农业大学

肖大海　教授级高级工程师　　国内贸易工程设计研究院

申　江　教　授　　　　　　　天津商业大学

谢如鹤　教　授　　　　　　　广州大学

杨一凡　教授级高级工程师　　中国制冷学会

唐俊杰　教授级高级工程师　　北京二商集团有限责任公司西郊食品冷冻厂

刘　升　研究员　　　　　　　国家蔬菜工程技术研究中心

杨信廷　研究员　　　　　　　北京市农林科学院

王文生　研究员　　　　　　　国家农产品保鲜工程技术研究中心

刘　京　秘书长　　　　　　　中国冷链物流联盟

王俊杰　研究员　　　　　　　中国科学院理化技术研究所

田长青　研究员　　　　　　　中国科学院理化技术研究所

杨鲁伟　研究员　　　　　　　中国科学院理化技术研究所

公茂琼　研究员　　　　　　　中国科学院理化技术研究所

张振涛　副研究员　　　　　　中国科学院理化技术研究所

邵双全　副研究员　　　　　　中国科学院理化技术研究所

我国开源软件技术发展策略建议

梅 宏 等

一、开源的发展与趋势

开源软件从最初自发的源代码学习与分享，发展到如今的开源生态和巨大产业，经历了 30 多年的发展过程。开源软件的发展历史本质上是软件创新自由和软件版权保护之间博弈的历史，其快速发展的态势将在更大范围内产生深远的影响。本小节首先介绍开源软件的基本概念，然后梳理开源软件的发展历史，最后总结开源软件的主要成就和未来发展趋势。

（一）开源软件的基本概念

1. 定义

开源软件是一种源代码可以自由获取和传播的计算机软件，其拥有者通过开源许可证赋予被许可人对软件进行使用、修改和传播的自由。开源软件也称为自由/开源软件（free/open source software）。相比专有软件，开源软件发展出全新的软件分享规则、开发方法和商业模式，并在软件技术和商业领域取得了巨大成就，因此业界常常将开源软件的发展过程称为开源运动、开源革命，甚至开源奇迹。

目前，业界公认的开源软件定义由开源促进会（OSI）给出①。该定义认为符合以下 10 项条款的软件可称为开源软件：

（1）自由再发行；

（2）必须包含或方便取得源代码；

（3）许可证必须允许更改或派生程序；

（4）保护作者源代码的完整性；

（5）无个人或团体的歧视；

（6）无领域歧视；

（7）依据许可证发行；

（8）许可证不能特指某个产品；

（9）许可证不能约束其他软件；

（10）许可证必须独立于技术。

2. 许可证

开源许可证是一种特殊的软件许可证，采用契约和授权方式指导和规范许可人和被许可人在处理开源软件作品时的权利、义务和责任，也是解决开源软件面临的法律和商业问题的核心机制。目前通过 OSI 认证的开源许可证已达数十种，其中应用最为普遍的典型许可证主要有通用公共许可证（General Public License，GPL）、伯克利软件套件（Berkeley Software Distribution，BSD）、宽通用公共许可证（Lesser General Public License，LGPL）和 Apache 许可证等。这些许可证满足 OSI 开源软件定义中关于许可证的共性要求，但在处理开放性、商业用途、知识产权、兼容性等问题方面存在差别。

例如，根据 GPL 的规定，如果一个软件整体或者局部采用了以 GPL 发布的代码，那么这个软件也必须以 GPL 发布；Apache 许可证的专利许可证的授予条款能够有效避免 Apache 及其用户卷入知识产权诉讼；BSD 则允许被许可人根据自己的需要（包括以专有软件的方式）再发布和再许可等，只

---

① 参见：Open Source Initiative. https://opensource.org/osd，2016.

要求被许可人附上 BSD 原文以及所有开发者的版权资料。

根据 Black Duck 于 2014 年发布的开源软件发展调查报告①，排在前五位的开源许可证如表 1 所示。

表 1　主要开源许可证的使用情况

排名	许可证名称	使用比例/%
1	GNU General Public License（GPL）2.0	26
2	MIT License	17
3	Apache License	15
4	GNU General Public License（GPL）3.0	11
5	BSD License	7

这些不同的许可证制度在保持开源核心精神一致的基础上各自具有不同的特点，对推动开源社区的繁荣具有极其重要的作用。

3. 基金会

分布在世界各地的众多开源组织和团体是支持开源软件事业发展的主要推动者，其中最主要的就是为数众多的非营利性组织：开源基金会。

其中，自由软件基金会（FSF）和 OSI 属于推动开源软件整体发展的非营利性组织，从"自由"和"开源"两个出发点在发展方向、规则制定、商业战略等方面发挥了启蒙和重大推动作用。而 Linux 基金会、Apache 软件基金会（ASF）、Eclipse 基金会、Mozilla 基金会等则面向特定应用领域和技术方向，为一系列开源项目提供规则制定、法律支持和财政帮助，极大地推动了 Linux 和 Apache 等开源软件生态环境的形成和商业模式的繁荣。

（二）开源软件的发展历史

开源软件是早期黑客文化与现代商业规则不断冲突和融合的结果，其发展过程也突出地反映在一系列关于知识产权、开发模式、商业模式等的重大创新过程中，甚至可以看作是一种汇聚了大众智慧的颠覆式创新过程。本文将开源软件的发展划分为以下四个阶段。

---

① Future of Open Source. Black Duck，2014.

1. 阶段一：原始萌芽阶段（1980 年之前）

在计算机工业的早期，硬件产品以昂贵的大型机和小型机为主，软件通常"附属"于硬件，大多数软件的源代码可以随着购买的硬件而免费得到，单独销售的专有软件很少见，也没有所谓的开源软件的概念。当时，硬件的用户通常也是软件的开发者，他们会根据自己的需要对软件进行一些修改来满足特定需求。硬件厂商也乐于将软件的源代码随硬件系统发放，帮助用户自己修改软件解决问题，以减轻自己的维护成本。这些围绕特定硬件和软件工作的用户因为有着共同的爱好，常常需要协作开发解决问题，也需要彼此交流技术心得，并共享自己编写的程序，逐渐形成某些特定的团体，这就是开源社区的雏形和黑客文化（逐步发展为极客文化）的起源。

在该阶段，黑客总是可以很容易地得到软件的源码，也认为把自己修改过的软件进行发布和共享是自然的事情，因此该阶段的"开源"是非常朴素的、下意识的行为。该阶段较有影响力的黑客团体的成员大部分来源于高校、政府和商业公司的开放实验室。这个阶段的典型开源软件为 BSD、Unix 操作系统。

总体而言，开源软件的萌芽思想是对数百年来学术界传统和新兴程序员群体专业精神的有机融合。在传统的学术共同体中，论文是学术成果的基本形态，学术成果能否得到认可，很大程度上取决于相应论文能否得到发表和引用。因此，"发表或死亡"是学术界对论文价值的基本取向。这种公开发表的价值传统在开源模式中得到有效的传承，其背后隐含的共同行为准则是：必须尊重首创者。进一步，程序作为计算机领域的一种特殊成果形态，其"运行"或"死亡"是程序员共同体对程序价值的基本取向。两种价值取向的融合催生出开源软件最基本的创新保护策略，即开放源代码，并通过开源许可证公开声明其发明人。

2. 阶段二：多家争鸣阶段（1980～1998 年）

当 20 世纪 70 年代末期个人计算机开始出现并呈高速发展态势之时，软件作为硬件"附属品"地位开始改变。以微软为代表的商业软件公司开始制定"游戏"规则，将软件作为商品单独售卖，用户需要付费购买软件，并通常只能获得软件的二进制代码的有限使用权，软件的源代码被软件公司严格封闭，不再向用户开放。此类软件后来被统称为专有软件（proprietary software）。特别是，1976 年比尔·盖茨给自由软件爱好者写了一封公开信，这代表基于使用许可证费的软件商业模型的诞生，也引发了开源软件和专有软件的直接冲突。许可证费商业模型是对传统出版业办税模型的继承：如同购买一册图书需要支付费用一样，使用一套软件也需要支付费用。1979 年，一直以开源形式在教育领域传播的 Unix 系统（版本 V7）开始禁止大学使用 Unix 的源码，包括在授课中学习。

这对于已经习惯了以开源方式工作的黑客群体而言，是一个极大的打击：一部分黑客接受了专有软件的商业模式，投身到专有软件开发事业中；还有一部分黑客则开始思考"软件应该是专有的还是自由的"这样的意识形态问题，并开始和专有软件行为对抗。作为该阶段的代表人物——Richard Stallman 极力批判软件专有化行为，宣称软件应该是自由的，所有人都有权自由地使用、复制、研究、改进并传播，为此发起了非营利性组织——自由软件基金会。该基金会于 1983 年发布了 GPL。如前所述，GPL 的一个重要特点是具有"传染性"：如果某软件部分或全部地使用了 GPL 发布的开源软件，其必须以 GPL 开源。

1985 年，自由软件基金会发起了旨在对抗 Unix 等软件商业化的 GNU（GNU is Not Unix）开源项目。GNU 项目开发出 GCC 编译器等重要成果，并于 20 世纪 90 年代和 Linux 内核构成了 GNU/Linux 操作系统，在互联网操作系统领域占据统治地位。与此同时，并不是所有的黑客都认同自由软件的理念，Apache 社区、Perl 社区等均形成了自己特有的开源工作方式和特点，并保持了快速发展的态势。

该阶段开源运动处于软件专有化的压制之下，"意识形态"之间的对抗是主线，黑客内部也各自在寻求发展方向，呈多家争鸣之势。开源社区逐渐增多，Linux 和 Apache 等开源社区开始朝着完整生态链的方向发展。这个阶段的典型开源软件为 GNU/Linux 操作系统和 Apache HTTP 服务器。

总体而言，自由软件运动以确保软件用户对软件的使用、修改和传播的自由，反对以保护知识产权和商业利益为目标的专有软件对这些自由的限制。但是，一方面，自由软件以保护创新者的创新自由为目的，却伤害了创新者的创新利益。另一方面，专有软件的发明者为了确保其软件版权不被窃取，对源代码采取了保密措施，从而极大地降低了许可证费商业模型的执行成本。但专有软件因此却破坏了创新者的创新自由，提高了创新者的创新成本。开源软件只有在两者不断博弈的过程中实现某种平衡，才能实现可持续发展。

3. 阶段三：共识达成阶段（1998～2005 年）

虽然自由软件倡导的开放、分享的思想越来越深入人心，但由于自由软件许可证 GPL 强制要求使用了开源代码的专有软件必须开源，自由软件运动并未得到大多数商业软件公司的支持。此外，很多黑客认为自由软件带有过多的"意识形态"色彩，过于强调和现有知识产权制度的对抗，因此也对其持保留态度。20 世纪 90 年代，专有软件及其开发和销售模式成为市场主流，开源软件则主要限于民间爱好者。Linux 的成功则重新引发了人们对开源这种新型软件开发方式的思考。

为了能更好地平衡开放共享理念和基于专有软件的商业行为，促进开源软件事业发展，多个主要开源社区的领导者于 1998 年 4 月召开了一次社区峰会，试图为黑客团体确定统一形象和概念，并评估当时开源软件在业界的使用情况和发展方向。会议最终采用"开源软件"（open source software）来统一命名如今 OSI 所定义的开放源代码软件。自此，"开源"的理念比纯粹的自由软件运动更宽容，因此也受到了更多的支持。黑客群体基本达成了共识，摒弃意识形态之争而走现实主义路线。随后出现的大量开源软件许可证都放弃了自由软件的"传染性"条款，允许使用开源软件的软件以闭源方式发布，甚至将开源软件中的专利一并开放给社会。

总体而言，开源软件对软件的商用采取了开放态度，即允许专有软件使用开源软件而不强制开放修改后的源代码的做法，使得开源软件最终实现了创新者创新自由和创新收益之间的平衡，并催生出开源软件商业模式的核心：众包。自此，开源软件这一新的概念开始广泛流行起来，越来越多的开发人员、用户和商业公司也加入开源运动之中，开源运动迅速进入新的快速发展阶段。

4. 阶段四：融合发展阶段（2005 年之后）

随着商业公司以各种不同形式参与开源运动，人们对基于开源的商业模式的理解也不断深入。2005 年前后，随着以谷歌为代表的大型互联网企业，以及 IBM 等传统大型互联网技术公司以各种方式发布和支持开源软件，开源运动进入企业主导开源软件发展方向的阶段。人们开始高度重视开源生态的建设及在生态圈的主导权，并开始研究开源生态的发展模式和机理，"群智运动"作为一种新的协作模式开始受到关注。

在这一阶段，以众包为核心的开源开发模式和商业模式得以不断发展和成熟。众包指的是一个组织把过去由内部成员执行的工作任务，以自由自愿的形式外包给非特定的（而且通常是大型的）大众网络的方法。在开源场景下，其众包模式是在生态链机理的驱动下，开源参与者以各尽所能、各取所需的方式参与到开源组织精心设计和倾力运营的开源生态构建的几乎全过程中。

总体而言，本阶段无论从开源开发模式还是从商业模式上看，都进入了相对成熟和快速发展的阶段。开源软件已经全面改变了世界软件产业的格局。此外，开源的影响力开始辐射诸多领域，出现了如开源硬件、开源出版、开源设计、开源药品等新的开源应用模式，呈现出融合发展态势。

（三）开源软件的主要成就

开源软件的蓬勃发展使得互联网上出现了大量的开源社区，在数十年的快速发展期间，全球的开源社区累计托管了数百万的开源软件项目，开源软件已经在全球性软件领域占据主导地位。

1. 成就一：改变了软件产业格局

开源软件最根本的成就是开发出大量具有商业级品质的优秀开源软件。其中很多开源项目的质量已超过同类专有软件，并且取得了更大的商业成功，这正在从根本上改变世界软件产业的格局。

美国 Black Duck 与北桥（North Bridge）创投等开源软件服务公司联合发布的调查报告显示，约 78%的企业的全部或大部分业务在开源软件上运营，仅 3%的企业从未使用过开源软件。近 90%的受访者表示开源软件极大地加速了企业的创新速度，缩短了新产品的上市时间[①]。

---

① Software Black Duck，North Bridge. 2015. Future of Open Source Survey Results.

开源软件在商业领域的成功离不开日益涌现的数量巨大的开源软件项目。截至 2014 年 8 月，GitHub、SourceForge、OpenHub 三个开源软件项目社区的软件项目数量已超过 400 万。这些数量巨大的开源软件在很大程度上满足了用户使用软件的各种需求，并为用户提供了广阔的选择空间。例如，在开源项目托管社区 SourceForge 中，仅 Database 分类下的软件数目就超过 1 万个。表 2 给出了国际主要开源社区的统计数据①。

表 2　开源社区中软件项目统计　　　　　　　　（单位：个）

序号	站点	注册用户数	项目总数	Alexa
1	GitHub	6 700 000+	3 750 000+	134
2	SourceForge	3 400 000+	432 550+	177
3	GoogleCode	50 000+	250 000+	—
4	Apache	—	230+	1 015
5	CodePlex	151 780+	36 470+	2 392
6	Assembla	800 000+	60 000+	6 010
合计（未去重）		11 100 000+	4 520 000 +	—

特别是，针对长期以来人们对开源软件质量的担忧，美国 Coverity 公司通过对大规模源代码的分析，比较了专有软件和开源软件的代码缺陷密度，首次公布了开源代码质量更高的结论②。表 3 是 Coverity 公司对 C++语言代码的统计结果。

表 3　2013 年度 Coverity 公司开源报告

项目代码规模（代码行）	开源代码	专有代码
小于 1 000 000	0.35	0.38
100 000～499 999	0.50	0.81
500 000～1 000 000	0.70	0.84
大于 1 000 000	0.65	0.71
平均缺陷密度	0.59	0.72

2014 年 Black Duck 的开源软件发展调查报告指出：开源软件广受欢

① Yin G，Wang T，Wang H M，et al. OSSEAN：Mining Crowd Wisdom in Open Source Communities. IEEE Symposium on Service-Oriented System Engineering，2015，（s）：367-371.

② Coverity Scan：2013 Open Source Report，Coverity Inc.

迎的十大理由包括软件质量高、功能特性好、安全、创新速度快、可扩展、可定制、合作、标准、前沿、成本低。开源软件已经证明了自己的质量和安全性①。

此外，随着开源生态的不断成功，开源软件从早期跟随专有软件发展转变为引领发展的全新阶段。近年来，信息科技领域出现的重要技术和产品几乎都率先以开源项目形式向全世界发布②，如图 1 所示。其中，63%的受访者表示开源技术在云计算领域领先，57%的受访者认为开源技术在内容管理领域也处于领先地位。

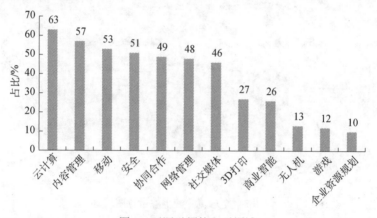

图 1　开源引领的主要领域

2. 成就二：构建了开源软件生态

目前，开源软件已经形成了一个包括开源生产、开源消费的完整的全球化生态圈，涉及软件开发、学习、培训、应用、销售等软件技术和产品发展的所有环节。该生态圈有机地衔接了开源基金会、企业、开发者、用户，甚至包括政府，如图 2 所示。

开源软件从独立开源项目到丰富多样的开源社区经历了一个裂变和演化的过程，图 3 从开源社区及其数据演化的视角展示了开源软件的发展变化。从第一个开源项目 GNU 以及 Linus Torvalds 发布 Linux 内核开始，开源软件逐渐吸引了越来越多的开发者参与其中，形成独立的项目门户社区，如

---

① Future of Open Source. Black Duck，2014.
② Future of Open Source. Black Duck，2014.

Linux、Apache 等。随后出现的 SourceForge 等项目托管社区大大降低了参与开源开发的门槛，极大地推动了开源软件的发展。在此之后，更多专注特定服务的开源社区，如社交化编程开发社区 GitHub、编程问答社区 stack overflow 等，开始出现并吸引了大量开发者和用户参与，积累了极为丰富多样的开源资源。这些开源资源分布在许多不同的开源社区。而且，即使在同一个社区，这些开源资源也可能分布于缺陷库、代码库等不同的资源库中。开源社区的发展演化进一步推动了开源软件的繁荣。

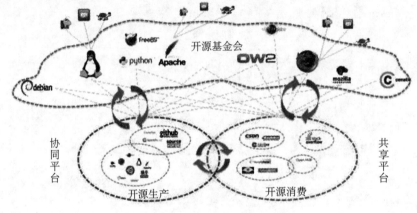

图 2　全球化开源生态示意图

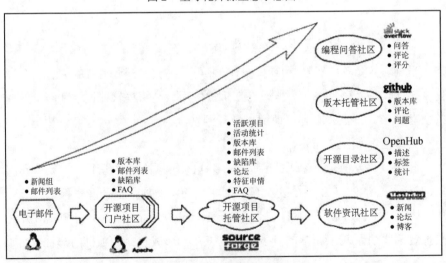

图 3　开源社区的发展演化

随着开源开发工具和基础设施的不断升级，开源软件生态进入了快速发展的新阶段。通过对开源协同平台 GitHub 和开源共享平台 stack overflow 两大社区中的数据进行统计，本文发现开源软件正进入快速发展阶段，每年都会有大量新兴的开源软件产生，用户之间对开源软件的讨论也越来越热烈，这种变化趋势也加速了开源社区生态化的发展进程。

具体地，图 4 和图 5 展示了 GitHub 协同开发社区和 stack overflow 编程问答社区中的开源资源增长情况。这些社区中积累的开源资源数据规模非常庞大，而且资源数量都在快速增长。从图中我们可以看到，不论是 GitHub 协同开发社区还是 stack overflow 编程问答社区，其中的代码库数量和问答数量都持续快速增长。截至 2014 年 8 月，GitHub 中代码库数量超过 851 万个，项目数量超过 375 万个，而 stack overflow 发布问题数量超过 714 万个，回答数量超过 1251 万个（注：按 2016 年 5 月统计，GitHub 中代码库数量超过 3800 万个，注册用户超过 1500 万个）。

随着开源社区的发展，开源世界出现了一类支持用户分享软件使用信息的社区。这类社区形式多样，如 Q&A 社区、讨论社区、技术博客、技术新闻等。这类社区数据统计见表 4。

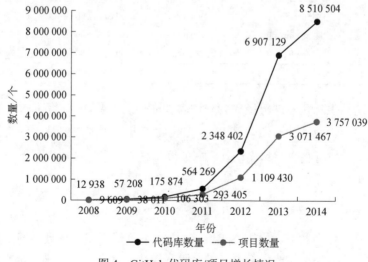

图 4　GitHub 代码库/项目增长情况

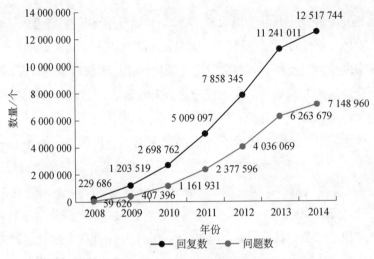

图 5　stack overflow 编程问答社区问答增长情况

表 4　知识分享社区在线文档统计

序号	知识分享社区	注册用户数/人	在线文档/个	Alexa 排名
1	stack overflow	3 558 000+	19 666 000+	50
2	CSDN	6 200 000+	963 350+	472
3	51CTO	2 000 000+	3 350 000+	2 853
4	OsChina	1 000 000+	107 000+	2 951
5	ChinaUnix.net	600 000+	17 673 000+	7 735
6	Segmentfault	100 000+	20 600+	18 122
7	Itpub.net	2 933 000+	15 542 000+	19 589
合计		16 390 000+	57 320 000+	—

开源的生态化发展已经成为开源软件成功的主要标志。例如，在世界范围内获得巨大成功的开源项目——Android 的开源生态模式是：围绕核心技术和产品，利用互联网和移动互联网的联结优势，多方利益集团形成了复杂的依存生态系统。

3. 成就三：形成了开源开发模式

开源软件的兴起吸引了大量的开发者，来自全球的开发者根据开源社区的规则自由地参与进来，既可以对自己感兴趣的软件项目提供外部贡献，又可以把自己的创新想法发布出去，在项目核心团队的引导下，与全球的开发者共同改进开源软件。开源软件活动家 Eric Raymond 在其著名的《大教堂与集市》一书中认为，开源开发活动自由松散的表象下隐藏着惊人的软件开发新理论①。开源软件的巨大成功及其崭新的开发模式对软件研究领域产生了巨大的冲击，吸引了一大批研究者对其各个方面展开研究②。

国际学术界和产业界对互联网群体创新活动的基本原理开展了广泛研究和探讨③。本文认为，开源开发模式是一种新的软件开发模式④，其核心机理可以概括为三个方面，即大众化协同、开放式共享、持续性演化，如图6所示。

（1）大众化协同。大众参与为基础的群体协同奇迹般地实现了工业界通过严格工程化手段才能完成（甚至难以完成）的软件研发任务，专业开发者和业余爱好者通过将创新软件作品在网络平台上充分分享，通过协同开发工具实现局部产品的持续集成和测试，并实现阶段性产品的快速发布和体验，以充分获取大众用户的反馈，从而实现快速有效的创新微循环。

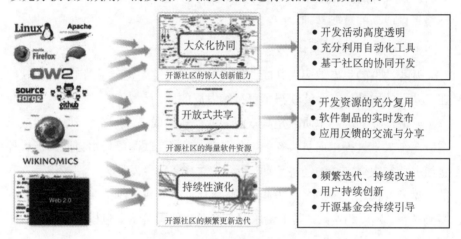

图6　开源开发模式的核心机理

① Raymond E S. The Cathedral and the Bazaar: Musings on Linux and Open Source by an Accidental Revolutionary. Sebastopol: O'Reilly & Associates, 1999.

② Mockus A, Fielding R T, Herbsleb J D. A Case Study of Open Source Software Development: The Apache Server. Proceedings of the 22nd International Conference on Software Engineering. Limerick: ACM, 2000: 263-272.

③ Tapscott D, Williams A D. Wikinomics: How Mass Collaboration Changes Everything. London: The Penguin Group, 2006; Anderson C. Makers: The New Industrial Revolution. Crown Business, 2014; Zhou M H, Mockus A, Ma X J, et al. Inflow and retention in OSS communities with commercial involvement: a case study of three hybrid projects. ACM Transactions on Software Engineering and Methodology, 2016, 25 (2): 1-29.

④ Howe J. The rise of crowdsourcing. Wired Magazine, 2006, 14 (6): 1-5.

（2）开放式共享。开源软件开发周期中产生的阶段制品、开发工具和各类数据对外围和后续软件开发活动具有重要的复用和参考价值。开源社区不仅能够支持对内部资源进行充分分享，还通过其他互联网平台帮助开发者利用项目以外的海量软件资源，让产品和技术资源在"阳光下"充分分享，并根据需求和环境变化动态调整资源的价值度量，以尽可能提高创新群体对技术资源的使用效率。

（3）持续性演化。高质量的开源软件产品是不断演化而来的，互联网平台使用户预期的更新和验证得以伴随软件产品的整个生命周期，使开源软件的各利益相关方得以直接参与到软件持续演化过程中。开源软件不仅具有很好的客观质量品质，其质量属性还易于被用户分析和评估。因此管理和分析来自用户群体的反馈数据，以支持开源软件的快速改进和演化，是开源创新环境得以成功的重要基础。

4. 成就四：催生了众包经济形态

开源软件的生态效应为其商业模式的多元化发展奠定了基础。开源软件在商业上的成功使其最终获得了可持续发展的原始动力。

开源产业的成功本质上是其众包商业模式的成功。众包是一个公司或机构甚至个人把过去由雇员执行的工作任务，通过互联网以自由自愿的形式外包给非特定大众完成的经济活动。近年来，众包已经发展为一种基于互联网的新型商业模式。事实上，20 世纪 90 年代以来众包机制就在开源软件领域得到孕育、发展和实践，其主要原因是开源软件具备了众包模式依赖的若干基本条件。

（1）生产者。具有专业技术能力的广大业余爱好者和消费者成为生产者的主体，这是形成大规模非特定生产者群体的重要条件。

（2）生产工具。软件开发工具的开放化和大众化，使得软件生产活动的开展无须专门投资建厂。这与传统制造业领域开展生产活动有着本质区别，极大地降低了创新活动的门槛。

（3）生产方式。生产活动由封闭独占方式转向开放共享方式，使得外围群体得以直接参与创作活动和生产活动。

（4）生产组织。大社区成为生产者群体在生产过程中进行共享和协同的平台，社区模式取代了以管理为中心的大企业组织模式。

众包模式与传统企业生产模式存在本质区别，有各自的适用场景。例如，对于目标明确、需要严密分工和过程监管的生产活动，采用企业生产模式将具有更高的效率。众包模式更适于完成目标不明确的研究和探索任务，其巨大优势是通过激活大众的创新潜力提高创新效率，降低创新成本。

目前，典型的开源软件商业模式主要包括以下几种。

（1）软件免费、服务收费模式。这也是当今软件行业的发展趋势。开源软件在授权转让的时候不收取费用，但是配套的服务需要收费，如升级、咨询或培训等。其典型代表是 RedHat 公司，特别是在收购 JBoss 之后，这一策略也被其使用得愈加成熟。这种模式的优点是门槛低，但竞争激烈。

（2）双授权模式。如果一个厂商独立地拥有软件所有的代码版权，那么就可以采用双授权模式：针对不同的用途的用户签订不同的授权协议，包括免费授权和收费授权。与此同时，产品仍可以融入开源社区这个生态系统中，获得用户反馈，得到开发者支持，赢得口碑，进而占领市场，增加收入。精于此道的有 MySQL、Qt 等知名公司，它们都获得了巨大成功。

（3）广告模式。该模式是基于互联网的经典商业模式，大量基于互联网应用的开源软件采取了此类盈利模式。例如，Mozilla 基金会通过与 Google 合作，实现了惊人的下载量与使用量，每年能获得数亿美元的收入，远远超过国内大部分软件公司或者互联网公司的盈利。Mozilla 体系也为一大批中小型企业和个人提供了发展空间，已经形成了一个完整的产业链。

（4）开源嵌入模式。这种模式是在激烈的竞争下产生的。市场的压力迫使硬件公司开发并维护软件，但是自身的开发和维护成本太高，因此它们采用开源软件，使开源软件成为它们硬件产品的基础软件，这种模式为大型公司广泛采用，如 IBM、惠普、华为、小米等。另外，这种模式也可以使用户降低成本，加快产品的上市速度，如 Motorola 等就曾使用嵌入式 Linux 作为其部分智能手机的操作系统。

（四）开源软件的未来发展趋势

开源软件所代表的新的理念和独特的生产方式对创新模式、互联网发展、软件开发技术等都产生了深远而巨大的影响。开源软件的全球生态系统将进一步扩展和演变，开源生态将吸纳更多的用户、开发者和企业。但不可否认的是，开源生态的未来变化很可能不断超出人们的预期。下面是本文对开源软件未来发展趋势的基本判断。

1. 趋势一：开源软件将持续创新、不断涌现，并逐步引领软件技术和产品研发

随着开源生态系统规模的不断扩大、实体间关系的持续互联，更多的软件需求会不断进入开源生态，在经过自然的选择和淘汰后，将酝酿出大量的孵化性开源项目。开源生态能够为有发展潜力的孵化项目汇聚更多的开发者和用户，使其迅速成长为新的、高质量的开源产品，甚至前沿领域的颠覆性软件技术和产品，并使其迅速参与到全球化的软件产业竞争中。

2. 趋势二：开源开发模式将不断升级，并将在其他领域渗透和演变

开源开发模式虽然取得了巨大成功，但是其先天的自组织、松耦合、自发性等特点，使其开发活动的管理和掌控不同于传统软件开发，只有具有极高智慧和经验的组织才能够运营和发展出一个成功的开源开发社区。因此，开源社区仍将投入大量精力改进和完善开源开发工具和开发环境，以降低开源工具和开源方法的使用门槛，扩大应用范围，适应开源软件生态化、大众化的发展趋势。

开源开发模式也在快速发展中，全球分布式的协同开发将更加广泛，社交化的开发平台将深入各行各业。特别是，开源模式将从以开发为中心扩展到覆盖开发、运行、演化等全生命期的软件创新、销售和应用环节。开源模式现有的大众化协同、开放式共享和持续性演化机制也将得到进一步发展和提升。

3. 趋势三：开源产业更加开放，软件众包和共享经济日渐成熟

在开源软件领域形成的共享经济形态将在世界软件产业格局中继续扩大份额，甚至逐步居于主导地位。开源社区的协同共享、用户创新理念

不仅扩展到软件行业之外（如开源硬件运动），且牵引着今天的协同共享经济。

开源软件的商业模式，特别是基于众包的互联网创新和创收模式将随着互联网自身的发展持续保持更加开放和共享的态势。开源软件的版权管理方式也将在更大范围内得到认可，持续推动国家和地区降低创新成本，形成良性业态。

4. 趋势四：开源渐成研究热点，开源机理将在更大范围内产生影响

开源软件作为一种受到广泛关注的重要现象所展现出社会、经济、组织与管理、技术、实践等多方面的重要属性，将吸引越来越多的包括计算机科学、社会学、经济学与管理学在内的诸多领域学者的共同研究。以开源为研究对象的理论成果将对更多领域产生影响，也将成为"互联网+"方法论中具有代表性的经验总结和理论基础。

二、各国政府和企业的开源策略

开源软件的蓬勃发展，离不开世界各国政府的大力推广和发展。各国政府通过制定策略利用开源、支持开源、引导开源，极大地释放了企业和大众力量。本小节主要介绍各国政府、联合国和国际知名企业的开源策略。

（一）各国家/地区的开源策略

本文参考的相关文件基本情况如表 5 所示。其中，欧盟的开源策略较为全面地概括了国外对开源的支持情况。

（1）促进开源软件的使用；

（2）澄清开源软件的法律问题；

（3）制定开源治理（OSS Governance）方案，为开源方案或混合方案的使用提供指导和最佳实践；

（4）促进基于欧盟开发的开源软件的社区的创建和发展；

（5）积极协调欧盟单位和其他 OSS 利益相关者的伙伴关系，以促进信息通信技术（ICT）生态系统的发展。

表 5　各国家/地区开源策略相关文件

内容	美国	欧盟	澳大利亚	马来西亚
主管单位	美国管理与预算办公室、美国国家卫生基金会	欧洲委员会	澳大利亚政府信息管理办公室	马来西亚行政现代化和管理计划局
政策文件	*U.S. Digital Services Playbook*（2014 年）、*Federal Information Technology Shared Services Strategy*（2012 年）	*Open Source Strategy in the European Commission*（2000 年）	*The Open Source Software Policy*（2011 年）、*A Guide to Open Source Software for Australian Government Agencies*（2011 年）	*Malaysian Public Sector Open Source Software Master Plan*（2004 年）
开源使用	在技术栈的各个层次上考虑采用开源方案	促进开源软件使用、制定使用最佳实践	采购过程必须主动且公平地考虑各种类型的软件	指导、帮助、协调和监控开源软件在公共部门的应用
开源参与	基于开源的前沿技术研究	促进欧盟开源软件的社区创建和发展、协调欧盟 OSS ICT 生态系统	政府积极参与到开源软件社区中并在合适的场景下回馈开源社区	未见相关内容
其他方面	建立了面向美国国防部软件开发项目的开源社区	澄清法律问题	未见相关内容	未见相关内容

1. 政府采购政策

政府采购是各国家/地区对开源给以支持的主要形式，这为开源软件企业的持续发展与壮大提供了最为宝贵、最为直接的支持。

2012 年，美国总统执行办公室发布了策略报告《联邦信息技术共享服务战略》（*Federal Information Technology Shared Services Strategy*）。该报告是美国管理与预算办公室发布的关于改造联邦政府互联网技术管理计划的一部分。该报告指出应在数据和信息交换中使用公开的标准，并将开源软件作为一个重要的技术选项。2014 年，美国管理与预算办公室发布的《美国数字服务行动指南》（*U.S. Digital Services Playbook*）中指出，应在技术栈的各个层次上考虑采用开源方案。

欧洲委员会从 2000 年起对在其内部使用开源软件的策略进行了公开发布，至今为止已经进行了三次更新，每次更新都进一步深化与开源软件的关系。它的目标在于保证开源软件和专有软件在采购时基于总体拥有成本得到公平的评估。

2011 年，澳大利亚政府信息管理办公室对外发布了其开源政策《开源软件策略》（*The Open Source Software Policy*）。该政策要求 ICT 的采购过程必须主动且公平地考虑各种类型的可用软件；政府各级机构的软件供应商必须考虑各种类型的可用软件；政府将会积极地参与到开源软件社区中并在合适的场景下回馈开源社区。为了更好地落实这个策略，同年澳大利亚政府还发布了相配套的面向澳大利亚政府各级机构的开源软件指南：《澳大利亚政府机构的开源软件指南》（*A Guide to Open Source Software for Australian Government Agencies*）。

马来西亚行政现代化和管理计划局下设了一个开源软件竞争力中心。该中心是马来西亚政府下设的一个专门负责在公共部门推广和指导开源软件应用的部门。该部门在 2004 年发布了《马来西亚公共部门开源掌控计划》（*Malaysian Public Sector Open Source Software Master Plan*），其基本目标是指导、帮助、协调和监控开源软件在公共部门的应用。

2. 政府开源贡献

在基础设施方面，美国政府搭建了若干开源基础设施。2009 年 5 月，美国政府大数据网站 Data. gov 开源。Data. gov 的目的是使私人领域的开发者，能够利用那些政府采集但未经梳理的各类信息，开发应用来提供公共服务或者进行盈利。截至 2011 年 12 月，Data. gov 上共开放了原始数据 3721 项、地理数据 386 429 项。美国国防部吸取开源社区的成功经验，建立了一个面向国防部软件开发项目的开源社区 www. forge. mil。国防部建立该社区的主要目的是提高国防部快速提供可靠的软件、服务和系统的能力；美国联邦政府也建立了一个面向政府的信息共享平台开源中心 www. opensource. gov，方便其各级政府的雇员和承包商在其中获取关于开源的各种最新报告和分析。

欧盟开发的软件，特别是针对在欧盟外使用的软件将实施开源并发布在 Joinup 平台（joinup. ec. europa. eu），此平台采用欧盟公共许可证（European Union Public License，EUPL），旨在提升软件之间的互操作性和开放性，促进跨国界、跨领域的电子政务的现代化。欧盟也将不断增强对开源软件社区的参与以构建其所需的开源软件模块，并为此增强有关开源软件的法规方面的培训，并提供建议。

此外，美国国家航空航天局、欧盟科技框架计划（FP）都大力支持开源。例如，知名基础设施即服务（IaaS）云平台 OpenStack 最初为美国国家航空航天局的一个开源项目。欧盟科技框架计划资助的 QualiPSo 项目是一个面向开源软件质量分析和度量的支撑计划。

3. 非营利组织机制

开源基金会是国际开源事业发展的组织和法律基础。欧美等发达国家和地区具有较为悠久的非营利组织发展历史，为开源组织的发展提供了高度灵活和成熟的社会与法律保障机制。此处介绍美国和中国的基金会相关政策的异同（表6）[①]。

表6　美国和中国基金会政策对比

对比项	美国基金会	中国基金会
发展时间	106 年（1910 年，洛克菲勒基金会）	28 年（1988 年，中国儿童少年基金会）
登记注册	只需提供基金会章程	需要严格行政审批，需行政审查
启动资金	没有注册资金限制	不低于 200 万元人民币，且需原始到账
法人限制	允许没有法人主体	中国对法人有诸多规定
税收政策	完善的基金会税收优惠制度	基金会的税收优惠政策很少
捐赠激励措施	企业捐赠税前扣除额是应纳税额的 10%，超出部分可结转	企业捐赠税前扣除额是应纳税额的 3%，对个人所得税减免有限
管理机制	利用税收制度来调控基金会，基金会完全独立于政府	登记管理机关和业务主管单位对基金会的"双重管理机制"
监督机制	注册开放、政府和民间力量监督、基金会中心自我监督	侧重登记管理、缺乏监督
典型案例	GNOME、Mozilla、Apache、Linux Kernel Organization、WordPress	中国基金会主要面向慈善、教育、扶贫、艺术等领域，未见开源基金会[②]
主要特点	注册制：低门槛、严监督	审核制：高门槛、缺监督

（1）发展时间。中国首个基金会是 1988 年成立的中国儿童少年基金会，至今中国的基金会已经发展了 28 年。而美国是基金会最早出现的国家，以 1910 年洛克菲勒基金会为标志，目前美国的基金会已经发展了 106 年，拥

---

① 《基金会管理条例》（2004 年 3 月 8 日国务院令第 400 号）；《基金会管理办法》（1988 年 9 月 27 日国务院令第 18 号）；美国加利福尼亚州非营利性组织指南：Guide for Charities；美国国税法；Tax Exempt Status for your organization；美国非营利性组织政策指南：NGO Policy guidelines；How to start a 501（c）（3），Nonprofit Organiztion.

② 基金会中心网. http://fti foundationcenter org cn.

有悠久的发展历史。

（2）登记注册。中国基金会的注册需要严格的行政审批，在具备法规所规定条件（名称、地址、类型、宗旨、公益活动的业务范围、原始基金数额、法人代表）的基础上，由登记管理机关做出准予或不准予成立的决定，而不是具备条件就可以。而在美国，基金会的登记注册只需要提供基金会章程，包括名称、期限、宗旨、成员数目及其权利和义务、领导成员产生办法、基金会内部规章制度条款、创立时的地址和法人代表、第一批董事会人数和名单等。该章程会被存入档案，一经审查批准基金会就合法成立，不需要行政审查。此外，每个基金会的具体细则还可以另有附加法，附加法的修改权在基金会本身，基金会只需向政府备案，政府给予基金会很大自由。

（3）启动资金。中国基金会对于启动资金的要求是原始资金不低于 200 万元人民币，且为原始到账货币资金，如果到民政部门登记的则不能低于 2000 万元人民币。而美国没有注册资金的限制。

（4）法人限制。中国对基金会的法人有诸多规定，规定法人代表不得是现职国家工作人员兼任，不得同时担任其他组织的法人，应当为内地居民等。而美国允许没有法人主体的基金会存在，且法人的立法权主要归属于各州。

（5）税收政策。中国对于基金会的税收优惠政策很少，也没有全面适应基金会特点的细致的减免税资格标准。而美国有完善的基金会税收优惠制度[1]，对于符合要求的基金会可以申请免税。

（6）捐赠激励措施。中国现行政策对于企业捐赠公益事业的税前扣除额是应纳税额的 3%，对个人所得税减免有限。而美国对基金会的捐赠纳税人有一系列的税前扣除优惠制度，税前扣除额是应纳税额的 50%，超出部分可结转，公司税前扣除额是应纳税额的 10%，超出部分可结转。

（7）管理机制。中国对基金会采取登记管理机关和业务主管单位的"双重管理机制"，导致注册手续复杂，双重领导导致部门间分工不够明确，限制了基金会的独立发展能力。而美国是利用税收制度来调控基金会，财政部国家税务局（IRS）根据国家颁布的法律对其进行统一管理，

---

① How to start a 501（c）（3），Nonprofit Organiztion.

基金会完全独立于政府，政府无权过问基金会内部的运作、人事、组织等问题。

（8）监督机制。中国侧重的是登记管理，因此基金会取得合法身份相当困难，但是政府对注册的基金会缺乏有效的监督。而美国对基金会的监督主要来自政府和民间两个层面。政府主要从税法制度角度对基金会进行调控，民间监督包括美国基金会理事会、基金会中心等行业组织来建立自律机制进行自我监督。

（二）联合国发起的与开源相关的举措

联合国长期以来一直非常重视开源软件的推广和应用。联合国信息和通信技术办公室日前宣布，联合国总部将于 2016 年 7 月举办开源技术大型会议，以促进全球创新，推动可持续发展目标的落实。开源技术是指开放源代码的软件技术。此类技术被认为有助于打破垄断，促进知识技术创新。会议将于 7 月 8～17 日举行，预计将吸引来自技术界、学术界、企业界的 6000多名相关人士参会，届时将成为全球开源技术最大规模盛会。据介绍，这次大会将包括一系列开源技术会议，并计划发出促进青年发展与技术多样性的倡议等。联合国信息和通信技术办公室说，联合国将开源技术视为落实可持续发展目标的一个重要推动力，认为开源技术能促进全球创新，并有助于增强个人、组织、私营和公共部门的能力。该办公室负责人里亚齐表示，联合国将致力于确保开发人员、技术和数据之间不存在任何障碍。

近年来，联合国发起的与开源相关的举措包括以下几个方面。

1. 开源软件的推广与教育

2003 年，联合国国际开源网络（IOSN）出版了《自由/开源软件》通论，阐释了使用开放源码软件的优势，并提供了在教育领域使用的服务器和台式机软件资料。这套读物以创作共用许可证（Creative Commons License）发布，是推广开源和自由软件的优秀资料，对社会应用、教育和政策支持有重要意义。IOSN 是联合国下辖机构，旨在在亚太地区推广开源软件、开放标准和开放内容。

2. 开源软件的贡献

2013 年，联合国教科文组织启动了开源教育管理信息系统，对使用国家没有条件限制。开源教育管理信息系统能够在计算机和移动设备上使用，用以收集、处理、分析和传播教育信息。

3. 可持续发展战略

2016 年 1 月联合国总部正式通过《2030 年可持续发展议程》，开源理念与技术的推广应用是其重要内容。该议程为未来 15 年世界各国发展和国际发展合作指引方向。为落实可持续发展目标，议程从筹资、技术、能力建设、贸易等方面做了相关安排。

（三）国际知名企业的开源策略

国际知名企业在开源发展的过程中扮演了极其重要的角色，其中的代表有 IBM、Oracle 等。

1. IBM 的开源策略

作为国际商业机器的巨头公司——IBM 在相当长的一段时间广泛而持续地参与贡献和使用开源软件。在 IBM 内部有几千名开发者给上百个开源项目贡献过代码，其中就包括 Linux、Eclipse、OpenStack、Apache、Cloud Foundry 等著名的开源项目。

IBM 最为著名的开源举措是支持和整合开源项目 Linux。IBM 早在 1999 年就创建了 Linux 科技中心（Linux Technology Center，LTC）。并且在 2000 年，IBM 公司正式宣布将 Linux 纳入自己的发展策略核心。如今，超过 1/3 的 IBM 大型主机客户运行着 Linux 系统，并且 IBM 一直是贡献代码最多的 Linux 支持者。在 LinuxCon Japan 2013 大会上，IBM 更是宣布将在针对 Power Systems 服务器的 Linux 新技术和开源技术上投资 10 亿美元。

另外，著名的跨平台开源集成开发环境 Eclipse 就是 IBM 公司开发的。2001 年 11 月，IBM 将 Eclipse 贡献给开源社区，并成立了非营利软件供应商联盟 Eclipse 基金会，使得 Eclipse 项目和 Eclipse 社区飞速成长。目前 Eclipse 项目有 100 多个，而 IBM 参与了其中超过一半的项目。

IBM 将其开源策略称为"开源+"策略（open source plus strategy）。主

要包括：①与开源社区合作来推动和构建通用的技术标准并为这些标准推出实施方案；②将高质量的开源代码应用到 IBM 的产品中，来增加产品的附加性能，提高市场竞争优势，降低开发成本；③通过聚合产品、文档、技术支持和技术咨询等其他服务来提供工业领先的用户体验，从而吸引用户并促进 IBM 同其客户和合作伙伴建立长期的信任关系。

2. Oracle 的开源策略

作为全球最大的企业级软件公司，Oracle 在开源领域也发挥了重要作用。近年来，Oracle 通过收购 Sun 公司而拥有了许多著名的开源产品，如 Oracle Linux、VirtualBox、MySQL 和 GlassFish。

相比于 IBM，虽然 Oracle 在开源社区的参与和贡献方面进展相对滞后，也没有相对完善和积极的开源策略，但是 Oracle 在具体的开源参与方面为开源做出了诸多贡献。例如，Oracle 将其基于 Linux 系统的开发和优化的成果贡献给开源社区；Oracle 是 SDN 开源社区组织 OpenDaylight 的白银会员，也是 OpenStack 基金会的企业赞助商；Oracle 积极推广 OpenJDK（Java 的开源实现），并获得 IBM 的支持。

但值得一提的是，Oracle 在开源项目收购方面的一些做法和政策也使其与开源社区关系紧张。例如，2009 年 Oracle 收购 Sun 公司后，大幅调涨 MySQL 商业版的售价，且声明不再支持另一个自由软件项目 OpenSolaris 的发展，导致自由软件社区对 Oracle 是否还会持续支持 MySQL 社区版（MySQL 之中唯一的免费版本）有所担忧，这一做法也使得原先一些使用 MySQL 的开源软件逐渐转向其他的数据库。例如，维基百科已于 2013 年正式宣布将从 MySQL 迁移到 MariaDB 数据库。

总结来看，Oracle 参与开源的策略主要包括：①将自身先进的技术成果贡献给开源社区；②利用自身资金优势收购著名开源项目，赞助开源基金会；③积极推广先进的开源项目或开源技术。

三、我国开源发展现状

我国的信息技术（IT）产业、科研和教育一直受益于开源。产业界利用开源软件构建应用服务，学术界利用开源软件开展教学和科研工作。软件企业利用和参与开源能够缩短产品发布周期，获得更多用户，提高软件产品质量，提升公司品牌；个人利用开源能够提高开发效率，参与开源能够实现自我提升，获得成就感和社区声誉。本小节首先概述我国 IT 领域发展面临的挑战和机遇，然后重点围绕国内个人和企业使用开源、参与开源的情况进行调研。

（一）我国 IT 领域面临的挑战与机遇

目前，国内 IT 产业发展迅速，部分 IT 企业体量巨大。但总体而言，我国 IT 产业在国际市场尚未占据优势，与国外公司相比还有较大差距，且集中表现为缺乏基础软硬件的核心技术、生态系统不完善。这种在基础环节的滞后使得 IT 产业整体自主可控还有很长的路要走。

具体而言，国内 IT 企业（包括以 BAT 为代表的互联网公司，以华为、中兴为代表的通信基础设施公司，以联想、浪潮为代表的硬件厂商）近年来发展迅速。但是总的来说国内 IT 企业与国际领先公司还有较大差距，主要体现为"缺心少魂"：基础软硬件包括操作系统和中央处理器（CPU）等缺少核心技术和产业生态。在基础软件方面，国家在操作系统国产化和应用推广方面给以大力支持，企业层面也涌入一批做国产 Linux 的大军，然而创新能力和产业生态与国外操作系统差距明显；在 CPU 等核心硬件方面，国产 CPU 也未能在核心技术与产业生态上取得突破性进展。正如龙芯总裁胡伟武所说，"虽然龙芯已经在完善软硬件生态上做了很多，但还远远不够，而且已经成为制约龙芯发展的首要瓶颈"①。归根结底，国内基础软硬件相关利益者的生态链没有形成，用户规模及其活跃度尚不足以形成生态效应，并且集中表现在缺少第三方开发者的支持上。

开源为我国 IT 产业发展提供了"弯道超车"的机会：开源开发模式为产业模式变革和转型提供了新的途径，开源软件资源则为我国 IT 产业发展提供了直接可用的软件技术、工具和产品。开源开发模式的开放性和透明性不仅有助于快速聚集大众智慧，促进技术和应用生态的形成与发展，也为供

---

① 龙芯遇瓶颈：将建根据地完善生态系统. http://finance.inewsweek.cn/20130515，25035.html.

应链安全问题提供了新的解决途径。

（二）我国企业开源实践

国内开源发展较国外软件产业发达地区相对延后，但近十年在软件建设方面已有较好的进展。一方面，国内的科研团队和有志企业长期坚持投入，出现了共创开源、Trustie、OSChina、CSDN 等基础设施与平台，以及新兴的开源支持社区，如开源社等。另一方面，随着中国经济的快速发展，大型企业如华为和阿里巴巴等逐渐形成了开源战略规划，投入了大量的资源参与开源，并形成了不同的开源商业模式。

1. 华为开源实践

华为是近年来国内乃至世界瞩目的大型 IT 企业，在国内率先围绕开源建立了技术创新和商业模式。最近两年，由于国外客户开始在招标书中明确要求提供开源技术，华为开始战略性布局，如每年投入不低于 500 万美元参与相关开源基金会，并进行开源产品研发。其商业模式目前是"软硬件结合"占大头，通过对开源软件，尤其是 Linux 内核的支持，促进其电信基础设施设备的销售。对参与现有的关键开源生态系统例如 Linux Kernel 和 OpenStack 做了战略部署。

截至目前，华为的开源实践共经历了五年的时间，除了简单地从开源社区中索取资源外，还向开源社区回馈了大量的贡献。其针对开源的发展策略大致经历了以下三个阶段的变化①。

第一阶段，华为成立开源中心，将开源看成是一类外部构件使用，在这个阶段首先解决的是开源软件使用的安全问题。

第二阶段，华为将开源作为外部协作的一种方式，研究如何与社区的技术人员、社区本身以及其他公司协作。

第三阶段，华为将开源提升到战略高度来看待和管理，开源软件成为研发的重要来源。

在三个阶段的探索中，华为不断地积累自己在开源社区的声誉，不但借

---

① 企业视角看到的开源——华为开源 5 年实践经验. http://www.ccf.org.cn/sites/ccf/ zlcontnry.jsp? contentId=2908932108246.

助开源的力量快速发展，还为打造健康的开源生态贡献力量。例如，在云计算和大数据领域，华为携手德国电信、西班牙电信、SAP、英特尔、埃森哲等客户和合作伙伴共建开放生态圈。华为积极参与开源社区并推动云平台标准化，并向开源社区积极回馈自己的贡献。截至 2015 年 12 月，作为 OpenStack 基金会金牌会员及董事成员，华为在 OpenStack 社区 Liberty 版本提交贡献排名第六。在大数据领域，2015 年华为在 Hadoop 社区的贡献排名第三、Spark 贡献排名第四。华为于 2015 年 8 月正式宣布开源 Astro 项目，强力推动 Spark 在业界的广泛应用。华为在开源领域的贡献获得了业界的广泛认可，2015 年 8 月被吸收为 Linux 基金会的白金会员[①]。

2. 小米开源实践

小米是一家专注于高端智能手机、互联网电视以及智能家居生态链建设的创新型科技企业，自创业起就与开源实践密不可分。小米近年来保持了很高的发展速度，仅 2014 年度就销售手机 6112 万台[②]，借助其极强的创新能力以及开源力量，小米取得了极强的竞争力。

在参与开源的策略上，小米充分借助开源软件为其硬件产品快速构建软件平台，在产品的成本控制与研发效率上取得了突破。其"用户参与设计、每周发布新版本"的开发模式吸引了大量用户和开发者，在短期内大幅提升了软件质量和用户体验，帮助其快速占领市场[③]。小米手机运行的 MIUI 系统便是利用开源操作系统 Android 的成功案例。小米路由器则利用了著名的开源路由器端系统 OpenWRT。除此之外，小米在日志框架、消息队列、分布式缓存、存储业务、监控报警等诸多领域都使用了开源技术。

受益于开源技术的同时，小米也积极回报开源社区，推出了 MIUI 系列工具、分布式部署和监控工具 Minos、高可用 Timestamp 服务 Chronos 及其他一些运维工具。目前小米正逐步加大在开源上的投入，更多地回馈社区，不断扩大国内工程师在国际开源社区上的影响力。

---

① 管理层讨论与分析. http://www.huawei.com/cn/about-huawei/annual-report/2015/ management-discussion-and-analysis.

② 小米官网. https://www.mi.com/?masid=2701.0074.

③ 小米开源：站在巨人肩膀上的创新.

3. 阿里巴巴开源实践

阿里巴巴的开源主要围绕自有业务，以扩大技术影响力和吸纳社区贡献为主，投入力度较大。阿里巴巴在使用开源软件、发布开源产品、维护开源生态三个方面都投入很大精力，为国内其他公司参与开源提供了参考。

阿里巴巴基础平台的搭建采用众多的开源技术。以淘宝网为例，淘宝网的内容分发网络（CDN）系统基于多个开源架构自主开发，如 LVS、HAProxy、Squid 等；其分布式缓存架构 TAIR 集成了开源的 Redis 和 LevelDB 存储引擎；淘宝网的海量数据存储平台采用开源分布式文件系统 Hadoop 构建。可以说淘宝网平台建立在开源软件和自主开发的基础上[1]。

阿里巴巴积极将众多自己研发的软件开源的行为受到了广泛关注。据中国开源软件平台 OSChina 统计，阿里巴巴共开源了 114 个软件[2]，在国内公司中名列前茅。其中阿里巴巴发布的 Web 服务软件 Tengine 被多个公司和大型网站使用，W3Techs 提供的调查结果显示，Tengine 已成为最受欢迎的十大服务器软件之一[3]。

此外，阿里巴巴在开源生态的建设与开源软件的维护方面也进行了很多探索：阿里巴巴的内核维护开发团队是 Linux 内核的 Ext4 文件系统核心开发团队之一；根据实际需求，阿里巴巴对平台中使用的开源软件 MySQL、Hadoop、HDFS、Hive、HBase 等都维护自己的分支版本。阿里开放源码的行为，不仅为开源社区做出贡献，其自身的技术水平和业界口碑都有很大的提升。

（三）我国开源状况调查

为了理解开源在国内的发展情况与存在问题，以及国内人士对开源的意见和建议，本文从个人和企业两个层面通过设计调查问卷、定向散发的方法进行调查。受访对象具有较好的代表性，所得调查结果能够在较大程度上反映当前国内开源现状。

---

① 章文嵩. 拥抱开源：阿里集团的实践与经验. 中国计算机大会开源论坛，2012.
② 阿里巴巴开源项目列表. http://www.oschina.net/project/alibaba.
③ Usage of web servers for websites. https://w3techs.com/technologies/overview/ web_server/all.

1. 个人开源现状调查

调查目标：了解国内开发人员在软件开发过程中对开源开发工具的使用情况、对开源软件的复用以及参与开源开发的情况。

调查方法：设计调查问卷，定向散发。本次调查共向来自 51 家企业的 51 位受访者发放调查问卷，受访者涵盖了不同的角色，包括一般开发人员、项目经理、系统架构师、产品经理等。受访企业来自多个不同领域，包括信息产业、金融、汽车、航空、造船、医疗等，企业规模从几十人到几万人。

调查结果：

（1）开源工具使用情况。

本次调查涉及的开发工具主要包括版本控制、问题跟踪、任务管理、进度控制、邮件列表以及论坛博客几类，表 7 对比了受访者对这几类开发管理工具的使用情况。

表 7 开源与专有软件开发管理工具使用情况

分类	开源	专有	开源比例/%
版本控制	SVN、Git、GVS 3 种	Perforce、SOS 等 8 种	88
问题跟踪	Bugzilla、Mantis 等 5 种	Jira、Firefly 等 8 种	28
任务管理	Redmine、Xplanner 等 4 种	Jira、MS Project 等 10 种	20
进度控制	Redmine、禅道 2 种	MS Project、HanSoft 等 7 种	9
邮件列表	Mailman 1 种	Exchange、Winmai、Google mail 3 种	8
论坛博客	Discuz、Wordpress 2 种	Confluence 1 种	29

从表中可以看出，开源版本控制工具（包括 SVN、Git 和 CVS）在受访者中的接受度最高，88%的受访者表示他们在软件开发过程中选择使用开源版本而不是 Perforce 等专有版本控制工具；论坛博客、问题跟踪和任务管理工具方面，Discuz、Bugzilla 和 Redmine 等开源工具在所有受访者中的接受度分别为 29%、28%和 20%；在进度控制和邮件列表工具方面，受访者中表示他们选择使用开源工具的比例要远低于专有工具，仅占 9%和 8%。

在软件开发过程中，开发框架和数据库是开发过程中最常用到的开源开发工具。在开源框架使用方面，35%的受访者表示其所在企业在使用开源框架，其中最主要的开源框架包括 JUnit、Struts、Spring、Hibernate、MyBatis；在开源数据库方面，42%的受访者提到企业在使用开源数据库，所提到的开源数据库主要是 MySQL、MongoDB 等主流开源数据库软件。

（2）开源参与情况。

软件复用是提供软件开发效率和质量的重要手段，51 位受访者对开源参与情况的调查结果如图 7 所示。

在开源复用方面，所有受访者中 45%以上的受访者表示会进行开源代码的复用，其中 33%的受访者经常复用开源代码，12%的受访者指出其所在企业的雇员有参与开源项目的开发，25%的受访者指出其所在公司以开源软件为基础进行二次开发形成自己的产品；在自有产品开源方面，所有受访者所在企业均未开源自己的软件项目，但有 3 位受访者表示公司在考虑或者准备开源。

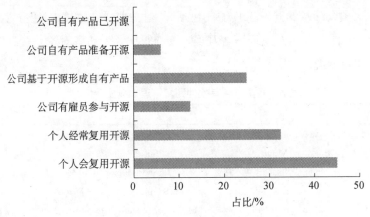

图 7　国内公司的开源参与情况

2. 企业开源现状调查

调查目标：了解国内企业在软件开发中对开源软件的复用以及参与开源的情况。

调查方法：设计在线调查问卷进行调查。本次调查共收到 46 位受访者的反馈，这些受访者包括一般开发人员、项目经理、系统架构师、产品经理等，所在企业涵盖电信、手机开发、传媒、金融、医疗仪器、互联网服务、移动显示终端等领域。

调查结果：

（1）开源工具使用情况。

在桌面系统方面，80.43%的受访者表示个人工作使用 Windows，73.91%

的公司业务面向的是 Windows。

在技术论坛方面，受访者经常访问的技术论坛包括 CSDN 和 MSDN 技术论坛、stack overflow 编程问答社区以及 GitHub 社交化编程开发网站。

在开源软件使用方面，受访企业中广泛使用的开源基础软件包括 Linux 系统，如 Android 手机操作系统和 Ubuntu 系统、Chrome 浏览器、Apache 服务器、MySQL 数据库以及 SSH 等；开发工具主要包括 Eclipse 基础开发环境和 SVN 版本控制工具。

（2）开源复用与贡献情况。

针对公司是否在开源软件基础上进行改进形成自己产品的问题，36.96% 的受访企业表示会基于开源软件进行二次开发形成自有产品，主要包括下述类型的产品：①Linux Kernel、Eclipse、数据库系统、嵌入式产品、规则引擎；②GitHub；③车载浏览器、DedeCMS、移动端软应用、移动显示终端；④保险公司周边产品；⑤ARM 和 DSP 处理器。

针对自有产品开源情况，84.78% 的受访企业表示公司不会把自己的产品进行开源。会选择开源的产品主要包括下述类型：①软件过程管理产品；②AutoSAR BSW 基础软件平台；③Tablet；④移动播放器；⑤前端构件；⑥云产品、数据仓库产品、构件。

（3）开源参与原因调查。

针对国内开源贡献者比较少的原因，受访者的反馈如图 8 所示。其中，97.83% 的受访者认为参与开源没有收益是开源贡献者少的原因，47.83% 的受访者表示没时间参与开源贡献，其他原因如"技术能力欠缺""不知如何贡献"，分别占 43.48% 和 32.61%。

对参与开源的好处，对于公司而言，27 个受访者表示参与开源能够提升公司品牌影响力，吸引更多的用户和资源；对于个人而言，38 个受访者表示参与开源有好处，能够提高个人在行业的知名度，便于职业生涯的发展，同时，参与开源需要跟更多人沟通，跟聪明人学习，接触国外最新技术，能够提升个人技术能力。

总结本次调查结果可以看出，中国软件产业从开源社区受益明显，但大型开源社区中活跃的中国人相对很少，贡献度相对偏低。在受访企业中，36.96%

的企业在开源软件的基础上进行改进形成自己的产品,但是 84.78%的企业由于知识产权原因不敢开源,或者因其开源商业模式不够清晰从未打算开源。

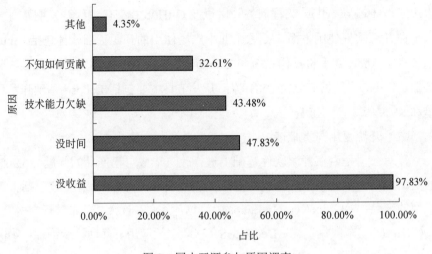

图 8　国内开源参与原因调查

3. 开源意见和建议调查

调查目标:了解国内学术界和产业界相关人士对国内开源存在问题、开源发展对策,以及中文开源社区方面的意见和建议。

调查方法:设计调查问卷,定向散发。本次调查共向来自 80 家高校、科研机构和企业的 101 位受访者发放调查问卷,受访者包括熟悉开源软件的高校科研人员、企业管理者、软件开发者等。

调查结果:

(1)中国开源目前存在的问题。

对于国内开源社区的看法,43.44%的受访者认为中文开源社区的技术基础设施落后,多达 61.48%的受访者认为中文开源社区缺乏领军程序员,53.28%的受访者认为国内缺乏好的开源项目,如图 9 所示。

(2)国内各种力量应如何推进开源发展。

关于对国内如何推进开源发展的问题,70.49%的受访者认为应建立免费的开源基础设施,63.11%的受访者认为应建立核心基础软件开源项目,59.84%的受访者认为应建立开源技术论坛,43.44%的受访者认为应将研发最新技术进行开源。关于是否需要建立中文开源项目(社区),76.23%的受访者给出了肯定回答。调查结果如图 10 和图 11 所示。

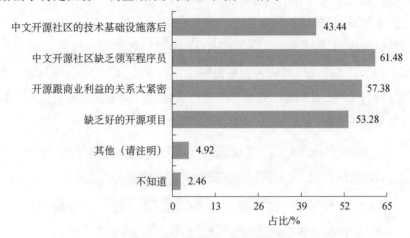

图 9　国内开源存在问题的调查

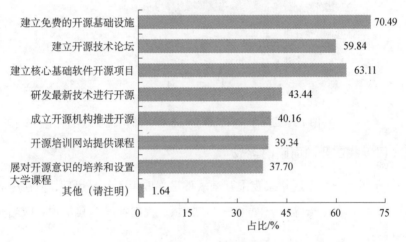

图 10　国内各种力量应如何推进开源发展的调查

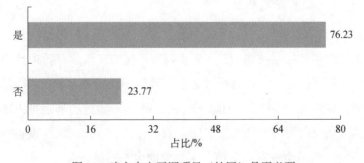

图 11　建立中文开源项目（社区）是否必要

（3）建立中文开源项目（社区）的积极意义。

关于建立中文开源项目（社区）可能带来的好处，81.15%的受访者认为能够促进国内 IT 技术交流，76.23%的受访者认为能够促进国内 IT 开发的技术水平，65.57%的受访者认为能够促进学习和成长，65.57%的受访者认为能够促进国内 IT 技术发展，33.61%的受访者认为有助于突破国外专利封锁。调查结果如图 12 所示。

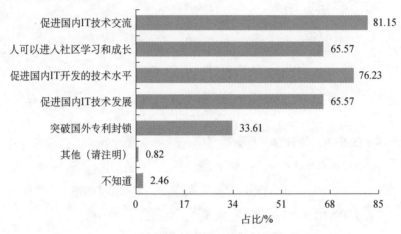

图 12　建立中文开源项目（社区）的积极意义

（四）我国开源面临的挑战

基于以上分析，近年来我国开源软件虽然取得了长足进展，但在核心基础软件、开源人才培养等方面存在严重短板。我国各界尤其是政府应当充分给予重视。

1. 缺乏核心基础类项目

我国缺乏重量级核心基础类开源软件项目与产品，归根结底是缺乏核心技术能力，影响持续发展能力。主要表现在：我国在国际开源项目中缺乏核心贡献者，缺乏领导力；自有项目通常规模较小，或较为小众，缺乏其他地区参与者；缺少如 Android、Hadoop、OpenStack 等核心基础类的知名开源软件，我国企业主要处于他人生态圈上的一环；不能有效掌握核心技术和领导方法，使得我国企业难以掌控一个完整的生态系统。

2. 开源人才严重短缺

相对于传统 IT，开源对人才有着更多和更高的要求。需要开源人才有理解开源生态和掌握开源技术的开源意识，开拓互联网创新应用的创新意识，以及贴近应用、技术熟练、善于协作的实践能力。同时，当前中国高校的软件人才培养缺少相关的配套设施与机制，既没有形成有效的网络化软件协同开发和创新实践支撑环境，也没有建立有效的课堂教学与软件实践深度融合的培养模式。

开源软件在开发效率、软件质量、安全性、可控性等方面具有的优势为我国信息技术产业发展带来了巨大机会。我国开源实践在社区文化、政策环境、基础设施、核心技术、人才培养等方面还存在很大差距。为此，我国应采用恰当的策略，大力支持开源，构建基于开源的创新生态环境，利用开源模式实现我国核心基础技术的突破。

四、我国开源发展策略

互联网时代是挑战和机遇并存的前所未有的变革时代。我国能否抓住时代赋予的"弯道超车"窗口期，在信息技术领域实现颠覆式创新和跨越式发展，对我国实现创新型国家发展战略具有重大意义。

我国正在大力推进众创空间建设，支持"大众创业、万众创新"，建议国家采取"参与融入、蓄势引领"的开源策略，建设基于开源模式的公益性生态环境，提升我国信息技术领域的核心竞争力。本小节首先介绍对我国开源发展策略方面的战略思考，然后结合我国特点给出开源策略建议。

（一）我国的开源路径选择

"参与融入、蓄势引领"的开源策略包括相互作用的两个环节，"参与融入"是"蓄势引领"的基础，"蓄势引领"是"参与融入"的目的。"参与融入"和"蓄势引领"是并行推进的两条工作主线，是我国发展开源的"两翼"。目前，我国已具备该策略的实施条件，甚至存在先天发展优势，但同时也面临诸多挑战。

"参与融入"的核心是支持各类创新主体积极广泛参与国际开源社区的

创新活动，充分利用大规模开源资源，通过系统学习、充分借鉴和自我改良，加快发展步伐，提升创新能力，缩小与领先者的差距，并力争在若干开源社区逐步建立主导地位。"参与融入"需要处理好两类关系：①如何有效借鉴先进的开源模式；②如何有效发展开源软件资源。

首先，开源为学习者提供了低成本跟踪学习的机会，但开源的内涵丰富、规则复杂、中外文化和语言差异明显，有效地跟踪学习开源仍面临诸多挑战。开源具有开放、自由、分享的基因，引领者鼓励学习者参与其中做出贡献。但开源涉及的内容极其广泛，除了包括开发者关注的开源代码、开源技术、开源工具外，也包括政府、社会、企业需要学习的开源制度、开源规则、开源方法、开源模式、开源平台、开源文化等。因此，我国应重视开源跟踪学习过程中面临的挑战，着重加强开源教育和推广，积极融入国际开源社区，逐步掌握话语权。同时，也应当有针对性地突破中外文化差异形成的壁垒。

其次，开源为学习者提供了获取低成本使用软件资源的机会，但开源软件规模巨大、广泛分布、良莠不齐，开源软件的有效利用仍将长期面临挑战。开源社区通过互联网为用户提供完全开放的开源软件，覆盖了几乎所有基础软件和领域共性软件，以及品类繁多的应用软件。此类资源是极其宝贵的战略资源，我国应当对其进行有效的监测、分析、筛选，以期最大限度地、高效地使用开源资源，缩小与领先国家和国际企业巨头的差距。

"蓄势引领"的核心是充分利用我国转型发展的机遇，在国家发展重大战略领域（如"互联网+"、"制造强国"等）建立若干中文开源社区，并在学习实践中逐步成长壮大，伺机实现引领发展。成功开源生态的标志是形成企业、政府和社会三者之间的协同关系。这种协同关系的形成离不开两类基本条件：①领先者能够掌握核心关键技术、利用开源规则降低领先成本；②社会能够提供潜在的大规模用户和开发者群体。

首先，开源为领先者降低了探索成本和传播成本，但领先者必须要具有持续掌握开源核心技术、熟练运用开源规则的能力。开源模式是典型的基于群体智慧的创新模式。其最大特点是以较低的成本将专业人员难以在确定时间内解决的开放性问题众包给大众（包括开发者和用户），大众的群体智慧往往能对棘手的技术问题和难以调和的产品创意给出超出预期的解决方案，推动开源软件快速创新。同时，开源为领先者降低了传播和推广成本。开源软件以社区模式进行传播和推广，具有一定规模的高品质、高活跃度的开源软件很容易在开源社区获得关注，其技术路线和产品发布动态甚至会被国内外有影响力的媒体转载，产生辐射全球的广告效应。但是，这种先进的互联网众包模式和宣传模式对领先者提出了很高要求：领先者需要对开源项目的核心技术和代码具有持续掌控能力，否则开源任务的发布和贡献汇聚无从谈起；领先者需要持续投入开源社区运营和管理，并能够利用这种主导优势为国内产业生态的构建提供支持，否则难以持续领先，或者即使领先也难以推动国内主导的开源生态的构建。

其次，中国已经成为全球市场和研发大国，这是我国发展开源的巨大优势，但如何合理有效地利用这种优势，我国仍面临严峻挑战。最新统计表明，中国互联网用户已经高达 7 亿，其中通过智能手机上网的用户比例达到79%，"发红包"和"抢红包"等手机应用带动更多的年长用户使用智能手机，进入移动互联网。同时，我国为开源生态的孕育提供了支持科技创新的"大环境"。在国家"大众创业、万众创新"战略的带动下，国内产业领域、教育领域、投资领域等面向创新人才培养和改良创业环境方面出台大量举措，普遍重视专业能力和实践能力培养，各类"创新空间"不断涌现。据统计，2015 年我国全社会研发支出预计达 14 300 亿元，其中企业占 77%。近5 年，留学回国人员达 110 万，是前 30 年的 3 倍。美国国家卫生基金会在2016 年 1 月发布报告，指出中国在研发投入、科技论文产出、高技术制造增加值等方面均居世界第二位，在理工科人才供应方面居世界第一位。

以上分析表明，我国发展开源的内外条件都已具备，为开源发展提供了难得的市场和创新环境，"参与融入、蓄势引领"的开源策略具有可行性。未来的核心工作是持续构建基于开源模式的公益性生态环境，这不仅是我国"参与融入"的基础，也是实现"蓄势引领"的前提。

（二）我国的开源策略建议

建议我国政府和相关部门综合采取多种手段发展开源，发挥政府在规范秩序、政策激励和设施建设方面的作用，建设公益性开源生态环境，为我国开源发展提供有效支持。针对如何建设公益性开源生态环境这一核心问题，本文在政策法规、共享制度、基础设施、人才培养四个方面对我国开源发展给出建议。

1. 完善开源相关政策法规

在开源的知识产权方面，建议政府相关部门加强对开源相关知识产权法律法规的研究和建立。开源知识产权比专有软件更为复杂。其著作权的归属问题、流入代码的知识产权问题，经常使开发和应用开源软件的公司陷入法律诉讼。我国政府不仅要通过立法解决国内开源相关知识产权问题，未来也必将会面对国际开源知识产权问题。

在开源的应用推广方面，建议政府采购向开源方案或混合方案倾斜。开源解决方案一方面可以为国家节省大量经费，为开源企业提供快速发展的机会，另一方面能够在很大程度上避免不透明供应链带来的安全隐患。此外，政府应加强对开源技术、开源理念和开源文化的教育和宣传，为开源方案或混合方案的使用提供指导和实践指南。

在开源的组织制度方面，建议设立开源基金会制度，鼓励社会力量与政府共建公益性开源创新生态环境。国外的成功开源社区背后均有一个公益性的非营利基金会支持其运行，如 Linux 基金会、Apache 基金会等。我国已经出现支持开源创新的基础平台，但持续发展缺少有效机制和制度保证。在我国组织法中，合法机构（如事业单位、学会协会、企业）均不能有效汇聚社会力量，提供持续的开源创新服务，我国的基金会制度也不够完善。建议政府主导建立开源基金会，并以此为试点，支持开源基金会接纳社会捐资，开展非营利性的开源基础业务，在此基础上建立完善非营利性的基金会组织机制和法律制度。

2. 建立科技成果开源共享制度

国家科技成果的归属和转化对科技发展影响深远。建议从国家资助的科研项目开始，鼓励将开放性、公益性研发项目的研究过程和成果开源，并逐步形成制度性要求，以提高全社会的开源意识。此举还可以促进提高政府资助的科技成果公信力、竞争力和影响力。建议从国家信息科技领域项目开始试点，逐步形成我国科研项目管理制度改革的具体措施。

具体而言，科技部和相关部门可主导建立面向开源的科研成果产权管理机制。其中：①知识产权归属可参考开源许可证模式，强调尊重原创者，以更开放的态度对待成果应用和转化；②科技成果的发展和运营可参考开源基金会模式，由基金会为技术社区提供运营、管理、培训和推广等服务。同时，开源并不意味着放弃知识产权，国家和科技创新团队可以选择不同的开源许可证保护自己的知识产权甚至收益。

3. 构建开源生态基础设施

国家应大力支持开源创新环境的建设，构筑开源发展的土壤。开源软件本质上是一种公共可获得的大规模战略资源，建议国家大力支持开源模式和技术的研究，形成相应的开源开发和研究基础设施；支持建立开源软件生态核心资产库，方便全社会获取关于开源的各种最新报告和分析；建立若干中文开源社区，为国家若干创新领域战略的实施提供开源技术支持。国家开源基础设施要面向全社会开放数据，支持包括各级政府雇员、承包商、企业、高校师生、创业者在内的大范围、多元化群体的参与和分享，提供面向民生民用的宏观和微观咨询报告，驱动群智开发各种应用，孕育技术和产品创新。

（1）开源生态机理、方法和技术的研究。培育和建设良好的开源生态，需要积极引导和支持开源方面的相关研究工作，包括跨学科的开源成功机制和机理，开源生态的核心方法、技术和支持环境，开源软件生态系统的构成、关系和机理，开源软件开发方法、模型和工具，开源产品的度量和评估方法与工具，开源人员的度量和评估方法与工具等。

（2）公共开源支撑平台的建设。在此基础上，构建适合中国软件开发者群体特点、协作习惯的开源工具和社区机制，提供支持大众化、智能化的开源协同开发工具和平台，包括支持多样化开源资源复用的工具和平台、支持实时性持续性的开源可信分析工具和平台等。据此支持面向特定领域开发者进行协同开发与管理、资源共享与复用等活动，逐步形成一种公益性的开放协同共享平台，不断孕育软件新技术和产业生态，持续推动国内开源的发展。

（3）中文开源社区的建立。基于公共的开源支撑平台，围绕国家发展重大战略领域（如"互联网+"、"制造强国"等）建立若干中文开源社区，一方面聚集各方面的力量，为这些重大战略的实施提供有效的开源技术支持，另一方面，积累经验、积蓄势能，为开源创新和发展的大环境建设提供最佳实践，为伺机引领发展夯实基础。

4. 加强开源软件人才培养

我国的大学和科研机构应在开源运动中扮演更重要的角色，应构建适合中国高校教学特点、基础条件和教师队伍的新型软件人才培养体系和支撑环境。其中包括建立以开源为中心的软件工程实践教学体系，引导学生建立起开源理念，学习开源方法，掌握开源工具，理解开源生态；建立产学研协作的、以开源为中心的软工实践教学平台，让学生能够在实践环节接触开源、使用开源、分析开源、参与开源。如何在创新实践中发现、培育、凝聚大规模高素质的开源软件创新人才，需要政府、高校和企业开展产学研深度融合的新型人才培养体系。

此外，建议高校在评价体系中充分认可开源成果的价值和水平，从而引导高校师生积极主动地投入开源实践，使高校成为开源奇迹的摇篮。图 13 是一种可能的基于开源的软件人才培养与软件创新创业的生态环境蓝图。

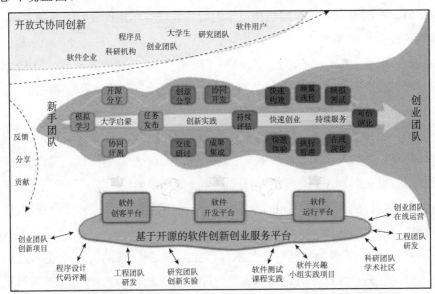

图 13　基于开源的软件人才培养与软件创新创业的生态环境蓝图

五、结束语

开源软件是人类历史上一次基于群体智慧、利用互联网实现分布式协作的大规模成功实践。开源运动的先行者通过对早期自由软件活动的深刻认识，创造性地解决了开源软件在法律和商业方面遇到的问题，逐步建立起基于群体智慧的软件开发方法和生态环境，将分布在全球的个体智慧汇集到开源软件中，把用户对高品质软件的需求、企业商业战略、抑制技术垄断、产业良性循环等诸多目标有效地集成到开源活动中，实现了对软件产业的重大变革。

我国信息技术领域在国际市场尚未占据优势，开源软件所带来的"弯道超车"机会对我国实现核心基础技术的自主可控具有至关重要的作用。国家应大力重视开源，采取"参与融入、蓄势引领"的开源战略，围绕基于开源模式的公益性生态环境建设目标，在政策法规、共享制度、基础设施、人才培养等方面大力支持开源发展，加快提升我国信息技术领域的核心竞争力。

（本文选自 2016 年咨询报告）

咨询项目组专家组成员名单

梅　宏	中国科学院院士	上海交通大学、北京大学
林惠民	中国科学院院士	中国科学院软件研究所
怀进鹏	中国科学院院士	北京航空航天大学
杨学军	中国科学院院士	国防科技大学
倪光南	中国工程院院士	中国科学院计算技术研究所
吕　建	中国科学院院士	南京大学
何积丰	中国科学院院士	华东师范大学
王怀民	教　授	国防科技大学
金　芝	教　授	北京大学

周明辉　副教授　　　　　北京大学
曹东刚　副教授　　　　　北京大学
赵建军　教　授　　　　　上海交通大学
韩乃平　高级工程师　　　上海中标软件有限公司
尹　刚　副研究员　　　　国防科技大学

尽快建设"国家生物信息中心"的建议

陈润生　等

一、生物信息资源是现代生命科学赖以深入与发展的基础

生物信息资源涵盖科学数据与软件工具两个部分。生物医学科学数据由生物学研究与医疗实践产生,是人类对生命认知过程的记录与积累。在以大数据为特征的现代生命科学的今天,它们更是产生新知识、提出新假说、开发新应用的引擎,是现代生命科学的核心;生物软件工具指围绕着科学数据,针对生物医学科学问题或应用需求而研发的一系列生物数据库、流程、数据分析与挖掘的算法和软件,如同传统实验室的试剂、仪器与实验方法,它们已成为现代生命科学研究与实践不可或缺的手段与工具。

生物信息资源的建设始于 20 世纪 60 年代,随着对蛋白质研究的深入,美国科学家推出了预测蛋白质序列的算法与软件,并建立了第一个国际生物数据库"蛋白质序列与结构数据集"[1-2]。在此以后的 20 余年里,由于革命性的实验手段如 Sanger 核苷酸测序法与核酸扩增法 [如聚合式酶链式反应(PCR)] 等问世,生物数据呈现指数级快速增长。借助于此阶段信息技术(计算能力、个人计算机与互联网)的突破性发展,具有里程碑意义的生物信息数据库与工具不断问世,并通过以美国国立生物信息技术中心(NCBI)与欧洲生物信息研究所(EBI)为代表的国际生物信息资源中心向全球科学家提

供免费的服务。这些生物信息资源的广为应用，不但促进了生物信息学作为一门学科的成熟，更使得生命科学研究方法发生了根本的改变：生物信息资源从提高实验室效率而逐渐转变为今天的实验科学赖以开展与深入、不可分割的一部分①。这种对生物信息资源的依赖性随着人类基因组为代表的"组学革命"的开启与发展而不断加强，它们已经成为当今支撑现代生命"大科学"的基石，国际生物医学"大计划"如千人基因组计划、国际癌症计划、美国精准医学计划等信息收集、整合、交流与发布的媒介。其中在近年受到全球广泛关注的精准医学更是以整合疾病的临床、分子与组学等数据与工具为基础，通过对疾病的分子分型，指导开发更有效的医药、疫苗和临床干预途径与方法，以达到有针对性的疾病预防、早期诊断与疗效提高之目的。精准医疗被认为是具有开创性的未来医学模式，在临床实践中，它以每个患者独特的个体信息以及由海量数据整合成的"参考"基因型–表型数据为依据，制定诊疗方案，根据基因组成或表达变化的差异来把握诊疗效果或毒副作用等，并对每个患者制定最适宜的诊疗方法[3]。

由于生物信息资源是现代生命科学不可替代的重要组成部分，它们的建设与服务能力决定了一个国家对本国生命科学的支撑能力与持续创新能力。为充分利用生物医学"大数据"所带来的巨大的潜在威力，抢占数据驱动的"大发现"与"大应用"的高地，西方发达国家以多种形式启动了国家级的生命科学信息设施计划。2009 年，美国能源部启动了"系统生物学知识库"建设，对植物、微生物与环境的组学数据进行收集、质控、注释、分析与整合；美国国立卫生研究院（NIH）更是在近年集中了大量的投资，建设"从大数据到知识"（BD2K）组学信息资源中心，以及一系列以肿瘤为代表的疾病数据库，这些生物信息资源已经产生了一大批高质量的研究结果，而且为美国"脑计划"与精准医学计划奠定了坚实的数据基础；德国生物经济委员会更是将建立国家生物信息学设施与实现国家生命科学现代化所带来的巨大经济潜力结合起来，建立了信息工程技术与科学研究互动的机制和长期的经费保障；欧洲 EBI 主导的 ELIXIR 计划建立了一个由 14 个欧洲国家参与、将大数据转化为医学、环境、生物医药工业与社会应用的永久性生物

---

① 参见：http://www.ncbi.nlm.nih.gov；http://www.ebi.ac.uk。

信息设施①[4]。

由此可见，生物信息资源与建设服务能力涉及国家生命科学研究和产业的核心竞争力，以及能否在激烈的国际竞争中得以立足，并处于领先地位，所以，建立国家级的生物信息资源中心对推动国家的生物信息的产学研不仅具有重要意义，而且具有紧迫性。虽然我国国家"十二五"规划纲要与《国家重大科技基础设施建设中长期规划 2012—2030 年》均提出了"国家生物信息中心"（简称为"国家中心"）的预研与建设的纲领性原则，并在 2015年启动了建设中国"组学数据中心"的国家高技术研究发展计划（简称 863计划）项目，但是，我国尚无一个"国家中心"的系统建设方案，而且也缺乏对国内外生物信息资源的客观、翔实的盘底，以及对我国现有瓶颈的中肯分析。中国科学院学部咨询评议项目"生物信息学的发展与共享平台的建设"正是围绕着"国家中心"建设这些问题而展开调研并撰写的。本文内容包括：①梳理国际生物信息资源中心现况和发展趋势，并结合国内建设"国家中心"的不同观点，阐述建设我国自主的生物信息中心的必要性；②通过回顾我国生物信息资源工作轨迹与现状，盘点我国的基础与国际先进水平的差距；③总结我国建设生物信息资源可以汲取的经验教训与现有的瓶颈问题，提出一个可实施的、具有国际先进水平的中国生物信息中心的建设方案，供国家决策部门在"十三五"期间计划、部署参考。

二、国际生物信息资源是 30 年以上的积累与整合的产物，具有国家支持、国际合作、科学共享的特征

（一）国际生物信息资源中心的资源概述与发展趋向

以组学数据大量出现前后为分界，将国际生物信息资源中心的资源大致分为两个阶段：第一个阶段的生物信息资源以生物分子或生物特性为基本单位；第二个阶段以组学数据为主要数据来源，具有明显的特征。

1. 国际传统生物数据中心与资源

组学数据大量产生前，由于传统的生物学研究多以单个或数个生物分子

---

① 参见：http://www.nsf.gov/div/index.jsp?div=ACI；http://bioeconomy.dk/news/the-german-bioeconomy-recommendations；http://www.vlsci.org.au。

为主要研究对象，因此生物信息资源的积累是以单个序列、基因或蛋白质等为基本数据单位开始的。美国 NCBI 与欧洲 EBI 至今仍然被公认为是传统生物信息资源权威的集聚中心。从建设核酸序列数据库开始，这两个数据中心在 30 余年里积累了大量的生物数据。为了叙述方便，本文将以上描绘的数据库系统称作生物学"分子设施性数据库"。

NCBI 与 EBI 是提供这类数据库的主要中心，其他具有较大影响的设施性数据库还包括 SwissProt（人工编审的高质量蛋白质序列数据库，瑞士生物信息学研究所，后被整合入 UniProtKB）与 RCSB PDB［蛋白质结构数据库，美国结构生物信息学研究联盟（RCSB），与 PDBe、PDBj、BMRB 形成 wwPDB 结构数据联盟］。KEGG 是以生物代谢分子为单位建立起来的代谢路径（metabolism pathway）数据库，在商业化之前是生物代谢与路径数据的主要来源。

2. 国际组学数据资源与中心

由于高通量技术的问世，生物学家得以对生物系统中某生物分子（如基因、蛋白质、转录子等）的总体进行综合分析（holistic study）。一系列的组学（如基因组、蛋白质组、转录组）应运而生。组学数据以前所未有的速度急剧地增长。以基因组数据为例，NCBI 下一代测序技术（NGS）核酸数据库 SRA 在过去的 10 年里收集了 87 万亿条核酸序列，含 1000 万亿个核苷酸，要比 Genbank、ENA、DDBJ（这三大数据库组成核酸数据库 INSDC）经 30 年积累的组装与注释核酸序列数多出 18 669 倍，核苷酸数多出 1109 倍（EBI 在 2014 年 8 月的统计）。在 2009～2013 年，SRA 数据的倍增时间大多少于 10 个月，而 INSDC 的数据在同样时区的倍增时间一度长达 70 个月。

组学数据如此迅猛地增长，不但挑战了硬件的计算与存储能力，更为重要的是颠覆了 NCBI 与 EBI 以往对数据条进行传统与细致的审编、注释与整合的模式。面对挑战，NCBI 与 EBI 采取了以下策略，完成了从支持单分子/单功能/单现象研究到支持分子/现象/功能系统（组）的初步"转型"：

（1）未组装基因组数据与经组装、注释与审编的数据分开管理；

（2）通过与国际联盟紧密合作提供表达组信息资源服务；

（3）阶梯式数据结构（tiered database architecture）；

（4）"公开"与"控制获取"数据获取模式。

3. 国际生物信息资源中心的经费支持与运行模式

大多有稳定经费支持，采取"实体"运行模式。具有代表性的这一类国际中心有以下两种模式。

1）"实体"模式

表 1 　主要国际生物信息资源中心运行模式举例

中心名称	经费来源	经费额度	团队规模
NCBI	NIH 滚动支持经费、项目经费	2007～2012 年 5 年的经费预算为 1.16 亿美元	259 人的核心团队，100 人以上的合同团队
EBI	欧洲分子生物学实验室（EMBL）滚动支持经费、项目经费	年运行经费约 5000 万欧元	500 人的团队
DDBJ	国家滚动支持经费	经费处于"零增长"	数据库工程师与编审员组成的 25 人的团队
Broad 研究所	私人基金会、经费支持、项目经费	自 2004 年以来资助了 7 亿美元	—

（1）NCBI（National Center for Biotechnology Information，https：//www.ncbi.nlm.nih. gov/）。核心业务由 NIH 直接拨款资助，由所长 David Lipman 领导 30 余年至今。NCBI 下属有信息工程部（IEB）、信息资源部（IRB）与计算生物学部（CBB）。其中 IEB 与 IRB 负责 NCBI 范围广泛的生物信息资源的设计、开发与运行，CBB 的主要任务是从事基础与应用性计算生物学研究。

（2）EBI（European Bioinformatics Institute，http：//www.ebi.ac.uk）。主要经费来源于欧洲分子生物学实验室欧盟基金委员会，通过每年的工作评估与下一年的预算，基金会决定下一年的经费额度。现任所长为 Ewan Birney 与 Rolf Apweiler。与 NCBI 类似，EBI 的主要业务部门也大致分为两个部分：生物信息资源服务（service）与生物信息学研究（research）。服务部分下属按数据类型归类的大组（cluster），每一个大组内含有数个数据类型相近的小组（team），这些小组一般对 EBI 所提供的各种数据资源提供全方位的纵向支持。例如，ENA 小组负责 EBI 的核酸序列数据库，包括软件与数据库团队与数据编审团队。

（3）DDBJ（DNA Data Bank of Japan，http：//www.ddbj.nig.ac.jp/）。日本

DNA 数据库隶属于日本国立遗传学研究所。现有由数据库工程师与编审员组成的 25 人的团队。作为 INSDC 的三个成员数据库之一，DDBJ 的主要业务内容是支持与维护 DDBJ 核酸数据与 Genbank 和 ENA 之间的数据交换与发布，以及提供核酸与蛋白质序列专利数据库。围绕着 DDBJ 数据库，DDBJ 作为生物信息资源中心的业务还包括：①对生物数据提供搜索与分析服务；②生物信息资源的培训；③维护与运行国立遗传学超级计算机。

（4）Broad 研究所（Broad Institute, https://www.broadinstitute.org/）。Broad 研究所是一个非营利研究机构，2004 年成立，主要的经费来源是私人基金会。现任所长为 Eric Lander，所内设有行政与业务领导小组，总体业务与研究方向受董事会与科学顾问委员会领导。研究所由 3 种类型的集研究与信息资源建设为一体的单元组成：核心实验室、研究与平台。它的核心业务围绕着以下大科学内容开展：①生命的分子成分与组建；②细胞应答的生物环路（biological circuit）；③遗传疾病与主要传染病的分子基础；④与各种癌症有关的所有遗传突变；⑤寻找疾病诊断与治疗手段的革命性方法等。Broad 研究所开发的软件与框架具有明显的高通量与组学特点，数据资源范围广泛。

2）"联邦"模式

另外一种运行模式是"联邦"模式，即"中心"的单元由全国不同单位在一个较为松散的框架下相对独立地运行。这种运行模式的典型例子是瑞士生物信息学研究所。

瑞士生物信息学研究所（Swiss Institute of Bioinformatics, SIB, http://www.isb.sib.ch/）在 2012 年经费为 5540 万瑞士法郎（约合 5600 万美元），主要经费来源为瑞士政府滚动支持，由 45 个分布于 13 个高校与研究所的团队、650 位生物信息学家组成。现任所长为 Ron Appel，最高权力机构是基金理事会，代表各个 SIB 参与单位的利益，还设有董事会与科学顾问委员会，确定研究所的研究与运行方向。SIB 于 1988 年围绕着 SwissProt 数据库成立，逐渐发展为现在的规模。SIB 的生物信息资源以蛋白质为重点，集中于日内瓦大学内（包括 UniProtKB、neXtProt、ExpASy 以及一系列与蛋白质有关的数据库和软件工具）。这些资源得到 SIB 较为稳定的平台经费支持。其他经费除了 SIB 的经费以外，主要来源于申请科研经费。

（二）已经有多个国际权威生物信息中心提供生物信息资源与服务，为什么还要建设中国"国家中心"？

对于建设"国家中心"，有人多次提出这样的质疑。要回答这个问题的关键是：①国外生物信息中心是否为我国提供稳定的服务保障？②这些国际生物信息中心的服务是否满足了我们的需求？调研结果对以上两个问题都给出了否定的答案。

1. 我们没有得以"依赖"的承诺！

虽然国际生物信息资源中心大多有为全球用户服务的宗旨，但是无法改变它们优先服务于其核心对象（本国、本项目，或本联盟的用户），并受到各种突发事件影响的现实。在没有任何预警的情况下，2007 年台湾海峡地震导致海底光缆中断；2013 年 10 月，美国政府"停摆"两个星期，NCBI 的数据更新处于停顿状况。这些事件的发生程度不一地影响了我国生命科学的研究工作。在今天复杂的国际外交、政治与经济大环境里，在这种"幼稚的"单向依赖不受到任何国际法律制约的情况下，更凸显出它的危险性。

2. 被动地使用他国资源已经无法满足我国生命科学的需求

简单地使用分散的国外信息资源带来的数据异质与同步问题，给数据深层的整合带来巨大的挑战。只有通过本地化，并在优化的网络环境下管理，才有可能解决这些跨数据库应用存在的同步、整合等问题。

3. 对国外资源多年的"实际"依赖造成了我国生物信息资源与经验积累低下的现状

这种完全依赖于国外资源的想法是"国家中心"至今未果的重要原因之一。由此导致的一个残酷现实是我国错失了在国际"分子设施性数据库"的参与权与发言权；更为严重的是面对着巨大体量的组学数据，我们不能有效利用"分子设施性数据库"以及现代信息技术来梳理与解释它们。我国早期一些努力多满足于简单、低水平的重复，导致我国如今在国际"分子设施性数据库"的边缘化。如果我们今天还是被功利所驱使，走依赖他人资源的捷径，满足于低水平、缺乏国家层面顶层设计的建设，其后果是错失"数据革命"的机遇,在以后的至少几十年里中国还是无法摘掉"数据库弱国"的帽子。

三、中国"国家中心"是一个被追寻了十多年的梦,但是今天中国的生物信息资源仍然处于孤岛、不成气候、边缘化的地位

(一)一个追寻了十多年的梦

1. 十七年之前寻梦开始,几近成功

面对国内"规模甚小,实力不足的生物信息研究所或'中心'相继上马"与"全国范围重复引进与建设"的状况,郝柏林院士于1999年在他的院士建议里提出了建设一个国家级的"生物信息中心"。该建议不久得到时任国务院副总理李岚清的批示,直接推动了以后一系列工作的开展。但是,可能因为多个专家组成员间无法达成统一、可行的意见供国家决策参考,或者建议提出的经费与国家当时的财政计划不符,"国家中心"的建设最终被"搁浅"。对"国家中心"多位最初的推动者来说,这是一个无法抹去的痛;对国家来说,这使得中国与国外的生物信息资源距离越来越大。这个距离是我们希望挖掘到"大数据"蕴藏的"巨大价值"必须首先弥补的。

2. 梦想火炬的"多元"接力跑

北京大学生物信息中心(CBI)由顾孝城教授倡导、罗静初教授主持在1998年建立。因为CBI在当时处于国内领先的地位,所以被推为最初"国家中心"的依托单位之一。在过去的十余年来,CBI持之以恒的两项工作得到国内同行的公认:数据库镜像与使用这些信息资源的培训班。这些都是在"镁光灯"以外的工作,而且这些工作也不能发表"高影响因子"的文章,但是它们帮助国内生物学家降低了在早期获取国外数据的台阶,解决了下载数据的各种技术性问题(网络或者地区性限制等)。由于受到包括经费、数据来源、机制、团队等的限制,它们最终无法在这些工作的基础上,建成"国家中心"应有的初级数据的收集、梳理、注释与发布的能力,以及大型数据库整合项目所必需的工作基础。

上海生物信息技术研究中心(SCBIT)成立于2002年,一开始便关注

"国家中心"的核心业务内容：初级数据的收集以及生物数据的整合工作。李亦学教授自 SCBIT 成立起，十多年来一直响应"国家中心"的呼吁，致力于"国家中心"的探索与实践工作，并为中国加入 INSDC 数据库联盟开展了多种工作。可能传统的科研项目经费注定无法支持"国家中心"的建设，再加上现有评审机制给工程性工作带来的问题，以及国内数据共享机制的不健全，"国家中心"还留在 SCBIT 追梦的途中。

被广为接受的"国家中心"至今未果的主要原因之一是中国生物医学数据"共享难"。虽然中国在 1984 年已经是国际科技数据共享委员会（CODATA，以推动全球科学数据共享为目标）的成员国，但是我国一直没有制定出如美国国立卫生研究院那样的数据共享系统政策。2001 年，中国建立了由当时的科技部部长徐冠华为组长的"科学数据共享工程领导小组"，遗憾的是，这些"共享工程"项目更关心的是建设"共享平台"等技术问题，忽视了"共享政策"的制定。此"共享工程"的人口健康信息资源由"医药卫生科学数据管理与共享服务系统"（现为国家人口与健康科学数据共享平台，NCMI）提供。NCMI 以"物理上合理分布，逻辑上高度统一"的设计理念，实现了对分布广泛、类型复杂的基础与医学数据库进行集中的"逻辑整合"。由于中心平台的"逻辑"没有进入底层数据库细颗粒数据，缺乏跨平台的统一标准，所以数据共享是有限的。但是 NCMI 十余年的实践为当今"大数据"信息工程提供了分布式部署与获取的思路与经验。

在过去的十几年里，我们没有产生出以"初级数据"为主，并在某数据类型引领国际的"品牌"数据库，但是我国生物信息学家没有停止通过整合与人工梳理的方法建造有价值的"次级数据库"，其中不乏精品。陈润生院士主持的 NONCODE 数据库以及其他一系列非编码 RNA（ncRNA）的信息资源在 2004 年开始向国际用户开放，为进一步打造代表国际主流的"RNA资源"奠定了基础，也为"国家中心"整合数据库的建设与管理提供了成功的经验。

建设"国家中心"的火炬被一个又一个的接炬者在不同的寻梦接力站传承着。杨焕明院士等领导的华大基因研究院（BGI，深圳）通过建立"深圳国家基因库"也开展了"国家中心"的部分工作。贺福初院士领导的中国蛋白质组计划通过近十年的工作为"国家中心"必须面临的组学信息资源的产生、收集、处理、分析、挖掘与展示做出了一系列宝贵的尝试。几年前，于军教授等代表中国科学院北京基因组研究所与中国科学院计算机网络信息中心向中国科学院提交了《关于成立"中国科学院生物信息中心"的可行性报告》，其建设的目标和内容与"国家中心"基本吻合。在强伯勤院士与王恒教授等推动下，中国医学科学院也筹建着"生物医学大数据中心"，希望能够理顺基因型与表型数据间的关系。但是，"国家中心"的火炬传承不是"线性"的，而是"发散性"的。今天的"国家中心"也非郝柏林院士等当时提出的内容，面临的挑战也有了根本的变化。但是中国对它的需要没有变，迫切性却更甚。

（二）中国团队的努力与生物信息资源不尽如人意的现状

在过去的十几年里，国内生物信息专家与团队为我国的生物信息资源建设做出了不懈的努力，其中有代表性的团队与资源包括：①华大基因研究院与一系列组学数据库和组学数据分析工具；②中国科学院生物物理研究所与中国科学院计算技术研究所共同开发的以 NONCODE 为代表的 ncRNA 数据库与分析工具；③北京大学生物信息中心的数据库镜像服务与一系列转录因子数据库；④上海生物信息技术研究中心的生物信息资源交汇、管理与共享平台与服务；⑤中国科学院北京基因组研究所的一系列中国人基因组数据库以及其他重要物种基因组数据库；⑥北京蛋白质组研究中心开发的"人类肝脏蛋白质组数据库"与旨于与国际联盟交换数据的 iProx 数据库，以及以数据整合、组学数据注释、大数据检索为主要目的的 Bioso!平台的开发与服务，并在 2015 年主持了"国家组学大数据中心"的建设，为解决我国"数据共享难"瓶颈迈出了重要的一步；⑦中国医学科学院基础医学研究所基础医学科学数据中心与"国民体质与健康数据库""中国数字化可视人体数据库"等20余个跨生物、生理与医学的各种数据库服务，旨在建设基因型-表型关联的生物医学信息资源基础平台；⑧复旦大学郝柏林课题组的基因组序列分析工具 CVtree 与数据库；⑨天津大学生物信息学中心的被国际同行广泛使用的基于 Z 曲线算法开发的软件工具与相应的数据库；⑩清华大学生物信息学研究部开发了约 20 种应用于组学数据分析、RNA 信息分析和系统医学与网络调控等领域的软件工具，以及各种数据库；⑪中国科学院动物研究所的飞蝗和家蚕等已经测序的基因组数据，以及开展功能研究的转录组、代谢组以及甲基化组等数据；⑫中国科学院微生物研究所主导的"世界微生物数据中心"，为目前唯一处于运行状态、由中国主持的国际数据库中心；⑬中山大学生物信息系摸索了生物信息资源服务与高性能计算环境结合的"大数据"运行模式。

这些团队的工作是我国生物医学信息资源工作在过去十几年来有代表性的进展[5-6]，但因没有国家层面上的设施性支持与统一的建设规划，我们清醒地看到与国外在生物信息资源建设与服务上的巨大差距：我国生物信息资源的积累、管理和应用能力总体较为低下；采集、交换以及共享服务等方面由于缺乏标准体系，数据"小散"状况突出，"孤岛"现象明显，不同数据集之间的整合有限；管理不力，在国家级的资源与服务的统一平台建设方面能力不足，许多宝贵的科学数据流失现象十分严重。生物信息资源发展的严重滞后直接影响了我国生命科学的发展和科技创新。

四、"国家中心"的寻梦教训与多年未果的主要瓶颈

"国家中心"是一个未竟的事业，是因为我们的基础太差，我们在国际上的声音太弱。17 年前，以郝柏林院士为代表的中国生物信息先驱提出了建设我国统一的"国家中心"建议，17 年以后的今天，生命科学对数据积累的依赖性更高，研究手段的信息化程度更高，现代生命科学已经成为一门典型的"数据科学"。今天这种缺乏协调、简单重复的状况非但没有改善，而且更甚，因此我们在生物信息资源和服务上与国外的距离也在快速增大。如果说十多年前由于国力不济，我们还能为我国在"生物分子设施性数据库"的落后状况给出"合理"的解释，但在国家对生命科学投入巨大资金的今天，中国已成为世界数据产出大国，我们不能，更没有理由不把国家的数据管理好，利用好。国际上组学数据的"有控"获取模式日益普遍化，加上国际政治的日益复杂化，我们如果不尽快建立起一个自主的、统一的、"成气候"的生物与医学大数据系统平台，我国的生命科学研究与应用必将会（或已经）

遭遇到严重的瓶颈。利用"大数据"寻找"大发现"与"大应用"的机遇更是无从谈起。因此，有必要梳理一下"国家中心"长期不果的教训以及瓶颈，作为前车之鉴。

（一）以项目经费来支持国家基础建设带来的诸多弊病

第一次"国家中心"努力的结果是项目经费代替专款方式支持以后十几年的中国生物信息资源工作。对于一个国家规模的基础设施而言，项目经费支持方式不可避免地产生了诸多的弊病，直接后果是项目工作似乎"按计划"完成了，但是结题后的"成果"无法形成可整合的、可积累的国家基础能力。具体表现举例如下。

1. 经费力度不够，分配不合理

经费力度不够主要体现在经费支持有年度限制，以及任务与经费不匹配；分配不合理的主要体现是经费在项目内被"撒胡椒面"似的平均分配。由此造成了项目产出的信息资源多流于肤浅的模仿、草率的建设。

2. 项目内缺乏资源再利用的顶层设计与协调、管理机制

项目参与单位在原有工作基础上独立开展工作，缺乏项目内在技术架构、数据格式和内容的定义与交汇等统一和协调，造成了项目成果互不相干、简单堆积的情况。

3. 鼓励单位或团队的局部思维，忽略国家总体利益

项目是以单位或团队为依托，不可避免地直接与局部的利益挂钩。从项目的申请一直到项目的执行，基本的思维方法必流于"只见树木，不见森林"。

4. 缺乏数据与技术共享的框架

各科学项目资助主体如国家重点基础研究发展计划（简称 973 计划）、863 计划、国家自然科学基金等均没有一个明确的数据共享规范，但是却过度强调研究成果的知识产权保护。这种情况便造成了这些项目支持所产数据"共享不足，保护过度"的状况，甚至有将用国家经费而取得的数据资源变成了团队甚至个人的财产，以"数据孤岛"的形式被"保护"起来。虽然也

有希望共享但不知道交给谁的个例，但是由于缺乏有关规范，盲目保护的情况似乎更为普遍。

5. 不切实际地追求先进与领先

生命科学研究项目重视成果的先进性是项目得以立题的根本，成果先进与否以发表论文的数目以及接受论文杂志的影响因子来评估，也无可非议。遗憾的是这种标准也应用到生物信息资源建设项目，成为其立项以及成果评估的主要衡量指标。因此造成了这类项目做成研究项目，数据分析工具终止于没有测试的算法，数据库止步于雏形（prototype）式的实施，无法转化为实际可用的信息资源，沉淀为数据与经验的积累；追求"捷径"，着眼于亮点，草草地将数据归在一起，依靠没有经过验证的简单"链接"来解释项目里的数据，缺乏对数据内容进行用心的挖掘利用与展示，数据库本身常常流于粗糙与"不好用"。生物信息资源的建设需要遵循工程化的规律。

6. 生物信息资源的短期行为

项目资助的数据库大多在项目结题或者发表文章以后便消失。由于这种短期行为，数据库建设时就很少考虑数据库的稳定性、有用性与专业性，并没有完整的技术文档与源代码管理系统。初级数据库忽视了对数据的审编，即对数据质量的严格控制，以及对数据库结构与使用速度（performance）合理性的关注；次级数据库项目由于不关心数据库的更新，没有考虑数据更新的代价，在建设期使用了大量的人口"拼凑"起数据库。

（二）缺乏对数据编审（curation）重要性的认识

数据编审是国际设施性生物医学数据库得以搜集、组织与交汇多源、异质、复杂的数据不可或缺的一部分，它是保证数据质量与兼容性的一整套方法与工作流，也包含了数据库间关系的挖掘，以及对主旨数据进行注释的任务，其重要性不亚于主旨数据本身。由于中国没有参与这些数据资源的建设，作为传统的信息资源的使用者，了解数据编审工作的人很少，懂得它重要性的人更是凤毛麟角。国内数据库项目中，很少看到在经费与人员安排、任务规划里包含数据编审，这是我国产出高质量数据库极少的根本原因之一。

（三）缺乏国际合作的统一平台，及其基本能力建设

由于 INSDC 是国际上历时最长、最有影响力的国际数据库联盟，所属的核酸数据库在我国生物学研究中应用广泛，因此加入这个联盟被我国生物信息资源界看作具有里程碑式意义的工作，多个团队通过自己的努力，尝试说服 INSDC 主要依托单位 NCBI 与 EBI，代表中国加入联盟。尽管 INSDC 联盟成员已经达成共识——作为一个不可忽视的数据产生大国，中国加入联盟合乎情理，但是多年的努力仍然未果。究其主要原因有二：①协调混乱，不知究竟哪个团队能代表中国；②不具备加入联盟的技术储备，不仅缺乏数据提交、梳理、交换与发布等一整套的信息学工具与软件框架的支持，而且缺乏数据编审的经验与合格的团队。

今天，组学大数据以数千倍于传统分子数据的增长速度出现在公共平台上，各种组学数据联盟作为"第二代"的国际联盟正在快速地形成与成熟过程中。虽然我国在这些联盟的参与度要比 INSDC 为代表的第一代联盟高，但是由于以上两个原因，加上对数据深度分析综合能力的低下，国外中心仍然基本控制着数据资源，在联盟的框架下要求中国"共享"原始数据，而对这些数据的搜集、整合、发表与标准化仍然没有更多的发言权。

十多年来的巨大努力以及我国对国际科学数据日益增大的贡献，并没有从根本上改变我国在国际生物医学数据库界弱势状况的现实。这给了我们一个非常清晰的信号：建立国家层面上数据资源国际合作的协调机制，并静心做好基本能力建设的工作，已经成为我国成为"数据强国"急不可待的任务。"国家中心"则是完成这个重要任务唯一可行的载体。

（四）缺乏对生物与医学数据标准化系统的重视

组学数据具有低信噪比、语法与语义上的高异质性、多维度，以及对生物系统的关注等特性，数据标准在组学数据各个层面上的质控、整合与解释起到了越来越重要的作用。国际上重要的组学数据联盟一般都设有标准化小组，它们不但为这些联盟提供了数据格式、控制词表/本体、质控标准以及元数据的定义，而且实际上对数据资源的建设起到了重要的作用，有些甚至控制了有关数据资源的管理与发布，成为被《科学》期刊"指定"的"权威"

数据库,负责在国际范围内收集数据。数据标准对我国生命科学界是一个非常生疏的领域,而且这些工作多具有义务的基础性质,很难转化为我国评审机制所要求的"先进性"与"亮点",从而造成了我国在国际标准建设的实际参与度较低的状况。这种对数据标准的总体忽视是导致我国仍然处于数据弱国的另外一个重要原因。我国虽然在"十五"到"十二五"期间投入高达数百亿元人民币的众多科学研究计划产出了大量极具价值的生物学数据,但是因缺乏元数据的收集规则、统一的数据格式与语义的定义,以及数据质量控制等标准体系,从而无法改变数据分散、异质性高、质量不一的现况,使得这些数据无法整合、挖掘,充分发挥它们的巨大潜力。

(五)数据共享难

如前所述,我国的科学项目对知识产权过于强调,而且在国家层面上也没有系统的、合理的、符合国家利益但同时显示了一个大国对科学发展的担当与贡献的数据共享规范,造成了我国数据共享极度困难的现状。一个极其不合理的现象是,国内的数据往往更难以在国际数据库内共享,因为国际上有如《科学》期刊与项目联盟的"强制性"提交,而国内没有任何这一类机制。虽然国家近年来不断呼吁科学数据的共享,但是由于缺乏权威的数据管理机构,导致重复性研究与资源浪费,给国家创新体系带来重大损失。一个令人痛心的现状是,海量的数据分布在无数实验室的硬盘上,部分研究人员即使知道它们并没有用于发表文章或申请知识产权的价值,也还是延续了中国传统的"小作坊"思维模式,不愿意拿出来共享,因而造成了虽然中国已经成为世界领先的生物医学大数据生产大国,但是数据共享的程度却与发达国家差距巨大的局面。科研数据难以共享已成为国内生命科学研究的一个巨大瓶颈。在大数据时代,其负面效应还可能被继续放大。

(六)对生物信息资源建设与服务的从业人员的评审机制不合理

我国生物医学界具有对工程技术轻视的传统。近年来,由于生物信息技术在生命科学研究中日益突出的重要作用,大家对它的重视也是功利性的,即对数据分析与解释的关注远远大于对它们得以存在的信息资源基础建设的重视,具体体现在对数据库建设与分析工具研发的从业人员的评审机制上。由此导致的直接后果是从业队伍不稳定，因为他们的工作无法得到现有评审机制的认可。

（七）缺乏国际话语权，受制于人

如上分析，由于国际上的一些数据"强迫提交"规定，我国生物医学领域的一些数据被"强制"提交到国际资源中心，数据来源大多被隐蔽，而且这些数据在包装、体现、公布等方面，也很少会考虑到中国科学家使用数据的需求，大多只能采取"出口转内销"的模式，不得不从国外数据库下载。

我国对世界科学数据的贡献程度与我国的数据产生量具有很大的距离。因此，我国仍然普遍被看作国际公共生物数据的免费用户，我国的贡献非但没有得到应有的肯定，而且更加重了我国在国际生物信息资源上几无话语权的状况，并造成各种负面影响。这种局面如果不改变，在生命科学领域的国际大格局中，我国将始终处在低端数据"被动"贡献国的尴尬地位，这对我国在生命科学研究领域实现跨越发展、成为"领跑者"是极其不利的。

五、建设中国"国家生物信息中心"的建议方案

本项目调研工作所达成的一个明确的共识是：没有计划的、一盘散沙的生物信息资源建设无法支撑起我国在 21 世纪对生命科学的诉求。中国必须建设自己的"国家中心"。在过去的十几年，我们走过一些弯路，做了不少的调研与论证，希望能够依靠项目经费支持的方法把"国家中心"的工作做起来。但是最终或是放弃，或是经费被"平均"。如今的结果是我国仍然处于生物信息资源服务能力低下的状况，我们与世界的距离不是缩小了，而是更大了。近几年，国际生物医学以"大数据"为主题，开启了一次规模与深度空前的生物医学信息资源"大整合"与"大应用"的新时代，历史给了我国一个难得的"弯道领先"的机遇。本小节提出的"国家中心"建设框架方案，旨在为国家有关部门提供决策的参考。

（一）基本职能

"国家中心"不但是国家生命科学海量与丰富数据的交汇点，而且是这

些数据向信息与知识转化的"孵育箱",更重要的是为我国生物医学研究与实践提供实时、高质量服务的"数据枢纽"。作为国家能力,它体现了我国储蓄与管理生物信息资源的整体水平,并体现了对国家生命科学研究的数据服务能力;作为国际合作交流的平台,它代表中国与国际生物医学数据资源中心或联盟建立平等互利的共享与共建机制。通过这种合作,充分利用国际丰厚的资源与经验积累来弥补我国的"缺口",并且加紧建设我国的生物医学信息资源系统,积极参与并在某领域引领国际"大数据"革命,承担起一个文明大国对世界科学的应尽责任与担当。

(二)运行模式、规模与经费支持

通过诸多生命科学与生物信息学前辈的不懈努力,"国家中心"已经被写入《国家中长期科学与技术发展规划纲要(2006—2020年)》;863计划医学与生物技术口设置了"大数据"专项,在2015年有针对性地启动了一些重要的生物医学"大数据"项目;在"十三五"的生物信息技术的规划研讨会上,中国生物医学信息资源能力与"国家中心"的建设也被归入了重要任务行列。所有这些进展表明,国家级的生物信息资源是国之所重已经不容置疑,建设"国家中心"已经到了水到渠成、刻不容缓的关键时刻。但是"国家中心"的运行模式与建设内容是必须首先回答的问题。

1. 虚拟中心无法支撑"国家中心"的国家能力建设任务

以项目方式开展的生物信息学资源建设是国内几个优势单位通过松散"合作"的方式,希望将项目的成果转变为"国家中心"的信息服务能力;类似地,也有人提出汇集"优势团队"的信息与团队资源,建立协会式的"国家中心"。这些运行方案均无法保证生物信息服务的基础性、连续性、稳定性与专业性,因此无法保证"国家中心"对国家生命科学的"数据"支撑作用。虽然参与单位在资源与经验上有一定的互补性,但是由于这些资源的建设是在没有协调与统一标准的情况下开展的,因而存在着语法、语义、模型与系统环境高度的异质性,对这些数据资源的整合难度极大。由于没有统一的规划与设计,由此方法建立起来的"国家中心"以及"堆积"起来的信息资源将会具有明显的片面性与局限性。此外,事实证明,在我国现有科学项目管理与运行机制下要完成各参与单位之间的协调极其困难，每一个参与单位都可能是"国家中心"的"单点误区"（single point of failure），因而在国家层面上提供有效的数据服务无缝合作几无可能。在国际上，SIB 是唯一的以"联邦体"运行的国家生物信息中心，但是它的生物信息资源服务业务却仍然集中在日内瓦大学，以 SIB 稳定支持为主要经费来源。它的虚拟部分主要是集中在生物信息学的研究上。

如前所述，这种协会式的虚拟中心具有资源异质性、片面性以及难以协调而形成合力等重大瓶颈，无法完成我国成为数据强国所必需的最原始的数据与经验的积累，利用生物"大数据"为我国的科研与健康服务更是无从谈起。

2. 实体运行是"国家中心"唯一可行的模式

"国家中心"应该以一个独立的、非营利的实体运行，通过国家稳定的经费支持（而不是以科研项目资助方法来支持），这是本项目调研代表达成的共识。

这个实体中心应该是一个独立的法人，最好是一个新建的法人单位，如果考虑尽快启动，也可以先以独立法人的形式挂靠在一个具有厚实公共信息资源建设与服务、厚实软硬件基础的单位，以后逐渐完全独立。这个单位应该与国内外优势团队具有广泛与长期的合作经验：与国际生物医学信息资源中心和联盟较快地建立合作关系，快速缩短我国与国外在"设施性数据资源"的巨大差距；在国内能够凝聚人才与生物信息资源，起到领头羊的作用。

"国家中心"应该是一个"国家实验室"，以提升国家能力，向用户提供免费的、国际一流的生物医学数据与信息服务为己任。它的运行应该是由国家统一规划并主导的。鉴于"国家中心"业务内容的复杂性，以及启动于我国现有工作基础的可行性，更重要的是因国际大环境激烈的竞争，与我国生命大科学对"国家中心"核心业务——数据工程建设与服务——的急迫需求，它的运行模式、建设与运行大致可以分为以下三个阶段实现。其规模与经费支持以在各不同阶段开展的核心业务为基础，并参照国际权威中心如 NCBI 与 EBI 的成功经验（表2）。

表 2　"国家中心"建设规模与经费需求

阶段	主要业务 （参照以下业务内容）	人员	经费（不包括基本计算与场所 资源购置与建设）
建设期 （前三年）	设施性信息资源设计与开发，少数针对性应用开发（如精准医学）；第二年开始逐渐开展上线服务；开展与国外主要生物信息资源中心的合作，并在国内注重建立与实施数据共享的原则与标准	100 名信息工程开发人员、20 名研究人员	1.4 亿元/年（其中 3000 万元劳务经费，3000 万元软硬件经费，8000 万元基本建设、运维与研究人员启动经费），共 4.2 亿元
试用完善期 （一年）	调整与优化必需资源的服务，全面完成服务上线	100 名信息工程人员、40 名研究人员	1 亿元/年（其中 3000 万元劳务经费，1500 万元软硬件费经费，5500 万元运维、基建与启动经费），部分研究人员取得外来经费
正式运行期	应用性信息资源研发、专题服务，形成全面支持国家生命科学研究的能力	120 名信息工程人员，研究人员逐渐达到 80 人	9000 万/年（其中 3500 万元劳务经费，1000 万元软硬件经费，4500 万元运维与开发经费），研究人员 50%经费来自外源

"国家中心"最为关键的是前三年时间（建设期）。其主要工作围绕国家对大数据、超算技术、脑科学与精准医学等战略布局，针对阻碍我国生物医学资源建设的主要瓶颈（如数据共享的政策与技术、数据的标准化与质控，以及对国外的基础设施性数据库巨大的依赖性等问题）和我国的优势资源，参照国外生物信息资源大计划实施方法（如美国的 BD2K 与欧洲的 Exlir），在总体设计的框架下，建立强大的统一领导机制，以国家重点经费支持（4.2 亿元）方式，尽快启动"国家中心"的建设工作，以解燃眉之急，同时建立一支高质量、高效率的专业信息工程队伍。实体中心还要与国外建立具有稳定合作关系的平台。由于历史的原因，国外信息资源中心如 NCBI 与 EBI 已经认识到与地方中心合作的局限性。它们希望能够在国家的层面上寻求与中国实质性的合作项目。世界需要中国，因为中国已经是一个不可忽视的"数据大国"；中国也需要世界，因为我们需要国际中心 30 多年积累的数据，以及建设高质量、有用的数据库的经验。

中心的业务应由一批具有丰富先进经验的交叉性人才组成的团队负责运行，具体负责中心的总体工作规划以及实施。由国内外资深专家组成的"科学顾问委员会"对中心工作做出定期的评估，并对下一年工作提出建议。

（三）核心业务

"国家中心"工作的主旨内容应该是围绕着建设由组学革命与医疗信息

高度电子化而"催化"产生的生物医学大数据的"信息高速公路",并为国家生命科学提供国际一流的信息服务。这个定位符合现代生命科学的特点、需求以及发展趋势,如果能尽快弥补"基础设施性资源"的缺口,我国有可能抓住这个千载难逢的机会,在较短时间内实现生物医学信息资源的"弯道超越"。其建设应该在两个运行阶段合理部署与实施。作为国家现代生命科学的支撑设施,"国家中心"的主旨任务是收集、处理、管理、注释、整合与发布国内外生物医学信息资源。因为组学数据产出平台各异、分析方法复杂与不稳定,高通量数据分析工作不应该作为中心的主旨任务。"国家中心"主要核心业务如图 1 所示。

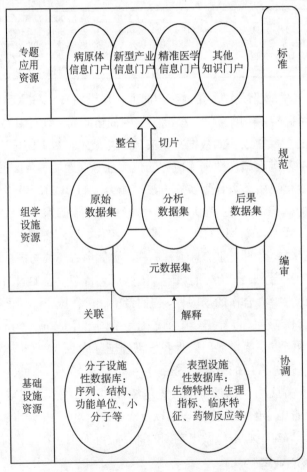

图 1　"国家中心"的核心业务内容及其关系

1. 分子设施性数据库集与工具

分子设施性数据库集即"生物分子设施性资源",由分子与遗传成分为基本单位的数据集以及相关分析工具组成,其中的分子数据集为组学大数据提供准确与丰富的细颗粒描述,并对表型信息做出遗传成分水平的解释。这些数据库集与工具是"国家中心"信息资源的基础之基础,工具是分子与基因水平规律与模式发现与验证的基本手段。

由于中国在这一类信息资源上几无积累,所以这个基础信息设施的建设必须通过与传统国际中心的紧密合作才能完成。合作内容应该包括:①建立稳定的常态性数据下载与更新的机制;②通过参加有关的国际数据库联盟,参与和促进中国与国际数据的交换和共享;③系统地学习设施性数据库的建设以及数据编审。

同时,还应该通过分析国际资源的空白与弱点,花力气挖掘我国特色的生物分子信息资源,组织力量研发高质量的数据库与分析工具。

2. 表型设施性数据库集与工具

"基础设施性信息资源"的另外一个重要的组成部分是通过对生物系统的表型集(phenotype,如生理与病理实验室指标、临床表征、药物干预与动物模型的表征集等)的梳理与归纳,而建成的基础性资源,还包括这些表型与分子设施性数据集的关联映射关系。它们是分子与遗传背景"可观察"或者"可记录"的生物、生理与医学的"后果集",注重转化应用的"应用端"。Phenome 便是某一个生物系统这类信息的集合。目前,除了 OMIM 与 Ophanet 等少数注重表型描述的数据库以外,国际上尚没有一个系统的、结构化的、经过认真编审的细颗粒权威表型数据库,表型(及其与分子/遗传成分关系)分析与挖掘工具更是凤毛麟角。

多年来,我国通过开展各种大规模的人口调查工作,积累了丰富的生理或病理指标。随着医疗信息快速电子化,以及对这些人群分子基因水平分析手段的快速发展,我国已经具备了建设以人类为主体的"表型设施性信息资源"的基础。这个工作除了具有明确的应用性外,在国际上还具有先导性,应该成为"国家中心"核心工作的重要切入口。

3. 组学设施性数据库集与工具

"组学设施性信息资源"由组学数据、元数据以及它们的注释信息组成。

（1）组学数据。由原始数据、分析结果以及质控指标组成，是组学研究的结果。

（2）元数据。元数据包括项目背景、实验对象、数据产生条件与分析环境、注释方法，以及数据转化过程等与解释数据有关的信息，是贯穿各个数据集的"中轴线"，也是组学注释信息的一部分。

（3）注释信息。除了上述元数据以外，组学数据的注释信息主要通过建立组学分析结果和实验对象特征（如基因、蛋白质、生物功能单位、表型指标单位等）与"基础设施性信息资源"间的细颗粒关系来实现，并且把"基础信息"加注到组学数据上去。加注信息的准确性由数据集之间的语义关系来保证，可以通过映射关联或者物理整合的方法存储。

本方案没有将基于个人的疾病医疗数据归入进去，但是包括各种疾病的电子病历、实验室信息与临床影像等临床数据也应该是这个设施性数据库集的重要组成部分。

4. 专题数据库集与生物医学应用工具

专题数据库集与生物医学应用工具为"国家中心"面向应用与用户的信息出口，提供各数据层面的整合信息资源服务。其应用出口主要有两个。

（1）"国家中心"网站。面对一般的生物与医学用户，支持中心信息资源的"一站式"服务。主要功能模块包括基于大数据的强大搜索引擎、元数据驱动的信息发现与浏览、友好与丰富的数据展示与可视化界面，以及支持专题研究的生物医学主题网络门户。"国家中心"的数据、工具与科学文献为中心网站提供了丰富的信息资源，并通过利用国家超算中心与云计算环境，为用户提供较为成熟的组学数据分析软件和工作流配置与运行服务。

网站门户还具有定期发布数据的职能，支持用户通过优化的网络环境与技术批量下载数据。

（2）"国家中心"信息资源应用程序接口（API）。这个应用程序接口主要是针对生物信息学研究与应用软件开发人员，通过提供数据的应用程序接口，支持数据建模与挖掘，以及再次开发的需要。中心还应该通过发布数据模型以及基于这个模式开发的软件编程库为这类用户提供容易上手、标准化的数据获取与处理的手段。

5. 数据编审与数据标准

（1）数据编审。数据编审是"国家中心"重要的核心内容之一，其保证中心内部数据（尤其是设施性数据库内的数据）的质量与兼容性，并通过与各种国际生物医学标准系统合作接轨，与国际数据资源建立兼容与交换的机制。具有深厚生物医学知识背景的专业编审员是保证编审质量的中坚力量。但是面对海量的数据，尤其是组学数据，人工编审必须与自动+逻辑规则相结合。社区编审（community curation）是另外一种弥补人工编审价格昂贵与不可扩展的（not scalable）的方法，现在多用 WIKI 的技术框架来实现。总体而言，我国在数据编审的工作经验不足，"国家中心"必须花力气将这个重要的工作切切实实地开展起来。

（2）数据标准。对于生物医学大数据而言，离开了数据标准而产生与收集起来的数据只是数据的"堆积"，无法整合，无法"再利用"，更无法将它们转化为信息与知识。所以数据标准是科学数据资源管理、开发与利用的关键。"国家中心"应该积极从参与国际数据标准化工作、研究与收集国际有关标准系统入手，按照我国的具体情况，制定出适用于我国的，包括数据格式、控制词表/本体与元数据规则等内容的标准化系统，用于指导从数据产生到使用数据的各项工作中去，为数据的交换与整合打下必要的基础。

6. 数据共享与分层获取的规范

"国家中心"应该在最大程度上利用与整合国内的现有信息资源，为用户提供数据服务。然而这些目标的实现需要数据共享与获取的原则框架。

（1）数据共享政策。INSDC 与《科学》期刊合作规定任何科学论文在提交给期刊发表前，必须将序列数据先提交到 INSDC 数据库内。这个"强迫提交"模式以后被生物信息资源中心广为采纳。随着基因组数据的大量产生，国际基因组中心在 1996 年公布了 Bermuda 原则，要求基因组序列数据产生后 24 小时内立刻发布。这个原则奠定了以后近 20 年各种基因组计划数据共享的基础。为了推行蛋白质组数据共享，国际蛋白质组数据库联盟也与《科学》期刊合作，出台了一些有关数据提交的规定。由此产生的一个奇怪的现象是：中国科学家在国际数据库的共享程度要远远高于在自己国家的共享，究其原因，除了受到国际上各种"联盟"共享框架的约束以及发表文章的"强迫性"要求以外，更主要的还是我国没有自己的共享系统规定，有些不完整的规定也没有一个保证其实施的机制。因此，"国家中心"的一个重要而紧迫的任务是配合国家有关部门如科学经费管理部门，参考国际上的有关规定，制定出符合我国国情的数据共享系统规定以及实施方法。

（2）生物医学数据的分级获取。传统的国际数据库多年来遵循数据完全公开发布的基本原则。由于近年个人健康与疾病数据的快速积累，这种数据发布模式开始发生了根本的改变。按照国际有关个人信息保护规范（如 HL7 规范），国际有关数据库（如 NCBI 的 dbGaP、美国国立癌症研究所的 TCGA，以及欧洲基因组-表型组数据库的 EGA 等）存储的信息已经过"去识别"（de-identification）处理，无法根据数据库内的信息"恢复"到可追溯的个人。按照数据的内容，这些数据采取分级获取模式，即原始数据与部分分析结果采取可控获取方法，公开获取的主要是元数据部分。数据的开发程度是由一个专门的委员会决定的，可控数据的获取申请也需要一个专门委员会的批准。作为"国家中心"，也应该建立中国个人遗传信息安全性与数据获取的专门委员会，研究与实施包括个人信息隐蔽方法、数据分级获取标准以及数据的安全性存储等机制。

（四）建设基本方针

"国家中心"面临着千头万绪、百业待兴的开创性局面，因为它是我国好多年前就应该开始做的事情。"国家中心"建设应该遵循以下基本方针。

1. 尽快启动，逐渐建设，逐渐服务

尽快开展工作，采取从小到大、从基础到应用、结合需求、重点突破、逐渐建设、不断推出服务的方针，争取使用 5 年时间建成一个业务较为全面、先进性与致用性相结合的中国"国家中心"。

2. 设施性信息资源采用"公开"服务模式

由于设施性信息资源（包括基础与组学资源）对生物医学信息资源的重要支撑作用，其应该采取完全公开的模式。为符合对个人信息屏蔽的要求，其应采取有关数据与个人信息相分离的策略。

3. 工程研发、服务与研究并举，研究为工程服务

"国家中心"是一个综合性的巨大工程项目，面临着来自信息技术、数理统计方法以及生物医学应用等方面的巨大挑战。因此，"国家中心"还必须开展相关的研究工作，但是研究的出口服务于"工程"的建设与服务。

4. 尽可能利用国家超算中心的计算与存储资源

充分利用我国先进与丰富的超算资源，是"国家中心"设计计算与存储能力的基本出发点。通过与国家超算中心的紧密合作减少国家对硬件的投资，更好地支持"国家中心"巨大的计算与存储需求。

5. 注重稳定与由交叉人才组成的团队建设

"国家中心"团队应该由包括计算机技术、生物医学科学以及应用数学等领域的专门与交叉人才组成。为了尽快地建立这个团队开展工作，运行早期的骨干人员可以由合作单位优秀人才的兼职方法参与，以后通过公开招聘，团队向全职与稳定的方向发展。同时，中心应该与高校合作，尽快设计与实施这种交叉性领军人才的培养计划。

"国家中心"的主旨目标是工程性的建设与服务，团队稳定与工作连续性极为重要。应该尽快建立对"国家中心"人员合理的评审机制。由于他们的工作与传统生命科学家有根本的差别，不能以发表论文与影响因子作为他们晋升的主要或者唯一依据。应该引进工程评估标准客观地评估他们的工作产出。生命科学领域对工程技术人员的"技术"职称不利于团队的稳定，应该引进其他应用学科有关职称。另外一个重要的吸引优秀人才、稳定团队的措施是合理的薪酬。

6. 广泛开展与国内外优势团队的合作

加强与国际权威中心和数据联盟的合作，尽快完成"学习、积累、再创造"过程，通过积极参与、不断加强自身能力建设，利用5～6年的时间使我国真正以实力获得生物信息资源服务的国际发言权。

通过多种方式建立"国家中心"与国内团队的合作，如建立数据分中心，形成全国范围内的"数据网格"（data grid），以便更合理地存储、管理与发

布信息资源；建立以生物医学专题数据为核心的联盟，促进国家组学数据资源的积累、管理、质控与整合；与国内信息学和数理统计专业团队建立交叉学科的各种"攻关"小组，提高面对各种挑战所带来难题的解决能力。

（五）核心内容的基本建设方案

1. 建设数据共享政策与数据提交工具

与国家有关部门合作，参考国际成功经验，在"国家中心"的运行早期研究与制定符合我国国情的数据共享政策，从根本上解决我国数据共享难的"痼疾"。政策与指南的内容应该包括数据的共享范围（如项目内、国内与国际）、发布时间（如尽快、分析总结后）、共享程度（完全公开、部分公开与有控获取等）与共享类型（如原数据、分析数据、结果数据与元数据等）等。在鼓励科学数据共享的同时，应该遵守国家对国家与个人敏感数据的保护，并按照国际惯例适当保护科学家合理的知识产权（发表论文、申请专利、一定的补偿等）。但是这个政策的制定应该本着促进科学数据最大限度共享的原则，通过有效的机制（如与项目资助和验收、科学奖励等挂钩）的约束，来保证这些政策得以有效地执行。

"国家中心"应该在技术上为数据提交提供可靠的支持。因此在建设初期应该加快数据提交工具的开发、数据标准的制定以及数据编审工作。同时应该致力于与国际权威"初级"数据库建立长期的联盟和合作关系，以促进健康的数据双向交换，并加速我国的数据积累工作。

2. 制定数据标准化系统

与国家标准化管理委员会及国内组学联盟或优势单位合作，并积极参与国际主要标准化小组的制定、实行与推动标准化的工作，制定符合我国国情的生物医学标准化系统。我国的标准化系统应该是整合的，以生物与医学主要领域为主体，以提高生物医学大数据的通量性、整合性与再利用性为主要应用目标。它的主要内容包括数据格式、语义认知系统（本体）、元数据收集的内容与方法定义、数据质量控制，以及实现这些标准内容一系列的信息学工具。

数据共享与标准的实施对我国科学家来说是一个很大的文化与习惯的

改变。应该通过培训的方法使大家充分认识到它们的重要性，辅以行之有效的约束措施，使得制定的标准得以所用。

3. 收集与整合国际公共数据资源

通过与国际权威数据中心互惠的长期合作，对国际生物信息资源进行有选择的本地化，并按照"国家中心"的顶层设计与应用需求，对这些资源进行"再造性"的梳理与整合，建设"国家中心"信息资源系统中"生物分子设施性信息资源"与"组学设施性信息资源"两个重要模块以及它们之间的映射。

本着"不断开发、不断应用"的原则，在"国家中心"建设的前 2~3 年内注意在设施性数据资源的基础上开发应用界面，为用户提供阶段性的服务。注重网站接口服务简洁友好的界面，以及资源的"一站式"服务；应用程序接口形式服务于生物信息学专家的数据批量获取需求，注重数据获取方法的灵活性与接口的多样性，并支持特种数据集获取的需求。

4. 重点开发具有我国特色的国际数据库与工具

集中力量开拓我国优势信息资源，利用较短的时间，形成"国家中心"的特色生物信息资源。

（1）表型设施性信息资源建设。总的来说，国际上表型资源正处于起步阶段，这是"国家中心"有可能在较短的时间内做出国际领先工作的重要切入点之一。表型设施性信息资源建设的第一个关注点是对人类在生物［如细胞、组织器官与分子系统的后果集（consequence set）］、生理（如实验室生化指标、生理特征指标、组织学切片与影像检查特征等）与医学（药物等医疗干预的结果、疾病的表征与实验室特征等）等层面上对各种"表征性"的指标与观察进行系统的收集、归类与描述，并作为一个重要的公共性资源，为转化应用服务。

（2）国际 ncRNA 整合信息资源建设。由于 ncRNA 重要的基因表达调控作用，以及它们在疾病诊断、治疗与愈后判断，在其他生物医学领域的重大潜在应用价值，生命科学家对 ncRNA 数据与分析工具的兴趣与需求日益增加。目前，国际尚无一个能够满足这些需要的 ncRNA 整合信息资源。国际上有 20 个以上 ncRNA 数据库，但它们之间没有统一的协调机制与标准系统，因此产生了许多在分类与注释上内容不兼容的问题。鉴于上述国际 ncRNA 整合信息资源与需求的巨大距离，以及我国已经具备的较为完整的以 NONCODE 为代表的一系列 ncRNA 数据与分析工具的积累，"国家中心"应该以此为另一个重要的切入点，实现我国生物医学信息资源引领国际的"拐角领先"的目标。

5. 开展数据编审工作与积累经验

"国家中心"启动早期的重要工作之一是建立由优秀生物学家或其他领域的生命科学家组成的专业数据编审队伍。由于我国数据编审工作尚处于启动阶段，这方面的经验几近空白。可以通过"走出去"（去国外权威中心学习）与"请进来"（邀请国外资深编审员来我国讲课）相结合的办法，培养我国第一代的专业生物医学数据编审员。

我国的数据库在国际上总体处于弱势，重要原因之一便是缺乏对数据编审工作的认识与重视，从而造成了数据库的总体质量低下，表现为"粗糙"与"不严谨"。

人工编审需要一个对数据内容具有丰富经验的团队，编审经验更需要积累。所以"国家中心"的顶层设计必须把它规划为一个不可或缺的基本能力来关注。

（本文选自 2016 年咨询报告）

参 考 文 献

[1] Hogeweg P. The roots of bioinformatics in theoretical biology. PLoS Computational Biology, 2011, 7（3）: e1002021.

[2] Dayhoff M O, Ledley R S. Comprotein: a computer program to aid primary protein structure determination. AFIPS 62（Fall）Proceedings, 1962: 262-274.

[3] Zhang X H. Precision medicine, personalized medicine, omics and big data: concepts and relationships. Jounral Pharmacogenomics Pharmacoproteomics, 2015, 6: e144.

［4］Crosswell L C, Thornton J M. ELIXIR: a distributed infrastructure for European biological data. Trends Biotechnol, 2012, 30: 241-242.

［5］Wei L P, Yu J. Bioinformatics in China: a personal perspective. PLoS Computational Biology, 2008, 4: e1000020.

［6］朱伟民, 朱云平, 杨啸林. 生命科学信息工程设施以及在中国的实现. 中国科学（生命科学）, 2013, 43: 80-88.

咨询项目组主要成员名单

项目负责人：

陈润生　中国科学院院士　　中国科学院生物物理研究所

专家组主要成员：

贺福初　中国科学院院士　　军事医学科学院

郝柏林　中国科学院院士　　复旦大学

康　乐　中国科学院院士　　中国科学院动物研究所

李衍达　中国科学院院士　　清华大学

强伯勤　中国科学院院士　　中国医学科学院基础医学研究所

杨焕明　中国科学院院士　　华大基因研究院

张春霆　中国科学院院士　　天津大学

赵国屏　中国科学院院士　　中国科学院上海生命科学研究院

工作组主要成员：

李亦学　研究员　　　中国科学院上海生命科学研究院

罗静初　教　授　　　北京大学

朱伟民　研究员　　　北京蛋白质组研究中心

松阳洲　教　授　　　中山大学

于　军　研究员　　　中国科学院基因组研究所

王　恒　研究员　　　中国医学科学院基础医学研究所

高　峰　副教授　　　天津大学

古 槿	讲 师	清华大学
马宗源	副研究员	中国科学院动物研究所
任 间	教 授	中山大学
夏 志	理事长助理	华大基因研究院
杨啸林	副教授	中国医学科学院基础医学研究所
张国庆	副研究员	上海生命信息技术研究中心
章 张	研究员	中国科学院基因组研究所
赵 屹	副研究员	中国科学院计算技术研究所
朱云平	研究员	军事医学科学院
左光宏	助理研究员	复旦大学

项目秘书：

李婷婷	所长助理	太仓生命信息研究所
许三岗	助理研究员	中国医学科学院基础医学研究所
陈晓敏	助理研究员	中国科学院生物物理研究所

关于发展人工智能产业的若干建议

张 钹 等

近年来，人工智能有了迅猛的发展，引起各国的关注，特别对其产业化的前景抱有很高的期望。人工智能技术究竟发展到什么地步，它的产业前景如何，根据我国的国情该如何发展人工智能产业，本文给予了相关分析和建议。

一、人工智能技术的发展现状与产业化

（一）人工智能技术的发展现状

1956 年，麦卡锡（John McCarthy）在达特茅斯学院（Dartmouth College）召开的首届夏季研讨会上创立了"人工智能"的概念。会议将人工智能界定为研究与设计智能体（agent），而且把智能体定义为，能够感知环境，并采取行动使成功机会最大化的系统。遵循该领域创建者的上述设想，人工智能一直是一个重视应用的研究领域。20 世纪 60～80 年代，人工智能的主流研究方向是人类的高级思维活动，提出了以知识与经验为基础的推理计算模型，形成了以启发式搜索为核心的人工智能技术。但是这种技术当时只能解决一些规模和范围都较小的问题，如专家咨询与决策支持系统等。同样，早在 70 年代就把人工神经网络技术作为人类感知行为的计算模型，但这种模型当时也只能解决小规模的模式识别问题，如图像与语音识别等。进入 90

年代，由于概率统计方法以及优化技术在人工智能中的广泛应用，无论在搜索技术（如蒙特卡洛树搜索等），还是在以多层神经网络为核心的深度学习上，其算法均取得了迅速的改进和发展。进入 21 世纪，特别是 2012 年以来，在日新月异的"互联网+"时代，基于大数据、高性能图形处理单元（GPU）计算上也取得很大成就，有力地推动着认知智能、机器视觉、语音识别和自然语言理解等感知智能的深度发展，人工智能正进入所谓"大数据+深度学习"时代。这些变化使得人工智能技术走向实用，极大地缩短了人工智能学术研究与实际应用之间的距离，使人工智能技术的产业化成为可能。

近年来，人工智能几个里程碑式的成果，佐证了人工智能技术的上述发展现状。这些成果是：①IBM 的超级电脑程序"深蓝"，于 1997 年击败国际象棋大师加里·卡斯帕罗夫。该公司研究的"沃森"自动问答系统，于 2011 年 2 月在美国最受欢迎的智力竞答电视节目《危险边缘》中战胜了人类冠军。这两项成果说明对于人类"知道而且能够清楚表述"的认知问题，即"知其然又知其所以然"的问题，通过人工编程都可以由计算机来完成。而且在一定复杂度（如象棋）或一定领域限制下，运用知识驱动的人工智能技术可以达到甚至超过人类的水平。当然目前还有一些难以解决的认知问题，如常识、模糊与不确定等。②自 2012 年开始，深度卷积神经网络在多项国际著名的评测比赛（如视觉物体识别、人脸识别与交通标志识别）中，达到甚至超过人类的识别能力。IBM 于 2014 年推出的 TrueNorth 类脑芯片，集成了 100 万个发放神经元，具有 2.56 亿个突触连接，但功耗仅为 63 毫瓦，有利于感知信息的处理，并有力地推动了非冯·诺依曼新体制计算机的发展。这两项成果表明对于人类"知道但不能清楚表述"的感知问题，即"知其然不知其所以然"的问题，通过大数据驱动的深度学习方法，也可以让计算机来完成。而且在一定数据库限制下，某些性能可能达到甚至超过人类的水平。但在推广能力，即"举一反三"能力，以及鲁棒性上与人类还有较大的差距。③进一步发展的 IBM 沃森（Watson）认知计算平台，结合深度学习后获得了更强的数据分析与挖掘能力，在某些细分疾病领域已能提供顶级医生的医疗诊断水平。此外，谷歌 DeepMind 于 2015 年 2 月和 2016 年 1 月在

《自然》期刊上发表的深度 Q 网络（DQN）和人工智能围棋程序 AlphaGo，有效地融合了蒙特卡洛树搜索、深度卷积神经网络与强化学习，其中 DQN 在 49 种 Atari 像素游戏中，29 种达到乃至超过人类职业选手的水平，AlphaGo 以 5：0 的成绩击败蝉联三届欧洲围棋冠军的樊麾，最近又以 4：1 的成绩打败世界围棋冠军李世石职业九段。这些成果开辟了以知识驱动与数据驱动、认知智能与感知智能以及理性与感性结合的人工智能发展新方向。

（二）人工智能产业

随着人工智能与机器人、（移动）互联网、物联网、大数据及云平台等的深度融合，人工智能技术与产业开始扮演着基础性、关键性和前沿性的核心角色。智能机器正逐步获得更多的感知与决策能力，变得更具自主性，环境适应能力更强；"互联网+"时代的智能服务与智能环境下的舒适生活，也开始体现出更加自然的人机交互、人机协作与人机共生（symbiosis）的发展趋势。与此同时，智能机器的应用范围从制造业不断扩展到家庭、医疗、康复、娱乐、教育、军事、空间、航空、地面、水面、水下、极地、核化、微纳操作等专业服务领域，人工智能开始占据现代服务业的核心地位，与人们的日常生活息息相关，以满足"互联网+"时代人们对智能服务的渴望。总之，人工智能的学术与产业距离正不断缩短，人工智能与智能机器之间已变得密不可分。以环境适应性为标志的人工智能技术，高度体现了新一轮产业变革的主要特征。由此进化出的智能机器，则有可能推动 21 世纪最重要的"第三次工业革命"，带来深刻的社会变革。

始自 18 世纪 60 年代的工业革命，先后经历了机械化与电气化阶段，人们发明了蒸汽机车、机床、起重机、收割机、缝纫机、自行车等，这些机械设备的发明旨在减轻人类的体力劳动。从 20 世纪中后期开始的信息革命，通过"信息技术+"，引发传统机械设备的升级换代，带来了诸如电冰箱、洗衣机、机械臂和自动导引车（AGV）等机电一体化产品。与机床等制造业中的传统机械设备相比，机械臂更具通用性，它的多关节机械手，由于模仿人类的手臂，表现出多功能的特征，即一类机器可以从事多项不同的工种，如焊接、喷漆与搬运等，其中的可编程控制器，使机械臂能够适应不同的工作流程。由于目前的工业机器人不具有智能，因此在制造业中能代替的工种还十分有限，限制了它在制造业中的推广应用，工业机器人的智能化成为当务之急。

二、我国在发展人工智能产业中面临的严峻挑战与历史新机遇

（一）严峻挑战

在国际金融危机之后，无论是美国的"再工业化"计划（2011 年）、德国的"工业 4.0"计划（2012 年）还是日本的"机器人新战略"计划（2015年），其核心都是力图重振本土制造业，强化高端优势。为达到上述战略目标，亟须生产与服务流程的进一步信息化（数字化、网络化）与智能化。目前，在制造业中，传统的机械加工设备，如关节型工业机器人，技术虽已成熟，但全球产业布局已事实上形成日本发那科（FANUC）和安川（YASKAWA）、德国库卡（KUKA）、瑞士 ABB 等"四大家族"。这些垄断性跨国集团在核心零部件、系统集成、市场占有率等各个产业链环节均具有明显的竞争优势。我国在精密减速器（RV、谐波、行星齿轮）、高精度伺服电机、伺服驱动器、高性能嵌入式控制器等核心零部件方面，一直受制于国外垄断性产品。国产关节型工业机器人整机产品，其性价比与平均无故障间隔时间等，至少落后于世界先进水平 5～10 年。国产 AGV 系列产品长期处于价值链低中端，市场份额低，激光雷达等关键传感器还必须从日本、德国、美国进口。此外，传统工业机器人利用示教编程，只能替换某些工位或工种设定的简单及重复性工作。时至今日，富士康的"百万机器人换人"计划进展缓慢，技术上的原因之一就是机械臂的"傻大笨粗"及缺乏智能。目前电子制造业中的工业机器人，主要应用于前端的高精度贴片和后端的装配、搬运等环节，在绝大多数中间环节，由于机械臂不如人类灵巧，移动也不如人类灵活，因此还无法真正实施"机器换人"。要实现"制造强国"战略的目标，迫切需要研制一批具有一定环境适应能力的新一代智能制造机器。

另外，智能服务机器人有望成为继电视机、个人计算机、游戏机、智能

手机之后的第五大类智能机器。服务机器人包括个人/家庭服务机器人和专业服务机器人（也称特种机器人）。近年来，主要发达国家将服务机器人的发展上升为国家战略，并制定技术发展路线图。作为机器人技术的发源地，美国长期关注军事、医疗等专业服务机器人和清洁等家政服务机器人的研发，且一直保持着国际领先的技术水平。2013年3月美国发布的《机器人技术路线图：从互联网到机器人》将机器人定位于与20世纪互联网同等重要的地位。2016年美国发布的《2016年总统经济报告》甚至认为，对于美国经济来说，机器人如同蒸汽机的问世一样重要。近期，日本将机器人的研发和生产重点转向能够护理病人、料理家务和陪伴老人的家庭服务机器人，以此作为迎接老龄化社会和解决劳动力短缺的重要技术途径。韩国也将服务机器人技术列为引领国家未来发展的十大发动机产业，侧重于通过融合服务业与下一代信息技术实现快速扩张，拟重点发展救援、康复和医疗等服务机器人。与此同时，欧盟也启动了全球最大的民用机器人研发计划——SPARC，该计划涵盖了农业、健康、交通、安全和家庭服务等领域。

目前，全球共有400多家企业从事服务机器人研发，其中成功的还很有限，如iRobot致力于家政服务机器人，Intuitive Surgical公司关注医疗手术机器人，Aldebaran SAS专业提供个人娱乐机器人。iRobot成立于1990年，主要创始人为美国麻省理工学院计算机科学与人工智能实验室罗德尼·布鲁克斯（Rodney Brooks）教授（同时也是美国Rethink公司创始人），主要产品为家用清洁机器人以及执行战场侦察与炸弹处理的专业服务机器人等。2002年成功研发了吸尘机器人Roomba，这是全球第一台具有革命性的家政服务机器人。Roomba使用了其独家研发的人工智能技术iAdapt，可实现感知、思考与清扫，使其可以自动适应全球不同的家居环境。iRobot在家用清洁机器人市场上处于领先地位，2014年实现营收55.68亿美元，2015年家用机器人同比增长19%～23%。Intuitive Surgical公司成立于1995年，具有非凡的创新能力和销售业绩，是全球医用手术机器人的龙头企业。1999年1月，该公司推出了Da Vinci（达·芬奇）手术机器人，该机器人于2000年获美国FDA批准可用于普通腹腔镜手术。同年6月，在纳斯达克上市。达·芬奇手术机器人是该公司的主要产品，占收入的60%以上。10年间已发展到第三代，国内零售价约为 2000 万元人民币/台。2014 年全球使用达·芬奇手术机器人的手术案例为 53 万例。至 2014 年底，全球装机量达到 3840 台，其中美国占 72%。2014 年 Intuitive Surgical 公司营收已高达 27.4 亿美元。近年来，谷歌、亚马逊、微软等 IT 巨头开始跨界在服务机器人领域布局，试图赢得战略先机。2014 年 6 月，日本软银和法国 Aldebaran SAS 联合推出了全球第一款可以识别情绪的个人机器人 Pepper，并采用了全新的商业推广模式。另外，软银和 IBM 达成合作协议，拟将 IBM 沃森与 Pepper 整合，力图大幅度地提高 Pepper 的人工智能水平，而借助于阿里云与大数据积累，特别是富士康庞大的制造能力，未来 Pepper 很可能将引领智能服务机器人行业的发展潮流。自 2013 年开始，谷歌等 IT 公司积极探讨信息服务与服务机器人的融合，以解决网络信息服务的"最后一公里"问题。此外，亚马逊已在物流、餐饮等行业布局服务机器人产业。早在 2006 年，微软就发布了 Robotics Studio。2007 年，比尔·盖茨曾预言机器人将成为下一个信息时代的热点，"家家都有机器人"。

上述国际服务机器人产业的激烈市场竞争表明，互联网时代的 IT 巨头，利用雄厚的资本实力，通过并购方式在全球快速整合传统服务机器人企业。服务机器人的多样化应用，使其对人工智能技术与产业的发展具有迫切的需求。与此同时，这些跨国 IT 企业意识到，未来必须向智能硬件和实体经济发展，因而具有跨界进军的强烈意愿。服务机器人属于前沿新兴产业，技术先进和成熟与否决定了企业能否在激烈的市场竞争中占据一席之地。纵观全球领先的服务机器人龙头企业，均具备一流的科研团队和强大的研发实力，创始人多为机器人领域的专家、教授，且已掌握关键零部件和核心技术，占据了全球服务机器人的绝大部分市场份额。中国虽出现了诸如科沃斯、优必选、图灵、乐高、未来伙伴等创新企业，但关键技术不多，所占全球市场份额很小，在服务机器人全产业链的上游（关键零部件或材料，核心是传感器）、中游（系统集成、操作系统与云平台，核心是人工智能）和下游（包括家用、个人、娱乐、教育、医疗、物流、军事等行业）等各个方面，均面临严峻的挑战。

总体而言，中国正处于工业化中后期阶段，自动化、信息化（数字化、网络化）的历史任务还未全面完成，工业基础与能力尚待强化，先进传感器、精密减速器等核心零部件还受制于人。同时，智能化的产业发展趋势日益明显，人工智能等共性关键技术亟待突破。中国"制造强国"之梦与"互联网+"时代对发展新一代智能服务机器的刚性需求，确实存在着历史与现实、补课与超越的双重挑战。

（二）历史新机遇

随着信息革命的不断深入，特别是近期"互联网+"经济和社会的发展，信息化（数字化、网络化）与智能化已成为产业的主要发展方向。正在迅速增长的对人工智能核心关键技术的巨大需求，使人工智能的科学价值与应用价值得到高度统一，学术与产业距离不断缩小。紧扣以深度神经网络为标志的弱人工智能新突破，有望令面临严峻挑战的中国制造业，实现"弯道超车"，并带来跨越式发展。

中国在历史上痛失第二次工业革命与 20 世纪的信息革命，但好在这两次革命只解放了大约 5% 的生产力。目前，智能制造、智能服务与智能生活才刚刚开始，智能机器的应用领域还在不断拓展，新的产业发展方向正在逐步形成之中。

我国第一代机器人的研发始自 20 世纪 70 年代后期。1986 年底开始实施的 863 计划，在自动化领域专家委员会下，同时设置了计算机集成制造系统（CIMS）和智能机器人两个主题专家组。自此，我国机器人技术的研究、开发和应用，从自发、分散、低水平重复的起步状态，进入了有组织、有计划的规划发展阶段。

目前，中国工业机器人保持着年均 35% 的增长率，远高于德国的 9%、韩国的 8% 和日本的 6%。据统计，中国应用工业机器人最多的制造行业，包括汽车与汽车零部件产业（61%）、机械加工行业（8%）、电子制造业（7%）、橡胶及塑料产业（7%）、食品工业（2%）等。

时至今日，产业升级的刚性需求、"制造强国"国家战略下的智能机器发展，以及"互联网+"新常态下人们对智能服务或智能生活的渴望，都有望推动中国智能机器发展，促使更多的消费类数字化机器产品（如消费类无人机、电动自平衡车与自动吸尘器）出现，或研发新一代智能机器产品（如具有环境适应能力的新一代智能机器，其"机器换人"的可替换率高达 60%），或实现智能服务的网络化（如智能家居、智能交通、养老助残、医疗保健等惠民工程）。

中国已成为最大的工业机器人刚需市场。2013 年，中国工业机器人的装机量已达到 36 860 台，成为全球最大的工业机器人需求市场，约占全球销量的 1/5。2014 年，中国工业机器人市场销量接近 5.6 万台。美国 IHS 统计，2015 年，国际整机厂商在中国的工业机器人总产能将超过 5.5 万台，加上本土企业及新进入者，2015 年国内机器人整机产能将达到 6 万台。

中国"机器换人"已具有经济可行性。近来，国内人工成本持续上升，但全球范围内工业机器人的制造成本却在不断下降。双重挤压导致工业机器人的需求在 2013 年左右出现拐点。例如，购置一台焊接机器人可替换 3 名工人，每台大约需要 23 万元。目前长三角、珠三角等沿海地区一名普通焊接工人的雇佣成本约为 6 万元/年，因此"机器换人"的成本回收期已显著缩短为 1~1.5 年。

自主品牌消费类数字化机器产业：深圳大疆创新（DJI）和天津纳恩博（Ninebot）"两花齐放"。尽管我国的民族机器人产业仍较弱小，工业机器人产业在国际上几无竞争力，但近几年来也出现了诸如大疆创新与纳恩博这样的自主品牌数字化机器产业，它们代表了中国消费类数字化机器产业的希望与明天。创立于 2006 年的大疆创新研制生产的消费级无人机，目前已占据全球民用中小型无人机市场的 70%，客户遍布全世界 100 多个国家，已成为业内最大的飞行机器智能硬件提供商与最知名的高成长创新企业。该公司 2014 年销售额达 30 亿元，2015 年销售额达 60 亿元，目前的市场估值约为 120 亿美元。作为另外一家国际著名的自主品牌机器人创新企业，纳恩博于 2013 年通过众筹的方式成立，相继推出 WindRunner 系列、Ninebot 九号系列、NinebotOne 系列等电动自平衡车产品，目前已销往全球 50 个国家。2014 年，纳恩博的产品销量已超过美国同行的总和，且大多销往海外。2015 年 4 月 15 日，小米、红杉资本等注资纳恩博 8000 万美元，全资收购国际自平衡车开创者美国 Segway（赛格威），获得赛格威旗下三大产品系列近 10 款产品的所有权，同时获得该公司 400 多项核心专利，以及人才、生产线、全球经销商网络和供应商体系。

"制造强国"战略下新一代智能机器的研发方兴未艾。国际机器人联合会统计，2013 年全球平均每万名工人拥有 62 台工业机器人，中国的机器人密度仅为 30 台，而在工业发达国家，如韩国（437 台/万人）、日本（323 台/万人）、德国（282 台/万人），远超中国。目前，我国装备制造业正处于由传统装备向新一代智能制造装备转型的重要历史时期，随着"制造强国"战略的推进，特别是智能制造的布局与加快发展，新一代具有环境适应能力的智能机器，作为一种柔性灵活的端设备，"机器换人"的可替换工序高达 60%，甚至可实现无人车间的智能制造，其对制造业的经济贡献将是传统机器的数十倍，发展空间极大。

从"互联网+"到"人工智能+"：人工智能技术不断成熟。一方面，"人工智能+"正在重塑传统制造业与现代服务业，"人工智能+"的引入可以为用户提供更加个性化的服务；另一方面，人工智能本身也正在走向成熟。在 20 世纪 50 年代人工智能发展的初期，为模拟人类高级智能行为，提出基于知识驱动的符号推理模型，为人工智能技术打开广阔的应用前景。20 世纪 70～80 年代，决策、诊断、规划与设计等专家系统，在生产、服务与管理等领域得到广泛应用，形成人工智能研究的第一次高潮。但是建造专家系统需要丰富和高质量的专家知识，由于专家知识的稀缺和昂贵，专家系统在规模和应用范围上都很难扩展，推广应用受到很大限制，人工智能研究因此进入低潮。在感知信息处理上，如模式识别，长期徘徊于规则法与概率法之间，进展缓慢。自 2012 年以来，互联网时代涌现出的大数据和高性能 GPU 服务器的快速进步，为人工智能的发展带来了新的转机。大数据中蕴含大量的廉价知识，使构建解决复杂问题的大规模智能系统成为可能。在感知信息的处理上，基于数据驱动的机器学习方法不断完善，特别是深度学习模型的提出，迄今已在大规模真实数据的应用上表现出良好的性能。这些均表明，人工智能有可能为新一代智能机器的发展，提供关键技术支撑。我国人工智能研究始于 1978 年，比美国创建人工智能领域晚了 20 年。这 20 年中，由于人工智能研究进展缓慢，因此我们与国际水平的差距并不大。总体而言，在人工智能研究与应用上,我们基本上与世界各国站在同一起跑线上。

总之,目前中国人工智能的发展进入了一个重要的历史时刻,必须有一个顶层设计来决定其发展方向。人工智能、智能机器、智能制造、(移动)互联网与云服务的深度融合,有可能引发一轮新的技术革命和产业变革。在传统工业机器人领域,通过关键技术与核心关键零部件的重点突破,参与"四大家族"的国际竞争之路或许仍然艰难。但在智能机器领域,我们与发达国家差不多在相同的起跑线上,如果能抓住这个历史机遇,就很有可能实现齐头并进乃至超越引领。

三、对策与建议

1. 加强顶层设计与统筹协调

目前,我国普遍重视人工智能系统的研发,即人工智能技术在各个行业中的推广和应用,如智能制造、智能交通、智能家居以及互联网智能服务等,但对人工智能系统中共性的关键技术以及基础硬件、软件与接口的研发重视不够。建议加强顶层设计与统筹协调,以"类脑计算与类脑计算机"的研究为切入点,一方面探索人工智能系统的工作原理与体系结构,另一方面突破它的核心技术与关键零部件。类脑计算机比传统计算机更适合于解决人工智能问题,它的研制成功为人工智能系统提供共性的基础硬件与软件,将带来像 Intel(芯片)、IBM(整机)和微软(软件)这样的大产业,以避免重蹈核心技术与关键零部件受制于人的历史教训。

2. 加快推进我国人工智能产业发展

选择一批对国家安全、支柱产业具有重大战略意义的典型项目,以产业化示范为龙头牵引,瞄准前沿基础、共性关键、社会公益(民生)和战略高技术属性,"有所为有所不为",发扬我国"集中力量办大事"的传统,全链条布局,以"产学研"结合的方式,发展人工智能产业的示范任务。比如具有国家重大战略需求的智能制造业,如国防与军事工业中的先进战机、先进舰船的装配生产线等;与民生密切相关的现代智能化的服务业,如教育娱乐、医疗康复、居家养老、智能交通等。

3. 强化工业基础

在面向制造业的工业机器人领域，我国存在长期刚性需求，应抓住"机器换人"中对数字智能或环境适应性升级换代的发展机遇，积极培育本土关键零部件、整机与应用工程集成企业，特别是以政策支持"专定特"（专业化、定制、特殊）企业，完善全产业链布局，解决核心零部件瓶颈，如精密减速器、高功率密度一体化液/电驱动控制、精密伺服电机、一体化复合关节、高性价比嵌入式微小型通用控制器、液/电压驱动双腿步行机构、仿生灵巧手/灵巧足、低成本激光雷达等先进传感器，努力实现新一代智能工业机器人产业的"弯道超车"。相对而言，在人工智能与智能服务机器领域，我国与发达国家同处产业发展起步阶段，在研究基础与技术积累等方面差距不大，在市场需求与政府支持等方面还具有一定优势。经过努力，还确实存在由"并跑"到"领跑"的机会窗口。

加强对中小微"专定特"企业的政策支持力度，培育工匠精神，使其长期专精于智能机器核心零部件或功能模块，强化工业基础与能力。

4. 创新驱动，走中国自己的路

建立创新体制机制，组建或利用已有的国家级人工智能与智能机器协同创新中心或国家实验室，以国际化视野，通过人工智能引领技术创新与创业。全链条布局、一体化实施人工智能与智能机器的产业发展、典型目标产品研发。同时，开展脑科学、认知科学、心理学/计算机科学和人工智能等跨学科科学问题的研究。

走个人计算机发展之路，实现标准化、模块化、通用化，集中攻克卡脖子的核心关键零部件或智能模块以及新一代智能机器发展中涉及的重大核心共性关键技术；加强智能机器基础数据与大数据的标准化采集与利用；同时与新一代信息技术，特别是与移动互联网、大数据及云平台进行深度融合。

5. 着力加强交叉学科人才的培养

人工智能与智能机器是典型的多学科、多技术交叉领域，亟须培养和引进大批从事该领域研发，特别是创新、创业的复合型人才。同时，在一流高校或者中国科学院，成立多学科交叉的研究与教育机构以及跨学科的研究团队，努力促成信息科学与脑科学以及其他学科的结合。

（本文选自 2016 年咨询报告）

咨询专家组成员名单

张　钹	中国科学院院士	清华大学
林惠民	中国科学院院士	中国科学院软件研究所
陆汝钤	中国科学院院士	中国科学院数学研究所
邓志东	教　授	清华大学
王飞跃	研究员	中国科学院自动化研究所
王田苗	教　授	北京航空航天大学
朱　军	副教授	清华大学
李建民	副教授	清华大学
胡晓林	副教授	清华大学

农村煤与生物质燃料使用对环境和健康的危害及对策建议

近年来，我国区域大气污染问题受到高度关注，伴随着新版《中华人民共和国环境保护法》于 2015 年 1 月 1 日正式施行，中央和各级地方政府采取了一系列更为严格的治理措施，电力、交通和工业等高耗能行业造成的污染有望逐渐得到控制。相比之下，广大农村家庭使用煤和生物质燃料（薪柴等）所造成的居民点室内外空气污染没有得到应有的重视，对环境和居民身体健康带来极大危害。

一、调查结论

1. 农村家庭仍以煤和生物质燃料为主要能源

家庭煤和生物质燃料的使用比例是实现联合国千禧年目标的参考指标之一。近 20 年来，随着农村居民生活水平的提高，用于烹饪的清洁能源占比有明显提高，但取暖能源仍以煤和生物质燃料为主，这在经济欠发达地区和北方地区尤为明显。2012 年，全国农村家庭煤和生物质燃料用量分别高达 0.93 亿吨和 2.8 亿吨。

2. 农村家庭燃料的使用是大气污染物的重要排放源

等量煤或生物质燃料在家庭炉灶中燃烧释放的污染物比在工业和电厂

锅炉中高数千至数万倍，因此，生活源能耗总量虽然远低于工业和发电，却是许多污染物的重要排放源。我国农村室内煤和生物质燃料燃烧排放的一次$PM_{2.5}$、一氧化碳、黑炭、有机碳和一类致癌物苯并芘分别高达我国人为源排放总量的 20%、17%、36%、47%和 64%。

3. 对区域和居民点大气污染的贡献不可忽视

农村家庭煤和生物质燃料燃烧排放的污染物不仅会造成北方农村居民点室外空气的局地污染，也会对区域大气质量有重要影响。此外，数亿北方人仍大量使用散煤做饭和取暖，由此排放的污染物对城市大气质量有重要影响。

4. 造成严重的室内空气污染

使用煤和生物质燃料的农村家庭室内空气中的 $PM_{2.5}$、二氧化硫、一氧化碳、黑炭和苯并芘等污染物浓度可超标数十至数百倍，远高于使用清洁燃料的家庭。排放到室外的污染物也会对周边民居的室内空气产生严重影响。据初步估计，使用煤和生物质燃料的北方农村居民年均 $PM_{2.5}$ 暴露水平为 170～190 微克/米^3，比北京市 2015 年的室外大气 $PM_{2.5}$ 平均浓度（80.6 微克/米^3）高 1 倍以上。

5. 对人体健康构成严重危害

室内空气污染可导致一系列健康危害，包括呼吸系统疾病、心血管疾病、神经管缺陷和免疫系统功能障碍等。据世界卫生组织的最新估计，每年我国煤和生物质燃烧导致的室内空气污染造成的居民过早死亡人数超过百万，对全死因贡献约为 9%，接近室外空气污染的贡献（11%）。

6. 对气候变化也有重要影响

虽然家庭煤和生物质燃料燃烧对 CO_2 排放贡献相对较小（5.5%），但大量排放的颗粒物和黑炭对气候变化有重要影响。因此，控制家庭煤和生物质燃料燃烧排放的污染物在健康和气候方面具有双重效应。虽然污染物减排和碳减排有相通之处，但不同目的和不同措施的效果大不相同。譬如，燃煤电厂改气减碳效果好，但对污染物的减排效率却不如用清洁能源替代家庭煤和生物质燃料。

二、主要存在问题和相关政策建议

目前存在的主要问题是：人们对农村室内空气污染及其健康危害认识不足；现行法规、标准、监测、监管和研发集中在城市室外空气；没有在扶贫和新农村建设等工作中给予应有关注；基础资料欠缺；相关研发滞后；农民基本不了解这方面的危害等。鉴于农村家庭用煤和生物质燃料对环境、健康和气候变化的重要影响，建议尽快采取以下措施。

1. 提高认识，加强管理，完善法规

改变目前无牵头部门进行总体协调的局面。例如，可由环境保护部牵头，加强农村室内外空气管理。在相关法规修订时增加农村室内空气质量控制条款，建立更有针对性的室内空气标准。

2. 推行相关政策，强化风险沟通

将相关工作纳入扶贫和新农村建设框架，从政策层面鼓励使用电、气、太阳能等清洁型生活能源和清洁炉灶；利用媒体和公众参与等手段，加强农村空气污染危害的宣传，鼓励居民自觉使用清洁能源，严控生产和销售低劣燃煤，推广农村秸秆等生物质燃料的清洁有效利用技术，同时保持室内空气流通，降低健康危害。

3. 加强基础资料收集、开发家庭清洁取暖技术

在人口普查等各类调查中加强家庭能耗的数据采集，系统监测农村室内空气质量，为决策提供更多科学依据；结合技术研发和市场调研，研发可推广的北方农村清洁能源和符合环保标准的燃具取暖系统解决方案，在开展示范研究的基础上逐步推广。

4. 加强相关基础和应用研究

目前需关注的重点有：查清生活源污染物排放的动态特征，分析影响生活能源结构更替和污染物排放的主要因素，阐明对区域空气污染的相对贡献，揭示室内暴露与疾病的定量关系，评估室内空气污染的暴露风险，分析相关控制措施的成本效益等。

（本文选自 2016 年咨询报告）

咨询项目组主要成员名单

项目负责人：

陶　澍　中国科学院院士　　北京大学

专家顾问组成员：

彭平安　中国科学院院士　　中国科学院广州地球化学研究所
傅伯杰　中国科学院院士　　中国科学院生态环境研究中心
陈晓夫　研究员　　　　　　中国农村能源行业协会
刘广青　教　授　　　　　　北京化工大学
段永红　教　授　　　　　　山西农业大学
潘　波　教　授　　　　　　昆明理工大学

工作组成员：

沈国锋　副研究员　　　　　江苏省环境科学研究院
王书肖　教　授　　　　　　清华大学
曹军骥　研究员　　　　　　中国科学院地球环境研究所
阚海东　教　授　　　　　　复旦大学
沈慧中　博士后　　　　　　北京大学
王学军　教　授　　　　　　北京大学
李本纲　教　授　　　　　　北京大学
田贺忠　教　授　　　　　　北京师范大学
陈怡琳　研究生　　　　　　北京大学
钟奇瑞　研究生　　　　　　北京大学

关于尽快设立"国家有效和平利用空间专项"的建议

魏奉思　等

有效和平利用空间是人类经济社会可持续发展的重大战略方向之一，它是空间科学与空间技术紧密结合、不断解决人类生存发展过程中涌现的新需求、有效驱动经济社会发展、展现空间时代人类创新智慧的一个战略高地，其广度和深度已成为建设创新型强国的重要标志。据报道，美国航天产出与投入比为 14∶1，而中国仅为 7∶1，可见我国有效和平利用空间的广度和深度距国际先进水平尚有不小的差距，这严重制约了我国经济社会的发展，致使一大批国家重大新需求面临束手无策的境地。此外，有效和平利用空间的所有空间技术系统和活动都是在一定的空间天气条件下进行的，空间天气科学自然成为服务有效和平利用空间的一门新兴交叉学科和战略科学，直接关系到国家有效和平利用空间的安全性和有效性，甚至决定其成败。

一、有效和平利用空间发展态势分析

（一）有效和平利用空间对人类经济社会可持续发展的支撑性贡献日益重大

自 1957 年人类历史上首颗人造卫星上天开始，有效和平利用空间就受到世界各国的关注。1958 年联合国成立和平利用外层空间委员会，1980 年中国正式加入，现有 67 个成员国。有效和平利用空间领域已形成航天、通信、导航、遥感、气象、抢险救灾、生态环境、资源考察、远程教育、远程医疗和空间天气等诸多科技领域，短短 60 年间造就了航天、通信等支柱性产业，使人类进入信息时代，经济全球化进程不断加快，深刻改变了人类的生产与生活方式，美、英、法、德、日等技术发达国家更是走在了世界前列。但众所周知，这些辉煌成就的取得也使地球不堪重负，人类社会的发展正面临能源紧缺、环境污染等制约经济社会可持续发展的严峻挑战，开拓有效和平利用空间的战略经济新领域，可以为人类经济社会可持续发展开拓一片新天地。据相关报道，空间太阳能发电卫星已攻克关键技术，利用太阳能卫星发电将在不远的将来成为现实；平流层飞艇通信平台历经数十年研发，与地球通信卫星形成互补指日可待；高超音速飞机目前已具有一小时飞遍全球的能力，这种使人从北京到纽约只需半小时的空间"高铁"正向人们走来；等等。可以预见，这些战略经济新领域不仅会带动技术革命和产业革命，为经济社会发展提供巨大的新动能，也将开拓国家安全新理念。我国应把挑战转化为发展机遇，提升有效和平利用空间的整体水平。

（二）有效和平利用空间面临亟待突破的重大科技问题

世界各国对有效和平利用空间面临的亟待突破的科技问题始终给予高度关注，无论是联合国和平利用外层空间委员会、美国国家航空航天局、美国国家科技委员会，还是欧洲太空局、国际空间研究委员会（COSPAR）等都先后制订了各种计划进行攻关，本文仅从空间天气科学的视角列举如下五方面的科技问题。

（1）有效和平利用空间技术系统的安全运行问题。如发射与回收安全、轨道运行安全、通信安全、测控安全、材料安全、器件安全、太阳电池安全、生命系统安全、极区安全和卫星寿命安全等。

（2）有效和平利用空间技术系统的效益最大化问题。如卫星通信中断、卫星导航定位失效、气象卫星姿态失控、卫星遥感分辨率下降、目标跟踪丢失、测控信号失锁、科学卫星偏离预期轨道和轨道衰减而陨落等。

（3）有效和平利用空间支撑经济社会可持续发展问题。如航天产业、信息产业、遥感产业、电力系统、远洋渔业、油气输运、资源勘探、污染治理、抢险救灾和金融贸易等，支撑经济社会可持续发展面临如何自主原创、实现跨越发展的严峻挑战。

（4）有效和平利用空间开拓战略经济新领域问题。如空间太阳能、飞艇通信、空间制造、空间"高铁"、空间生存、空间环保、空间采矿和空间新导航等，以及形成空间战略经济新领域面临安全性、有效性与创新性的难题。

（5）有效和平利用空间科学认知体系构建问题。从发展历史看，20世纪70年代美国"天空实验室"提前坠毁，80年代通信卫星经常被摧毁、卫星发射频遭失败，90年代巨大电力系统烧毁等皆因缺乏科学认知而导致。构建有效和平利用空间的科学认知体系已是人类空间新时代的一种紧迫要求。

上述问题也是制约我国有效和平利用空间实现突破的重大科技问题，是建设创新型科技强国必须面对的问题。

（三）服务有效和平利用空间开启了空间天气科学惠及一切人和事的新时代

随着空间科技水平的不断提升，有效和平利用空间的深度、广度迅速拓展，空间天气科学日益成为服务有效和平利用空间的主要应用科学方向。

（1）有效应对空间天气灾害正日益成为保障经济社会平稳运行的重大课题。1989年3月发生的一次严重的空间灾害性天气事件，使很多近地卫星和同步轨道卫星发生了异常甚至报废，全球无线电通信受到干扰或中断，轮船、飞机导航系统失灵，美国海军的4颗导航卫星停止服务，预警跟踪目标丢失6000多个，宇航员、高空飞机乘客受到遭警戒剂量的粒子辐射，加拿大魁北克巨大电力系统烧毁导致600万居民停电9小时以上，美国新泽西州一座核电站巨型变压器烧毁，等等，震惊全世界！据统计，类似的空间灾害性天气事件近20年已发生20余次，给航天、通信、导航、遥感、气象、电力、资源等领域带来严重影响并造成巨大损失，这使人们知道除了地震、海啸、飓风这些灾害之外，还有空间天气灾害存在。

2009年1月，美国国家科学院在特别报告中警示，假如一个超强太阳风暴吹袭地球，美国的经济损失可达1万~2万亿美元，恢复重建至少需要

4～10年。美国国家航空航天局根据总统令制定的十年战略计划（2006～2016年）中也特别指出"空间天气对人类的危害越来越明显，因此认识并降低空间天气对人类的危害效应迫在眉睫"。美国白宫科技政策办公室于 2010 年也指出"空间天气是一个关系全球经济的重要问题"。

就我国而言，卫星故障约 40% 来自空间天气的影响，与美国国家航空航天局的结论一致。例如，"风云一号"气象卫星、"亚太二号"通信卫星、北斗试验星、尼日利亚星等的失败；卫星姿态控制错误、充放电故障、单粒子事件、电子器件损坏以及各种故障的发生。我国无线电短波通信中断也常有发生，例如，2000 年 6 月北方地区短波通信中断长达 17 个小时。

（2）提升有效和平利用空间战略经济新领域的有效性和安全性面临严峻挑战。空间太阳能发电卫星、平流层飞艇通信、空间"高铁"等新型空间技术系统的轨道、姿态、材料、电子器件、寿命、安全运行、效能发挥等都受到空间天气变化的影响。例如，1989 年 10 月发生的一次空间灾害性天气事件就使美国的 GOES 卫星太阳能电池寿命减少了 7 年，这对空间太阳能发电卫星来说是致命的。因此，空间天气对于开拓有效和平利用空间战略经济新领域的安全性、有效性十分重要。

（3）服务社会生活日益成为空间天气科学备受关注的发展方向。空间天气科学对人类出行、通信、金融、商贸、环境监测、抢险救灾、资源勘探、油气输运、远洋作业、电力安全等社会生活领域的服务力度日益增强。例如，在美国人们可以通过手机获取空间天气预报，决定是否选乘飞越极区的航班，以及选择从事金融活动的时间等。

二、我国有效和平利用空间面临重大挑战

我国有效和平利用空间面临着在自主创新能力上有新突破、效益发挥上新水平、开拓战略经济新领域、提供经济新增量和提升国家安全新水平等巨大挑战，这里仅列举空间天气科学可为其提供基础性和战略性服务的四类共十方面的国家新需求问题。

（一）创新空间技术面临提升前沿技术自主原创能力的挑战

（1）发展新一代低轨导航综合技术——中国在建成高中轨类的北斗卫星导航系统之后，如何发展新一代低轨导航综合技术，占领和引领新兴的低轨导航产业市场？

（2）临近空间开发应用——临近空间面临高超音速飞行、飞艇通信平台等开发应用中的高科技瓶颈问题如何突破？

（3）影响与控制空间天气——如何通过人工影响控制地球磁层、电离层的变化来降低对空间技术系统和活动带来的损失？

（二）服务国家安全面临缺乏海、陆、空、天、网、电安全保障的顶层设计全球视野的挑战

（1）提升卫星应用与保护能力——据报道，美国航天的投入产出比是1∶14，而中国仅为1∶7，未来10年我国卫星数量可望达到200颗以上，然而卫星40%的故障来自空间天气的影响，中国如何保护卫星数千亿元资产的安全，并充分发挥卫星资源的效益？

（2）南海远洋通信保障——国家建设海洋强国、实施近海防御和远海防护结合型战略，如何建设南海与全球远洋通信保障系统正面临维护南海权益和服务国家海洋战略迫切需要的挑战？

（3）服务极区有效和平利用——极区空间天气如何服务航天、航空与航道安全，提升国家极区有效和平利用的战略价值？

（三）改善国计民生面临探索和首创精神缺失的挑战

（1）探索空间技术清除雾霾——如何利用空间技术治理关系民生健康与经济发展的雾霾问题？

（2）保护沿海生态与渔业——空间技术如何服务于我国沿海海洋生态环境治理与发展海洋经济？

（四）加强科学支撑面临建设国家重大基础设施的挑战

（1）数字空间起步——开启数字空间先河，首先从空天一体化数字平台建设开始，需要解决哪些前沿科技问题？

（2）空间天气预报——提升精确、可靠、实时的空间灾害性天气事件的全链路预报水平需要解决哪些天地监测问题？

除此之外，我国空间天气科学服务于国家有效和平利用空间还面临着对其重要性的认识远滞后于美、英等西方技术发达国家的问题。近 20 年来，美国等科技发达国家相继制定国家空间天气战略计划，国际空间研究委员会和国际与太阳同在计划（ILWS）共同制定全球空间天气路线图，联合国、世界气象组织等也相继制定空间天气协调计划等。空间天气科学服务于国家需求既是一种国家行为，也是一种国际行为的科技竞争热点之一。我国对空间天气科学的认识尚处在起步阶段：尚未建立空间天气卫星探测系统来打破西方的制约与对西方的依赖；地基监测也有待"子午工程二期"的早日立项，支持其"领跑"作用的实现；也没有国家层面的空间天气战略计划或国家科技重点专项实施。这都直接影响了国家决策和经济社会的发展，我国应急起直追，否则在全球空间竞争中的损失将难以预料。

三、应对国家有效和平利用空间挑战的建议

建议一：建议在国家重大发展战略层面设立有效和平利用空间方向，特别是在国家发展和改革委员会专门成立有效和平利用空间的相关机构或咨询专家委员会，为开拓战略经济新领域进行顶层战略谋划和组织实施，统筹考虑政治、经济、军事等方面的国家长远需求。将有效和平利用空间作为重大科技领域列入国家科技发展计划。针对我国有效和平利用空间在创新空间技术、服务国家安全、改善国计民生和科技支撑四类所面临的新需求设立以下 10 个专项。

（1）创新空间技术类——以创新低轨导航定位、临近空间探测和人工影响天气等技术为主导。①新一代低轨导航、遥感、通信卫星一体化专项——目标是创新低轨导航技术，开拓卫星导航反射信号的遥感技术应用，集成通信和遥感载荷，实现导航、通信、遥感一体化，引领空间技术产业革命（建议条件成熟可升级为国家重大专项）。②面向 SAIR 区域的激光雷达技术的临近空间专项——目标是对航空、航天环境进行一体化监测，发展主被动光学/无线电遥感新技术，开发临近空间的安全与应用。③人工影响与控制空间

天气专项——目标是发展人工电离层通信和清除辐射带"杀手"电子技术，开发全球对潜通信与导航、空间飞行器安全与防护能力，开启我国人工影响与控制空间天气先河。

（2）服务国家安全类——以服务航天、南海远洋通信和极区活动安全为主旨。①空间天气服务航天领域专项——目标是重点突破卫星环境安全防护和太阳风暴应对技术，实现空间天气与航天业务融合。②海洋无线通信空间天气保障专项——目标是发展全球范围尤其是关键海区电离层的观测和预测能力，全面提升短波、卫星和甚低频等海洋无线通信效能，服务国家海洋战略需要。③极区空间天气服务有效和平利用空间专项——目标是建立国际先进的极区空间天气监测体系，保障极区航天、航空与航海的有效和平利用，为有效和平利用极区的国家战略服务。

（3）改善国计民生类——以改善蓝天和沿海生态、渔业为主旨。①利用空间技术清除雾霾专项（"蓝天计划"）——目标是探索利用人工影响地球天气来解决雾霾问题的空间新技术、新途径，开启探索利用航天技术人工影响与控制地球天气的先河。②基于 GNSS-R 新型遥感技术的海洋生态与灾害监测系统专项——目标是发展新型海洋遥感探测技术，实现对海啸、赤潮、溢油、海冰等灾害的有效监控，建成具有自主知识产权的海洋生态保护与减灾防灾系统。

（4）科技支撑类——服务于有效和平利用空间的各类专项，以提升其安全性、有效性为主旨。①数字空天专项——目标是将 1000 千米以下的中高层大气、电离层和临近空间作为一个耦合的整体系统，建立空天环境的全球数值模式，开展全球空天环境信息的数字化处理与应用开拓。②空间天气预报专项——目标是建立以服务为牵引、预报为核心、监测为基础的具有国际领先水平的空间天气业务体系，增强防御空间与大气灾害的能力，实现空间天气业务系统化、规范化与现代化。

建议二：加速有效和平利用空间人才体系基地建设，以适应我国建设空间强国的战略需要。建议优先组建"和平利用空间国家实验室"，应涵盖诸如低轨卫星导航系统研发、新型遥感成像技术、远洋通信、极区利用、人工影响天气以及空间效应与防护研究等。

建议三：针对近地空间和深远空间的有效和平利用采取不同策略。近地空间应以构建军民两用的低轨导航小卫星系统为龙头，通过一星多用的方式带动技术创新、服务安全和改善民生等诸多领域的发展；深远空间应以空间科学重大突破为导向，带动新一代航天和探测技术发展，提升空间大国影响力。

四、建议实施的预期效益

（一）有效和平利用空间的创新技术将迈进先进国家之列

中国率先站到建设国际新一代低轨小卫星主导的全空间导航通信遥感一体化系统领跑者的轨道上；成为利用空间技术人工清除雾霾的国际先行者；成为在人工影响和控制空间天气方面具有自主创新能力的先进国家。

（二）有效和平利用空间对经济新增量的贡献将大幅度提升

提升我国航天领域安全保障与管理水平，预期 10 年间的经济增量贡献约为 500 亿元；开拓低轨导航、通信与遥感一体化的导航新时代，在国际导航产业界将占有的产值可望年均千亿级；利用空间技术成功消除北京雾霾，预计 10 年间减少的经济损失也将在千亿级范围；此外，如南海短波通信服务、山东半岛区域急性海洋灾害引起的损失降低、数字空天的广泛应用以及极区服务航天、航空与航道安全等诸多领域对经济发展的贡献也将是巨大而难以估量的。

（三）有效和平利用空间的科学认知水平将站在国际科学前沿

初步建立多学科交叉的科学认知体系，重大失误将大为减少；集成建模数值预报为国际最高水平；低轨导航精度、跟踪精度、通信效率、轨道衰变、飞艇稳定性、辐射损伤、航天员健康等瓶颈科技问题将取得重要突破。

（四）有效和平利用空间的综合能力将进入先进国家行列

航天、通信、导航、生态、民生、航空、临近空间、极区、人工影响，甚至金融、商贸、抢险救灾、资源勘探、电力、油气输运、远洋作业等领域的安全性与有效性显著增强，这不仅会大幅提升我国航天、通信导航等产业的投入产出比，而且必将提升我国作为创新型国家的综合实力和影响力。

（本文选自 2016 年咨询报告）

咨询项目组主要成员名单

组长：

魏奉思	中国科学院院士	中国科学院国家空间科学中心

成员：

艾国祥	中国科学院院士	中国科学院国家天文台
李崇银	中国科学院院士	解放军理工大学
欧阳自远	中国科学院院士	中国科学院国家天文台
黄荣辉	中国科学院院士	中国科学院大气物理研究所
郭华东	中国科学院院士	中国科学院遥感与数字地球研究所
万卫星	中国科学院院士	中国科学院地质与地球物理研究所
许国昌	教　授	山东大学
窦贤康	教　授	中国科学技术大学
张绍东	教　授	武汉大学
陈　耀	教　授	山东大学
张效信	研究员	中国气象局
宗秋刚	教　授	北京大学
王世金	研究员	北京天工科仪空间技术有限公司
赵　华	研究员	北京卫星环境工程研究所
余　涛	教　授	中国地质大学（武汉）
胡红桥	研究员	中国极地研究中心

关于前移减灾关口，加强地震
次生灾害风险防范的建议

崔 鹏 等

我国强烈地震活动带绝大部分跨越山区，覆盖京津冀都市经济圈、珠三角巨型城市群、长江经济带以及"一带一路"国内绝大部分区域，58%的陆地国土位于Ⅶ度以上高烈度区，有12个省级行政区驻地和88个地市级行政区驻地位于大型活动断裂带上，约7.3亿人口、25%的水电工程、20%的重要交通干线和30%的大型矿山分布在地震强烈影响区内。20世纪以来，我国死于地震及其次生山地灾害的人数超过68万人。2008年以来我国灾难性地震呈增加趋势，灾害风险明显增大。

地震诱发的滑坡、崩塌、泥石流、堰塞湖和山洪等山地灾害是地震灾害的主要构成部分，具有分布范围广、持续时间长的特点，如日本关西和中国察隅地震后山地灾害活跃期持续30余年。5·12汶川地震统计表明，同震诱发山地灾害造成的人员死亡和直接经济损失分别占总数的1/3和1/4；震后雨季持续暴发重大灾害，如2013年7月5·12汶川地震重灾区大范围群发性山洪泥石流，造成的人员伤亡和财产损失超过同年发生的7.0级芦山地震，灾后重建的大量建筑和基础设施毁于大规模滑坡、泥石流、山洪。地震次生灾害，尤其是大规模灾害链，已成为我国高地震烈度山区重大工程、民生安全和区域发展的主要风险源。

国土资源部门1999～2008年开展了全国2020个山区县（市）1∶10万

地质灾害调查工作，构建了地质灾害信息系统；中国地震局发布了新的《中国地震动参数区划图》(GB 18306—2015)，提高了我国山区地震带的烈度和设防标准，支撑山区工程建设和防震减灾；民政部门建立了高效的救援减灾机制。5·12汶川地震后，科技部、国家自然科学基金委员会部署了一系列重大科技项目，有力地支撑了灾后恢复重建中的减灾工作；地震、国土、气象、水利、交通等部门依据国家相关法律法规开展防灾减灾工作，面对重大救援进行部门协作，体现出制度优势，取得了抗震救灾的伟大胜利。近年来，以无人机、雷达、高分卫星为代表的新技术显著提升了灾情数据获取的时效与精度，极大地支撑了灾害应急救援。

地震中长期预测预报取得了重要进展，但短临预报仍然是世界难题，而预测和预防地震次生灾害是目前减少山区强震损失的有效途径。通过地震带潜在灾害早期识别、风险评估和超前处置，做好震前预判、震时救灾与震后科学有序重建等环节的技术衔接，实现对地震带潜在灾害科学防控是完全可行的。然而，要做到有效防范地震次生灾害，还需要解决如下问题。

一、我国地震带次生灾害减灾存在的主要问题

（1）缺乏地震带潜在山地灾害早期判识、风险分析与预处置的理论与技术支撑，潜在灾害风险不清，难以有效实施主动预防，形成以抢险救灾为主的被动减灾局面。

我国现阶段地震次生山地灾害减灾理论主要针对灾害发生后的救灾和灾害治理，缺乏科学有效的预防性"主动减灾"理论与技术研究。由于震前缺乏潜在次生灾害预判、不同地震危险水平下灾害风险定量评估、高风险灾害防灾对策等技术支撑，震前潜在灾害风险源的分布与危害特征不清，"主动防御"和"处置预案"不足，难以实现主动防灾减灾，往往形成重大灾害发生后不得不集中力量抢险救灾的被动减灾局面。

（2）对震后山地灾害演化规律和风险认识不清，已有的技术难以满足孕灾环境剧变条件下的减灾需求，重建工程反复受灾，损失巨大。

强震产生了大量松散固体物源和震裂斜坡，震后孕灾环境发生剧烈变化，山洪、泥石流、滑坡灾害及其灾害链的临界条件、活动特征与演化规律

较震前发生根本变化。以往的减灾理论与技术不足以支撑震后孕灾环境剧变条件下的灾害防治实践，导致灾害风险确定与减灾工程设计缺乏新的理论依据，使得隐患点排查困难、部分灾后重建工程选址不当、规划与设计不尽合理，反复受灾，造成巨大的经济损失和人员伤亡。例如，都江堰市五里坡潜在滑坡没能排查出来，2013 年 7 月 10 日的暴雨激发滑坡，造成 161 人死亡失踪；绵竹市文家沟泥石流治理后，2010 年 8 月 13 日的特大泥石流冲毁治理工程，淤埋冲毁了震后新建的清平场镇，造成重大损失。

（3）我国针对地震次生灾害防灾减灾的法律法规与制度不衔接，部门联动缺乏机制保障，资源信息共享瓶颈难以打破。

地震次生灾害涉及地震、国土、水利、建设、交通、测绘、气象等多个部门，《中华人民共和国防震减灾法》《中华人民共和国防洪法》《地质灾害防治条例》等相关法律法规缺乏地震次生山地灾害防灾减灾的相关条款，导致城市和村镇以及重大工程规划设计中缺少可操作的地震次生灾害防灾避灾的依据与措施。另外，法规不健全还可能导致部门之间责任不明，条块分割，协作不顺，使得灾害治理工程不能合理衔接，引发衍生灾害。目前，政府相关职能部门均建有数据管理体系，各自管理，独立运行。由于缺乏制度保障，长期以来难以突破部门藩篱，使得灾害信息共享难度较大，严重影响减灾效率，制约科学高效减灾。

（4）按部门分灾种开展的灾害研究有助于深化各灾种的科学认识和减灾技术研发，但难以开展巨灾及其灾害链的综合研究，对国家重大灾害减灾科技支撑不够。

在目前按部门分灾种管理（地震部门负责地震灾害、国土部门负责地质灾害、水利部门负责洪旱灾害、气象部门负责气象灾害、民政部门负责救灾等）的减灾体制下，我国灾害研究基本上也是按部门分灾种布局。这种体制对单个灾种可以进行深入研究，研发有针对性的减灾技术，在国家减灾中发挥了重要作用。然而，大规模自然灾害都会在空间和时间上演化成灾害链或复合灾害（例如，强地震不仅造成直接震害，而且还诱发滑坡、海啸、堰塞湖、泥石流、山洪、火灾等，台风、暴雨、洪涝等灾害是紧密相连的），具有更加复杂的物理过程和成灾机制，需要开展系统综合研究才能深入认识灾害链的形成、运动、演变、成灾机理，从而研发适宜的减灾技术，采取科学、合理的应对措施。但现有的研究体制难以开展巨灾及其灾害链的系统综合研究，使得我们缺乏对重大灾害复杂过程的认识，难以提供科学、系统、有效的解决方案，国家重大灾害减灾的科技支撑能力不够，不能满足国家减灾需求。

二、减灾对策建议

针对地震及其次生灾害减灾中存在的问题，需要构建以科学预测为基础、灾前防御为主体、临灾精准高效救援、灾后科学有序重建的减灾理论与技术体系，从根本上提高我国的减灾水平和减灾能力，实现"科学、高效、精准"减灾，保障我国重大工程和民生安全，在国际上树立科学减灾的典范。为了实现这一目标，我们提出以下三点建议。

（1）针对地震次生灾害减灾防灾需求，修改、完善相关法规，构建跨部门联动与资源信息共享机制。

鉴于我国地震次生灾害防灾减灾工作缺乏适宜的法律与制度保障，建议在修改《中华人民共和国防震减灾法》时，纳入地震次生灾害调查、风险评价、监测预警及防治等内容，明确把次生灾害评估作为土地利用、城市规划与灾后重建的重要依据，切实体现"救灾要急，重建要缓"的原则，为震后灾害风险评估和灾后重建规划设计留出足够时间，确保灾害风险评估的工作深度；在修订《中华人民共和国防洪法》时，增加地震堰塞湖灾害和震后山洪灾害防治的相关内容；修改《地质灾害防治条例》时，将地震次生滑坡、崩塌、泥石流作为地质灾害的特殊类型纳入条例之中，并将地震部门作为重要参与机构纳入地震带地质灾害防治规划、监测预警和应急减灾等环节之中，以保障地震灾害与地震次生灾害减灾工作之间的衔接。通过修改和完善法律法规，明确部门职责，形成法治化、制度化、规范化的地震及其次生灾害防灾减灾体制，实现涉灾部门的制度化衔接与有机协调。

建议国家、省、市（地）政府分级统筹涉灾部门（地震、国土、水利、民政、交通、建设、测绘、气象等）的信息资源，构建综合减灾信息平台（中心），并以法规或条例的形式，保障综合减灾信息平台（中心）与相关部门顺畅连接和数据汇交，形成信息共建共享机制，实现减灾信息的及时共享与高效利用。

（2）建议国家成立减灾科学研究院，开展系统综合的灾害研究，形成国家减灾的战略科技力量，支撑国家重大灾害减灾。

针对我国缺乏系统综合研究灾害的科研机构，重大灾害减灾科技支撑能力不足的局限，建议国家超越分灾种部门管理的机制，成立减灾科学研究院，形成国家减灾的战略科技力量，从灾害形成机理、运动规律、链生过程、成灾机制、风险评估、预测预报、监测预警、应急预案、抢险救灾、工程治理、灾后重建、减灾管理、政策法规等方面开展多灾种特别是巨型灾害链的系统综合研究，加强日常科技积累，在重大灾害发生时参与国家减灾会商，及时提供高质量的灾情信息、减灾咨询和系统解决方案，为国家重大灾害减灾提供可靠的科技支撑。

可考虑依托中国科学院成立减灾科学研究院，这既契合国家战略需求与中国科学院目前的科技改革目标，又可发挥中国科学院专业领域齐全的科技优势，形成从理论研究、技术研发到风险管理进行防灾减灾系统研究的国家科技队伍，超越分灾种管理的部门羁绊，为国家重大减灾提供坚实可靠的科技支撑。

（3）设立"中国地震带潜在灾害预判与风险防范"国家科研专项，开展地震带山地灾害孕灾背景调查，系统研究震前预判预防、震时快速评估与高效救灾、震后科学安全重建的理论与技术体系。

开展从震前预判和防范、震时快速评估与高效救灾到震后科学安全重建的系统研究，聚焦震前预判和预防潜在灾害、震时快速情景模拟与灾情评估、震后科学规划与安全重建三个研究方向的重大科技问题，深化前沿基础研究，突破技术瓶颈，为"科学、高效、精准"减灾提供系统的解决方案，前移减灾关口，把工作重心从抢险救灾和灾后重建的"被动减灾"转为预防重大灾害发生的"主动减灾"上。

地震次生灾害研究涉及多学科交叉与融合，是包含从基础数据获取、基础理论研究、方法与技术研发、试验示范和软件平台建设、减灾产品研发到标准规范完善的系统工程，是创新全价值链的贯通式研究计划。建议科技部设立"中国地震带潜在灾害预判与风险防范"国家科研专项，汇聚国内优势科技力量，开展我国强烈地震活动带潜在灾害孕灾背景调查，构建灾害背景数据库，编制地震及其次生灾害危险性区划图和风险图，做到震前"胸中有数"，为震后"精准高效救灾"提供基础数据支撑；系统研究活动断裂发震趋势预测与危险性评价、地震强地面运动时空分布规律、不同地震动超越概率水平下潜在灾害判识和风险定量预测方法，取得理论突破；研发从震前灾害预测与防范、震时灾情快速评估与应急救灾到震后科学重建与安全保障方面的关键技术；突破灾害数据快速获取与灾害监测重大关键仪器、装备研发的瓶颈，形成减灾技术体系并研发相应产品；编制专门的地震次生灾害防治设计规范，弥补目前技术上的缺失，使得地震带次生灾害防治有规可循。进而，选择高强震风险的华北地震带、鲜水河—安宁河—则木河—小江断裂带，开展地震次生灾害综合防治试验示范，构建强地震区综合减灾示范与科普培训基地。

（本文选自 2016 年咨询报告）

咨询项目组主要成员名单

专家组

陈 颙	中国科学院院士	中国地震局
傅伯杰	中国科学院院士	中国科学院生态环境研究中心
姚振兴	中国科学院院士	中国科学院地质与地球物理研究所
刘昌明	中国科学院院士	中国科学院地理科学与资源研究所
袁道先	中国科学院院士	中国地质科学院岩溶地质研究所
张国伟	中国科学院院士	西北大学
朱日祥	中国科学院院士	中国科学院地质与地球物理研究所
郭华东	中国科学院院士	中国科学院遥感与数字地球研究所
周成虎	中国科学院院士	中国科学院地理科学与资源研究所
张培震	中国科学院院士	中山大学

崔　鹏	中国科学院院士	中国科学院·水利部成都山地灾害与环境研究所
陈晓非	中国科学院院士	中国科学技术大学
夏　军	中国科学院院士	武汉大学
高孟潭	研究员	中国地震局地球物理研究所

工作组

何思明	研究员	中国科学院·水利部成都山地灾害与环境研究所
刘传正	研究员	中国地质环境监测院
程晓陶	研究员	中国水利水电科学研究院
周荣军	研究员	四川省地震局
蒋良文	研究员	中铁第二勘查设计院有限公司
胥　良	研究员	四川省地质环境监测总站
游　勇	研究员	中国科学院·水利部成都山地灾害与环境研究所

关于塑料制品中限制使用有毒有害物质的建议

段 雪 等

一、塑料是重要的基础材料

塑料由于具有优异的理化性能、良好的可成型加工性以及很高的性价比，在国民经济建筑、市政工程、家电制造、电线电缆、农业、医疗卫生等多个领域得到了极其广泛的应用。其中，高性能工程塑料及其复合材料在微电子系统，以及航天、核能系统等尖端国防军工领域发挥着不可替代的作用。

过去的 10 年，我国塑料加工业一直保持两位数的发展速度，2003～2014年，中国塑料制品年产值的增长率达到 20.62%，远高于全国工业平均增长率。2015 年，我国塑料制品的产量达到 7560.7 万吨，产量和消费量稳居世界第一。塑料成为当之无愧的重要基础材料。

二、塑料制品中有毒有害物质的现状及危害

1. 塑料制品中有毒有害物质的来源

在塑料合成和成型加工产业链的不同阶段和环节，一般都需要向塑料原料中添加多种助剂和添加剂，以满足其合成、成型加工及塑料制品使用性能的要求。常用的塑料助剂、添加剂及合成加工过程的副产物涉及 13 大类 2000余种，其中涉及有毒有害的物质逾 100 种，主要包括催化剂、热稳定剂、润滑剂、增塑剂、抗氧剂、引发剂和阻燃剂等（表 1）。

表 1　塑料制品中有毒有害物质的来源及其危害

分类	有毒有害物质	有毒有害物质来源	危害性
塑料合成过程	氯乙烯单体	聚氯乙烯合成	致畸变、致癌，在土壤中不易分解
	苯乙烯单体	聚苯乙烯合成	对眼和上呼吸道黏膜有刺激和麻醉作用，长期接触可致神经衰弱综合征，甚至肺部病变
	丙烯腈	聚丙烯腈、ABS的单体	高毒类，具有累积性，可引起肝脏脂肪营养障碍、甲状腺变化等人体急慢性中毒
	甲醇	聚酯酯交换合成工艺	对人体的神经系统和血液系统影响最大，损害人的呼吸道黏膜和视力，严重的导致呼吸中枢麻痹而死亡
	汞	聚氯乙烯合成催化剂氯化汞	损伤神经系统及肝、肾等器官，是人类可疑致癌物质
	邻苯二甲酸酯类	聚丙烯催化剂	环境激素类物质，非极性，具有累积性。损坏生殖系统、扰乱内分泌、发育毒性、致畸、致癌、难以生物降解
	甲苯	溶剂	刺激眼部和咽部，致头晕、恶心、四肢无力甚至昏迷
	正己烷	溶剂	刺激眼部和上呼吸道，长期接触可致周围神经炎
	正庚烷	溶剂	眩晕、恶心、意识丧失，长期接触可致神经衰弱
	正丁基锂	引发剂	对眼睛、皮肤、呼吸道黏膜有强烈刺激，吸入可导致呼吸道痉挛、肺水肿、神经系统紊乱
塑料加工成型过程	抗氧剂	受阻酚类、亚磷酸三苯酯等	内分泌干扰素，引发儿童性早熟
	热稳定剂	铅、镉、钡、锡、稀土	危害神经系统、造血器官、生殖器官、骨骼等，影响婴幼儿生长和智力发育，损伤肾小管、肺等器官，导致骨质疏松、软化等
	光稳定剂	二苯甲酮类	遗传毒性、生殖毒性、内分泌干扰效应及雌激素活性
	交联剂	二叔丁基过氧化物	损伤皮肤和呼吸道
	阻燃剂	十溴联苯醚、四溴双酚A、三氧化锑、短链氯化石蜡、三氧化二硼、六溴环十二烷、八溴二苯醚、磷酸三（2，3-二氯丙基）酯等	影响神经功能、免疫功能，引发癌症及发育畸形等
	增塑剂	邻苯二甲酸二甲酯、邻苯二甲酸二正辛酯、邻苯二甲酸二乙酯、邻苯二甲酸二丁基酯、邻苯二甲酸二异丁酯、邻苯二甲酸丁苄酯、邻苯二甲酸二异癸酯、邻苯二甲酸二异壬酯	环境激素类物质，非极性，具有累积性。损坏生殖系统、扰乱内分泌、发育毒性、致畸、致癌、难以生物降解
	着色剂	铬酸铅类颜料偶氮类颜料	对生殖有毒害（胚胎致毒），3类致癌物质；易被还原成具有致癌性质的芳香胺中间体
	发泡剂	偶氮二甲酰胺、二偶氮氨基苯、偶氮二异丁腈、N，N′-二甲基-N，N′-二亚硝基对苯二甲酰胺、对甲苯磺酰肼、氯氟烃、氢氯氟烃、二氯甲烷	腐蚀性，肝损伤，长期接触会引起神经衰弱、肝肾损伤、呼吸道刺激征

2. 塑料制品中有毒有害物质的危害所引发的重大社会事件

塑料制品中有毒有害物质对人类健康和环境安全构成威胁,其影响面大、作用持久,尤其是对婴幼儿和年老体弱人员的影响更为显著,近 10 年已引发多起国内外重大社会事件。例如,2007 年的毒玩具事件、2010 年的双酚 A 奶瓶事件、2011 年 5 月的塑化剂风波,以及 2014 年曝光的毒跑道事件等。

三、国内外应对塑料制品中有毒有害物质的法规和标准现状

1. 发达地区相关法规和标准体系

欧盟逐步构建了完善的法规框架和标准体系。自 2003 年以来,欧盟相继发布了 RoHS 指令和 REACH 法规,先后涉及 30 000 多种化学品,如食品接触材料、电子电器设备、儿童玩具、报废电子电器设备、纺织品和相关辅料等,且限制标准日趋严格。一方面显著提高了各类化学品有毒有害物质的监管和限制水平,另一方面也为包括中国在内的非欧盟国家大量商品进入欧盟设立了越来越高的绿色壁垒。

2003 年,欧盟颁布 RoHS 指令,明确限制含有铅、汞、镉、六价铬、多溴二苯醚和多溴联苯等 6 种有害物质的电子电器产品进入欧盟市场。仅该指令实施当年就波及我国工业企业近 3 万家、就业岗位近 700 万个,对我国商品出口造成巨大影响。2007 年颁布的 REACH 法规其影响面更远远大于 RoHS 指令。

2. 我国相关法规和标准体系的现状

我国相关法规和标准主要是追踪欧盟、美国等发达国家和地区。例如,欧盟颁布 RoHS 指令后,信息产业部先后颁布了《电子信息产品中有毒有害物质的限量要求》《电子信息产品污染控制标识要求》等。但总体而言,还不能满足国家在战略层面上的有效监管和限制要求,具体体现在政出多门导致的不系统和不统一,消极应对导致的受制于人,监测手段落后导致的监管乏力,最主要的是缺乏国家层面上对有毒有害物质限制的统领性法规,以及变被动应对为主动限制的顶层设计。

四、我国塑料制品中有毒有害物质替代技术的研发和应用现状

为了解决塑料制品中有毒有害物质对人类健康和环境安全的危害，我国科学家和工程技术人员已开展了相关的基础和应用研究，研发了系列塑料绿色合成和成型加工工艺，开发出了一些无毒或低毒塑料加工助剂和添加剂。但以往的研发内容和目标受到研究者视野的局限，缺乏导向性的战略规划；在国家重大计划中，基础研究和产业应用研究也缺乏统一部署，严重制约了技术成果的推广应用。

五、塑料制品中限制使用有毒有害物质的建议

为了在塑料制品中有效限制使用有毒有害物质，促进塑料产业结构调整及关联产业的绿色化和可持续发展，提出下列三点建议。

1. 做好顶层设计

（1）组织保障：由中国石油和化学工业联合会、中国塑料加工工业协会牵头，联系国家发展和改革委员会、工业和信息化部、科技部、国家自然科学基金委员会和相关行业协会，成立联合工作小组。

（2）制定中长期发展规划和建立应急预警机制：制定替代有毒有害物质的发展规划与路线图，推动并监督相关计划实施；衔接上下游研究和应用链条，将创新成果推向产业化；为应对塑料制品中有毒有害物质引发的社会事件，建立和完善应急预警机制。

2. 推进创新驱动发展

（1）基础研究：在国家自然科学基金中安排重大研究计划项目或重大项目，联合行业成立研究中心，系统研究替代技术中的基础科学问题，开展原创性和导向性科学研究。

（2）技术开发：在科技部重点研发计划中安排相关专项，组织行业重点攻关，重点发展3大类15项重大关键技术，在工业和信息化部、国家发展和改革委员会相关计划中安排替代技术产业化项目，详见表2。

表 2 建议研发的 15 项重大关键技术

分类	序号	关键技术
共性技术	1	有毒有害物质作用机制及其替代技术原理的共性科学问题
	2	塑料原料及制品中微量有毒有害物质的测量表征技术与专用仪器
	3	塑料制品生产过程有毒有害物质的在线监测及智能化控制技术
	4	面向全寿命周期的塑料制品安全性和可追溯性的标准化与信息化技术
	5	无氟超临界 CO_2 发泡制品挤出成型和注塑成型生产装备
合成技术	1	无汞氯乙烯催化剂成套技术
	2	无锑聚酯催化剂技术
	3	烯烃中（低）压聚合绿色催化关键制备技术
	4	无机-有机复合高气密性绿色轮胎技术
	5	三醇酸甘油酯等可生物降解增塑剂的规模化生产及有毒增塑剂的替代技术
加工技术	1	无机高抑烟无卤阻燃剂开发及专用料技术
	2	无毒抗紫外复合材料规模化生产技术与应用技术
	3	塑料复合材料中偶联剂的低毒和无害化替代技术
	4	新型高效无铅热稳定剂开发与规模化生产技术
	5	聚合物基纳米复合材料高效分散混炼装备及无毒母料技术

（3）产业布局：根据塑料制品所用树脂种类和应用范围，统筹上游树脂合成到下游制品成型加工全产业链，建立三大类 10 个塑料加工绿色产业示范基地，对全行业绿色产业链的构建起示范和引领作用，详见表 3。

表 3 建议建设的 10 个塑料加工绿色产业示范基地

分类	序号	示范基地
原料类	1	合成树脂绿色制造示范基地
	2	塑料改性料示范基地
制品类	1	塑料包装材料及制品示范基地
	2	塑料建筑材料及制品示范基地
	3	塑料管材管件制品示范基地
	4	塑料家电材料及制品示范基地
	5	塑料医用材料及制品示范基地
	6	塑料儿童制品示范基地
	7	塑料农用制品示范基地
装备类	1	绿色塑料加工装备示范基地

3. 加强政策保障

（1）检测方法与规范：紧密追踪国际相关法规和标准的发展趋势，针对我国的应对措施,及时制定或修订塑料制品中有毒有害物质的检测方法与规范。

(2)标准化体系:及时制定与国际接轨的相关标准,引导产品升级,突破发达国家绿色技术壁垒;构建完整的标准化体系,全面提升技术水平,逐步实现主动替代。

(3)政策与法规:制定塑料制品中限制使用有毒有害物质名录,构建完善的奖惩制度,鼓励企业采用新技术和开发新产品。

(本文选自2016年咨询报告)

咨询项目组成员名单

项目负责人:

段　雪　中国科学院院士　　北京化工大学

顾问专家:

柴之芳　中国科学院院士　　中国科学院高能物理研究所
陈小明　中国科学院院士　　中山大学
冯守华　中国科学院院士　　吉林大学
高　松　中国科学院院士　　北京大学
何鸣元　中国科学院院士　　石油化工科学研究院
洪茂椿　中国科学院院士　　中国科学院福建物质结构研究所
江桂斌　中国科学院院士　　中国科学院生态环境研究中心
江　明　中国科学院院士　　复旦大学
李亚栋　中国科学院院士　　清华大学
沈家骢　中国科学院院士　　浙江大学、吉林大学
汪尔康　中国科学院院士　　中国科学院长春应用化学研究所
严纯华　中国科学院院士　　北京大学
颜德岳　中国科学院院士　　上海交通大学
杨玉良　中国科学院院士　　复旦大学

张俐娜	中国科学院院士	武汉大学
张 希	中国科学院院士	清华大学
张玉奎	中国科学院院士	中国科学院大连化学物理研究所
赵进才	中国科学院院士	中国科学院化学研究所
周其凤	中国科学院院士	北京大学

咨询专家：

陈冬生	教 授	北京化工大学
陈 荣	处 长	国家自然科学基金委员会
陈庆华	教授级高级工程师	福建师范大学
董建华	处 长	国家自然科学基金委员会
何盛宝	副总经理	中国石油天然气股份有限公司
何天白	研究员	中国科学院宁波工业技术研究院
胡迁林	副秘书长	中国石油和化学工业协会
姜 标	副院长	中国科学院上海高等研究院
马 安	副院长	中国石油天然气股份有限公司
乔金樑	副院长	中国石油化工股份有限公司
孙宏伟	处 长	国家自然科学基金委员会
田 岩	副秘书长	中国塑料加工工业协会
王 琪	教 授	四川大学
谢在库	主 任	中国石油化工股份有限公司
杨俊林	研究员	国家自然科学基金委员会
张红星	教 授	吉林大学
张新民	副所长	中国科技信息研究所
庄乾坤	教 授	国家自然科学基金委员会

关于我国科学教育标准存在的问题及建议

周其凤 等

科学教育是以培养和提高科学素养为基本目的的教育，是影响国家科技竞争力和创新型人才培养的重要因素。近年来，全球科学教育面临青少年对科技兴趣的下降、有关科学课程的国际测评结果不佳、科技领域劳动力不足等挑战和危机，因此，主要国家和地区日益重视科学教育，纷纷制定和调整战略规划和计划，促进科学教育的发展和变革。《欧洲科学教育：国家政策、研究与实践》显示近 20 个欧盟国家制定了促进本国科学教育发展的战略和计划，有的还制定了科学教育标准框架。美国国家科学与技术委员会 2013 年发布的《联邦科学、技术、工程和数学（STEM）教育五年战略规划》，提出了培养 STEM 优秀教师、提高中学 STEM 课程的比例、增加 STEM 学位大学毕业生的数量、支持弱势群体学习 STEM 和培养未来的 STEM 劳动力等目标。德国《高技术战略 2020》指出要吸引更多年轻人学习数学、信息技术、自然科学与技术（MINT）学科的课程。英国高等教育部发布的《国家高等教育科学技术工程数学计划》，强调提升学生在 STEM 方面的技能，为雇主提供能满足其需求的技能劳动力，以保持其在全球的竞争力并在研发方面成为世界的领导者。各国科学院或重要国际组织普遍将科学教育作为持续研究的重要领域，在促进科学教育的发展中发挥着重要作用。美国国家科学院长期关注并牵头组织专家制定本国基础教育阶段的《国家科学教育标准》框架和相关标准。英国皇家学会在《科学与数学教育愿景 2030》中提出英国在未来 15～20 年开展高质量科学与数学教育的愿景和建议。

21 世纪以来，我国不断深化教育改革，全面推进素质教育的同时重视教育的公平性，使教育水平显著提高。我国科学教育经历 21 世纪初的第八次基础教育课程改革后，逐渐建立了与国际科学教育接轨的正规科学教育课程标准体系。当前我国经济快速发展但地区间发展不平衡，科学技术水平显著提高但与发达国家差距依然较大，教育事业快速发展但经费长期短缺，高层次人才和专业人才缺乏。为应对科学教育面临的重大挑战，满足国家的战略需求和充分考虑本国国情，我国的科学教育亟待通过转变教育理念、改革制度缺陷、创新教育方式等实现质的突破，然而这一切并不能一蹴而就。科学教育标准是科学教育理念在教育实践中的具体体现，国家层面的科学教育标准对一个国家科学教育的发展具有引领作用，聚焦我国国情中科学教育标准存在的问题，进而提出具有针对性的建议，正是本文关注科学教育改革的切入点和研究的主要内容。

一、国外科学教育标准及其调整与变革思想

制定或变革科学教育标准是各国推动科学教育改革的重要行动之一。美国、英国、德国、法国和日本五国近年来都不同程度地调整和变革科学教育标准（或科学课程标准），突出反映在科学教育的目标、内容、学科整合、学科交叉、学习进阶过程等方面上，并表现出下述主要变化趋势。

1. 注重国家科学教育标准的顶层设计，引领和指导科学教育标准的制定

注重国家科学教育标准的顶层设计，构建国家科学教育标准框架，引领和指导科学教育标准的制定。科学教育标准框架顶层设计的理念代表本国科学教育的发展方向，美国近年来面对科学教育的危机，对 1996 年首次推出的《科学教育标准》的实践进行反思和改革，系统设计了《K-12 年级科学教育框架》（2012 年）。作为制定美国新的科学教育标准的纲领性指南，《K-12 年级科学教育框架》提出"学科核心概念"、"跨学科概念"和"科学与工程实践"三大维度，期望学生通过从幼儿园到高中的进阶学习，运用

跨学科概念加深对各学科领域核心概念的理解，并积极参加科学与工程实践。德国2001年系统设立了由"学科知识内容"、"能力方面"和"能力等级"构成的三维能力模型，将其作为国家科学教育标准的框架，以此为基础确定了科学教育的目标、能力模型和评价体系，并指导制定了多个科目的国家科学教育标准。

2. 注重科学课程的整合设计

各国科学教育标准的变革呈现出"整合"设计的特征。美国《下一代科学教育标准》（2013年）一方面基于学习进阶理念设计从幼儿园到高中各阶段学生的期望表现水平，整合学生的学习过程，另一方面通过学科核心概念体系的构建、跨学科概念的渗透以及科学与工程实践的结合，整合学生对科学本质及相关环境、社会问题的理解。法国中学科学教育标准将数学、物理、化学、生命科学与地球科学这五个领域课程与"科技课程"整合设计，这五个学科除了各自设有核心课程外，必须遵循通用的六大主题内容。

3. 围绕学科核心概念组织科学教育内容

学科核心概念是各国在组织科学教育课程内容的共同核心，它不仅注重从幼儿园到高中各年级在科学与工程实践的课程内容、教学内容和评测内容的联系，也注重与其他标准的相互联系。学科核心概念的确立，旨在使学生正确理解核心思想的价值和意义，掌握有效的科学和工程领域的核心知识和技能，并能运用证据解释相关现象。美国、德国和日本的科学教育标准均明确提出了学科核心概念的理念，注重学科核心概念的遴选和调整，关注科学技术和工程领域的发展变化。

4. 强调科学探究及科学与工程实践的结合

各国科学教育普遍重视科学探究，也比以往更加重视科学与工程实践，如美国《下一代科学教育标准》提出的"科学与工程实践"维度强调了科学家在调查、建模和形成理论过程中的实践以及工程师在设计和构建系统时的重要工程实践的结合，强调了学生亲身参与科学探究的教学方法和参加科学与工程实践的重要性。英国在国家科学教育课程标准中，将科学探究作为学生学习计划的核心内容之一。德国科学教育的三维能力模型中，科学探究和实践是学生应具备的重要能力。

二、我国科学教育发展中的基本国情

当前我国科学教育发展中的基本国情涉及多个方面，与科技和教育相关的基本国情主要体现在下述方面。

1. 科技创新能力显著提高，但与发达国家相比还有差距

党的十八大把创新放在国家发展全局的核心位置，围绕实施创新驱动发展战略、加快推进以科技创新为核心的全面创新，提出了一系列新思想、新论断、新要求，也加大了对科技投入的力度。我国的创新能力与发达国家相比仍有差距。根据世界知识产权组织发布的《2016 年全球创新指数报告》，中国创新指数居世界第 25 位，相比 2015 年中国的排名提升了 4 个位次。在世界经济论坛的《全球竞争力报告（2015-2016）》中，中国的竞争力排名世界第 28 位。

2. 教育事业快速发展，但教育经费长期短缺，高层次人才和专业技术人才严重不足

我国在高质量、高水平地推进普及九年义务教育工作的基础上，设定了在 2020 年前后将基本实现普及高中阶段的目标，预期在 2040 年前后高等教育毛入学率达到 60%左右。我国是世界上教育经费投入较少的国家之一，2015 年全国财政性教育经费占 GDP 的比例为 4.15%。我国研究生教育对经济发展所需高层次人才贡献度不足，2012 年我国就业人群中研究生学历获得者所占比例仅为 0.48%，远落后于美国、加拿大、澳大利亚和日本等国家。

3. 深化教育综合改革，全面推进素质教育，大力促进教育公平

党的十八大报告指出："全面实施素质教育，深化教育领域综合改革，着力提高教育质量，培养学生社会责任感、创新精神、实践能力。"近年来，我国多方位的进展反映了教育的改革和创新，如以上海和浙江为试点的高考制度改革、以北京为代表的基础教育政策突围解决"小升初"择校乱象、现

代职业教育体系的规划管理、地方政府教育制度创新、贫困地区办学条件和儿童营养状况的改善以及互联网时代的教育创新等。

三、我国科学教育标准的现状

1.21 世纪我国国家科学课程标准体系的建立

21 世纪初，我国启动了第八次基础教育课程改革，开展课程标准的研制，科学课程的形式和内容发生了很大变化，逐渐形成与国际科学教育接轨的国家科学课程标准体系，促进了国家科学教育发展和改革的步伐。我国的科学课程标准是指导正规科学教育的基本依据和质量标准，教育部于 2001 年和 2003 年分别颁布了义务教育阶段（小学和初中）和高中阶段的科学课程标准实验版，形成了科学课程计划：小学阶段高年级（3～6 年级）开设综合科学课，初中阶段（7～9 年级）设立分科科学课（物理、化学、生物和地理）或综合科学课，其中综合科学课只在浙江等个别省（自治区）进行实验；高中阶段开设物理、化学、生物和地理分科课程，开设技术类课程，每门课程设立必修课及选修课。

实验版小学、初中和高中阶段的科学课程标准均以培养学生科学素养为总体目标，基本上从"知识与技能""过程与方法""情感态度与价值观"三个维度确立课程目标，以分领域、分主题的形式呈现课程内容，如小学阶段（3～6 年级）的综合科学课程标准确立了"科学知识与技能""科学过程与方法""科学情感态度与价值观"三维课程目标，"科学探究""情感态度价值观""生命世界""物质世界""地球与宇宙"五个领域内容标准。此外，还提出了实施建议，包括学习、评价、课程资源的开发与利用、教材编写、教师队伍建设、科学教学设备和教室配置等方面的建议。

2. 我国科学课程标准的修订与内容变化

教育部建立了课程标准的"试行—推广—调查—修订"机制。实验版的科学课程标准以国家实验区为起点逐渐在全国铺开，中小学校根据学生年龄特点和认知规律，积极探索以探究作为科学课学习的主要方式，经过 10 年的实践，极大地推进了国家科学教育发展和改革的步伐。

教育部于 2011 年颁布了初中阶段（7～9 年级）的综合和分科科学课程标准修订版，其中综合科学课程标准与实验版相比基本框架保持一致，修订版尤其强调了对科学本质和科学探究的细致表达，注重重要的科学概念和学科共同的概念，适当调整部分知识内容并注意难易程度，调整课程内容表述，以便于学生理解和实际操作。

在"立德树人"的教育思想指引下，小学科学课程标准修订工作已于 2016 年进入意见征询阶段，与实验版相比课程的设置由 3～6 年级变为 1～6 年级，强调了激发 1～2 年级低学龄儿童的科学兴趣，增加"科学、技术、社会与环境"作为课程分目标，课程目标和内容以分段形式（1～2 年级、3～4 年级、5～6 年级）呈现，体现学习进阶的思想，课程内容围绕 4 个领域（物质科学、生命科学、地球与宇宙科学、技术与工程）的 18 个主要概念组织，融入工程学教育内容。

2014 年底启动了高中科学课程标准的修订，修订组在研究的基础上提出了"核心素养"理念，并基于此制定了学业质量标准，将二者落实到高中课程中。

四、我国科学教育标准存在的问题

我国在基础教育课程改革中逐渐建立了与国际科学教育接轨的国家科学课程标准体系，但与国际上一些国家制定的科学教育标准相比，我国的科学教育课程标准按小学、初中和高中分别制定，缺乏全时段统一的科学教育标准顶层设计，由此产生了诸多问题。

1. 我国科学教育标准缺乏系统的顶层设计

我国当前科学教育仅有科学课程标准而缺乏统领科学教育各学段全局的科学教育标准的顶层设计。我国现有的科学课程标准仅是课程的质量标准，缺乏相应的支持系统和配套政策，而科学课程标准与评价考试制度（特别是高考）、人才选拔制度（特别是高校招生制度）、科学教师培养培训制度、教学资源配置政策等之间的协调性有待提高，尤其是"科学课程标准-考试评价-高校招生"之间的配合不佳，考试制度的风向标作用影响了科学探究和科学精神培养的真正落实；我国的科学教育标准缺乏将小学、初中和高中进行全时段的系统衔接，缺乏指导科学课程标准的研制、课程研发、教学和学业评价、科学教育管理、科学教师培养和培训以及非正规的科学教育活动等的顶层设计。

2. 科学家和工程师在科学课程标准制定和修订中的参与度相对不高

科学家和工程师在科学课程标准的制定过程中参与不够，师范类院校从事学科教育或学科研究的学者以及一线教研、教学人员在科学课程标准制定专家工作组中占有较大比重，而从事科研工作和工程实践的科学家和工程师的比例相对较低；科技界、工程界和教育界合作推动科学教育发展的组织协调机制尚存在沟通不畅和效率不高的问题。

3. 对科学素养内涵的理解存在差异，科学教育标准的目标和宗旨不甚明确

公民具备基本科学素质一般指了解必要的科学技术知识，掌握基本的科学方法，树立科学思想，崇尚科学精神，并具有应用它们处理实际问题、参与公共事务的能力。我国的科学课程标准以培养学生科学素养为宗旨和目标，但科学素养在具体解读过程中存在认识上的差异性，"科学素质"与"科学素养"的概念并存，中小学阶段的科学素养基准不甚明确。在实践中，科学课程标准的实施仍偏重于科学知识、方法和技能，科学探究方法程序化，缺乏对科学原理、科学思维方式和科学精神的重视。

4. 科学课程标准存在各学段衔接不畅和学科分割化问题

我国小学、初中和高中各学段的科学课程标准制定和修订缺乏整体性，呈现方式存在不一致性；综合科学课程体系尚不够完善，与分科科学课程的衔接不畅，阻碍了其有效实施；缺乏跨学科概念，存在各学科的分割化和学科本位思想；高中阶段仅有分科模块化教学一种形式，学习方式过度统一，难以与大学专业学习有效衔接。

5. 科学教育的专业研究机构数量不足和研究团队地位不高，继而难以有效支撑科学课程标准的研制

我国科学教育的学科发展基础薄弱且发展曲折，目前从事科学教育研究的有关团队总体情况不容乐观。相关研究人员主要集中在师范类院校，他们

在教育学领域的地位有待提升；科学教育对口专业的设置不足，在高考招生中有削减现象，从而影响科学教育专业人才的培养；科学教育研究缺乏专门的经费支持，相关学术团体、刊物、学术会议均严重不足，科学教育研究缺乏系统性和长期的研究与实践，很多基础性工作需要依赖国外的研究成果，继而对我国科学课程标准研制有效支撑不足。

6. 科学课程在中小学课程体系中重视不够，实施科学教育课程标准的师资和办学条件严重不足

科学课程在我国未受到足够重视，甚至在基础教育阶段被认为是"副科"；科学课程教师队伍基础薄弱，尤其缺乏小学综合科学课程的专职教师；科学课程教师接受继续教育培训和交流的机会相对较少；我国高校科学教育本科专业培养的学生难以满足中小学综合科学课程教学的需要。我国设有科学教育本科专业的高校的学生多接受单一科目的理科教育培养模式，教学以书本知识为主，少有实践操作训练，相关技能不足，这种模式培养的学生难以满足中小学综合科学课程教学的需要；科学课程师资和基础设施存在区域不平衡问题，科学课程的基础设施有待改善。实验室及仪器配备各地参差不齐，整体缺口较大，农村和偏远地区科学课程师资和基础设施不足的问题尤为突出。

五、相关建议

综合上述对主要国家科学教育标准（科学课程标准）的调整或变革理念的分析，对我国科学教育发展中的国情、科学教育标准的现状及存在的主要问题的研究，我们提出几点建议。

1. 将发展科学教育上升到国家战略高度，进一步推动科学教育的相关立法

将发展科学教育上升到国家战略高度，将科学教育纳入下一轮《国家中长期教育改革和发展规划纲要》《国家中长期科学和技术发展规划纲要》《国民经济和社会发展规划纲要》《教育发展规划》等全国性的科技和教育战略规划中，或制定专门的科学教育战略，确立科学教育和科学课程的重要地位，

进一步促进科学教育的有效发展。在下一轮《中华人民共和国教育法》《中华人民共和国义务教育法》《中华人民共和国教师法》等相关法律修订时，考虑科学教育问题，将科学教育纳入核心课程，明确规定所有公立学校必须开设的核心科学教育课程，要求所有适龄儿童和学生都必须接受科学教育，使科学教育的推动走上法治化和正规化道路。

2. 在研究和广泛讨论的基础上做好科学教育标准的顶层设计

建议由国家教育体制改革领导小组牵头，系统设计"中国科学教育标准框架"，作为统领国家科学教育标准制定的顶层设计框架。该框架应明确阐述我国科学教育的内涵、理念、愿景和目标，科学教育标准的多个维度，如科学知识、学科核心概念，跨学科概念，科学技能和工程实践、科学思想和科学文化等，统筹规划科学教育标准的支持系统、操作系统、评价系统和资源配置系统等。同时，该框架设立科学教育目标时还要兼顾普适教育和英才教育，在考虑大部分学生各学段能达到的能力的同时，也为具有突出特长的学生提供更多的学习内容，为培养未来的科学家和工程师打下良好基础。

3. 进一步完善科学教育标准制定的管理体制和运行机制

在顶层设计的"中国科学教育标准框架"下，由国家教育体制改革领导小组协调教育部、科技部、国家自然科学基金委员会、中国科学院、中国工程院、中国科学技术协会等单位在科学教育标准制定和修订中的职能和作用，吸纳科学教育研究者、科学家、工程师、科学教师、教育管理者等多元化主体参与科学教育标准的制定、修订和评估，进一步提升学术性和专业性；完善科学教育的监测评估体系，定期进行全国范围内学生科学素养调查、科学教育教师情况调查和科学教育基础设施情况调查等；积极参与国际科学教育测评，监测我国科学教育在国际上的相对水平及其与发达国家的差距，为我国科学教育标准（科学教育课程标准）的下一轮修订提供数据支撑和决策依据；确保科学教育标准制定、相关咨询及研究的资金、人员和环境等支持。

4. 以"中国科学教育标准框架"引领和指导高考方案的改革，提升科学教育质量与学生的科学探究及科技和工程实践能力

高考对中国教育内容和方式的影响是决定性的，只有高考方案做出相应改革，科学教育标准的顶层设计和理念才能在实践中落地。建议科学科目考

试命题要以"中国科学教育标准框架"下的新课标为依据，体现科学教育学科考核的内容；调整科学课程考试科目在高考总分中所占比重；调整考试内容，增加检测应用性和能力性题目的比重，重视考查考生分析问题和解决实际问题的能力，实现从考查书本知识向综合评测考生解决科学与工程实际问题的能力与素质的转变。

5. 科学教育标准应重点关注学科核心概念和跨学科概念，并使之前后连贯、由浅入深地贯穿从幼儿园到高中各年级

科学教育必须从幼儿抓起，建立从幼儿园到高中的连贯一致的科学教育标准对保证科学教育的质量非常重要。科学教育标准应突出学科核心概念和跨学科概念，需遴选科学与工程领域的学科核心概念和跨学科概念作为科学教育课程内容的主体，要考虑到同一学科核心概念和跨学科概念在各年级和各学段由浅入深的发展过程，结合儿童心理发展特征和学习进阶设立学习目标，施以针对性的教学方法，使学生持续加深对核心概念和跨学科概念的理解，并在实践中加以应用。

6. 加大对科学教育研究、教师培训和教学配套设施等的投入力度，确保科学教育标准的落实

增加科学教育研究的投入，在国家自然科学基金中设立科学教育研究基金，加强课题研究的经费支持，特别是针对科学教育理念、教育方法和标准制定的理论与实践研究；加大对科学教育学术团体举办相关学术活动的支持力度，特别是周期性的国际会议，为科学教育先进理念的交流提供平台，扩大我国科学教育的影响力；增设科学教育专业刊物，提高相关刊物的质量，为科学教育的研究与传播奠定基础，为承担科学教育的教师提供分享研究成果的天地；进一步重视高等和中等院校科学教育教师人才的培养，调整和优化培养制度，提高教师指导实践的能力，培养能够满足科学教育综合科学课程教学的专职教师；保证高等院校科学教育专业研究生的招生，扩大专业研究人才队伍，增强其研究能力；加大对现有专职和兼职科学教师的培训投入，提高"国培计划"中科学课程培训的比例，开展其他形式的继续教育或教学交流活动；改善科学教师的工作认定和评价考核方式，为其职业生涯提供更好的发展空间；有序扩大中小学科学实验室等建设，尤其是农村偏远地区学

校的基本配备，缩小地区间的差距，为科学探究和工程实践活动提供良好的基础设施支持。

（本文选自 2016 年咨询报告）

咨询项目组成员及参加咨询研讨专家名单

周其凤	中国科学院院士	北京大学
何积丰	中国科学院院士	华东师范大学
石耀霖	中国科学院院士	中国科学院大学
陈建生	中国科学院院士	中国科学院国家天文台
陈凯先	中国科学院院士	中国科学院上海生命科学研究院
郭光灿	中国科学院院士	中国科学技术大学
侯凡凡	中国科学院院士	南方医科大学南方医院
康 乐	中国科学院院士	中国科学院动物研究所
李 灿	中国科学院院士	中国科学院大连化学物理研究所
刘嘉麒	中国科学院院士	中国科学院地质与地球物理研究所
南策文	中国科学院院士	清华大学
戎嘉余	中国科学院院士	中国科学院南京地质古生物研究所
吴一戎	中国科学院院士	中国科学院电子学研究所
叶培建	中国科学院院士	中国空间技术研究院
朱邦芬	中国科学院院士	清华大学
朱 荻	中国科学院院士	南京航空航天大学
张 杰	中国科学院院士	上海交通大学
张启发	中国科学院院士	中国农业大学
王 夔	中国科学院院士	北京大学
杨玉良	中国科学院院士	复旦大学
李培根	中国工程院院士	华中科技大学
郑兰荪	中国科学院院士	厦门大学
龚 克	教 授	南开大学

任定成	教　授	中国科学院大学
刘　兵	教　授	清华大学
谭宗颖	研究员	中国科学院文献情报中心
李真真	研究员	中国科学院科技战略咨询研究院
王　素	研究员	中国教育科学研究院
郝志军	研究员	中国教育科学研究院
刘洁民	教　授	北京师范大学
邢红军	教　授	首都师范大学
申继亮	副司长	教育部基础教育二司
付宜红	处　长	教育部基础教育课程教材发展中心
朱相丽	副研究员	中国科学院文献情报中心
陶斯宇	助理研究员	中国科学院文献情报中心
刘小玲	助理研究员	中国科学院文献情报中心
王　婷	助理研究员	中国科学院科技战略咨询研究院

落实"互联网+"国家战略，
加速我国科技创新发展

党的十八大报告提出了"创新驱动发展战略"，以科技创新为核心的全面创新正成为我国未来发展的主线。"互联网+"作为国家战略，正推动互联网思维和平台与经济社会各领域的深度融合，以期推动技术进步、效率提升和组织变革，提升实体经济创新力和生产力，促进产业转型与升级，形成更广泛的以互联网为基础设施和创新要素的经济社会发展新形态。

信息技术与信息化深刻地改变了人类社会的方方面面。迄今为止，信息化已经历了以单机应用为特征的数字化阶段（信息化 1.0）和以联网应用为特征的网络化阶段（信息化 2.0），正在进入信息化 3.0 阶段，即以数据的深度挖掘与融合应用为特征的智慧化阶段。信息技术已不仅仅限于作为各个行业的催化剂和倍增器，正在成为很多行业的颠覆者，以互联网及其延伸为代表的新一代信息技术甚至将重构人类社会。"互联网+"一方面体现了互联网技术、模式和思想与传统行业/产业的跨界深度融合；另一方面也蕴含了互联网的延伸和升级、信息基础设施的完善和数据资源的积累。就这个意义而言，"互联网+"将是我国信息化 3.0 的基础设施、思维模式和实施指南。

科学研究和技术开发也深受互联网的影响。互联网为科技发展提供了新的思维、模式、平台和方法，促进了科技领域的发展和变革。在"互联网+"时代，科技发展呈现了若干影响深远的新趋势。2015 年底，由中国科学院学部主办的"'互联网+'时代的科技发展"科学与技术前沿论坛在北京召开。此次论坛的主要目的是研讨如何顺应科技发展呈现的新趋势，在科技发展这个重要领域落实"互联网+"国家战略，更好更快地推动我国科技事业的创新发展，实现我国在科技领域的"弯道超车"。论坛汇聚了两院院士 9 人、各学科领域专家 100 余人，通过专题报告和圆桌讨论等形式，进行了热烈而充分的研讨。基于此次论坛的研讨成果和相关分析研究，论坛主席于渌等 4 位院士给出如下分析和建议。

一、"互联网+"时代科技发展呈现新趋势

1. 互联网已成为科技创新的重要平台与工具

互联网已成为全球范围内科技创新的协同平台，通过互联网实现科学设备的共享、科学数据的汇聚和科技人员的协作，完成跨地域、多学科、大规模的科学发现和技术开发，已成为当前科技创新的重要形式。例如，通过互联网，实现了不同国家、不同地区天文望远镜的共享与协作，完成了众多天文学领域的重大新发现。同时，互联网亦成为科技资源（包括科技文献、科研数据、开源软件等）最重要的汇聚地。基于互联网的科技资源查询和获取，现在比以往任何时候都要方便和容易。此外，基于互联网的众包模式也在科研领域得到成功应用，正成为引领科学研究的一股新风潮。例如，在生命科学领域，通过基于游戏的众包途径，成功求解了关于 RNA 分子折叠的计算密集型问题。

2. 数据密集型科学研究重要性日益凸显

实验观察、理论分析和模拟计算是科学研究的三大范式。在大数据时代，科学研究的第四范式——"数据驱动"应运而生，基于大数据触摸、理解、逼近复杂系统，成为认识、观察、进而干预复杂系统的重要手段之一。从观察、统计、分析、仿真、模拟、感知等各环节产生的科学大数据已成为科学研究的重要基础。大数据的集成、共享和分析，正在引领科学研究向深度发展，并催生原始性创新成果。例如，2011 年美国发布《材料基因组计划》白皮书，"材料基因组计划"提出基于材料基因大数据，材料的研究和开发方

式从完全"经验型"向理论"预测型"转变,实现材料"按需设计"。

3. 基于互联网的科技信息服务加速科技成果转移和产业化

科技成果与市场需求脱节、科技成果转移和产业化不畅一直是科技发展面临的两大难题。基于互联网的科技信息服务蓬勃发展,进一步拓宽了科技成果与市场需求对接的渠道,缩短了成果转化的周期,加速了产学研用的一体化。

二、我国应对科技发展新趋势的不足及问题

1. 基于互联网的科研信息化程度还不高

科学技术研究的信息化,就是利用信息技术(特别是互联网技术),对科学技术研究的全过程,进行全面的改造,促进组织结构和形式的变革,从而实现人类认识世界和改造世界全过程的数字化、网络化和智能化。开展基于互联网协同的科学研究,将大幅提高科学发现和技术开发的效率。

发达国家为了促进科学技术研究信息化,促进科技创新,保持科技竞争能力,均在国家层面制定了科学技术研究信息化的发展战略,并投入巨资加强科学技术研究信息化基础设施建设。2011年,美国发布了《面向21世纪科学与工程的数字化基础设施》,旨在进一步加强信息化基础设施的融合,为科技界提供可广泛应用、可持续发展、稳定且可扩展的信息化基础设施。而在我国,关于深化科研信息化的国家战略仍然缺失,科研信息化缺乏顶层设计,科研基础设施和环境缺少长效的运行机制。虽然科研过程大部分实现了数字化,但是网络化及基于网络的科研协同还很不充分,制约了我国科技的发展。

2. 科研数据碎片化和孤岛问题严重

数据是未来科学研究和技术开发的基础性资源。2012年,美国奥巴马政府就提出了"大数据研究与开发倡议",首批共有6个联邦部门宣布投资2亿多美元,用于开发收集、存储、管理数字化数据的工具和技术。

而在我国,科研数据碎片化和孤岛问题仍然突出。自"十一五"规划以来,我国以项目的形式,先后在资源环境、农业、人口健康等领域,资助建

设了多个数据共享平台,包括地球系统科学数据共享平台、林业科学数据平台、人口与健康科学数据共享平台、农业科学数据共享中心、地震科学数据共享中心、气象科学数据共享中心等。但仍存在数据资源分散、数据共享途径缺乏、数据资源公开查询接口少、稳定的数据发布途径少、数据发布及维护的激励机制缺失、数据更新不及时等问题。

究其根本原因,是长期以来,国家始终没有下决心长期稳定地建设统一的科研数据平台,国家日益把在科研工作中推动"集中力量干大事"的杠杆,放在大项目组织上,而对以"数据-信息-知识-工程"为核心、以互联网为纽带的颠覆型创新机制关注不够。由此导致短期内是一批由国家资助的科研项目所产生的大数据(如基因组数据等),"主动"地外流至发达国家,在国内却难以系统、有效地共享开发,影响了我国科技竞争力的提升;长期来说,则是为国家的数据安全带来隐患,有可能丧失下一轮科技竞争的先机。

3. 面向科学大数据分析的共性技术缺失

在不同学科及领域,科学大数据分析的使用频率都将变得越来越高。以天文、地理、生物等学科为代表,数据规模已经达到 PB、EB 级甚至更大。科学大数据在采集、存储、查询、分析、可视化等阶段对科研人员都提出了巨大的挑战,非计算机专业背景的科研人员缺少机器学习、数据挖掘等专业知识和技术,使用的技术和工具也大都来自国外。如何凝练不同学科科学数据处理和分析的共性和个性需求,提供相应的共性方法和技术,是一项艰巨的挑战。

三、落实"互联网+"战略,加速我国科技创新发展的若干建议

建议在落实"互联网+"国家战略的总体框架下,制定国家"互联网+科技"创新发展战略,以在战略层面宏观规划"互联网+"时代我国的科技发展布局,加速我国科技的创新发展。具体涉及如下方面。

1. 搭建基于互联网的协同创新平台,全面提升科研信息化程度

深化科技体制改革,大力推进以企业为主体的技术创新和产学研协同创

新平台的建设，促进全球性、跨学科大规模的科研合作与交流。通过降低技术交流的门槛，促进学科间的合作、融合与交流，推动新学科的诞生。加强国家科研信息化体系整体规划和顶层设计，连接国家重大科技基础设施集群、野外台站、国家超算中心等信息化基础设施。尽快制定有关科技资源共享政策、规范和相关标准，促进各类科技资源的全面利用。建立科研信息化推进机制，加强对科研信息化的投入保障，促进科研信息化水平的整体提升。在"国家重点研发计划"支持的项目中，部署若干针对科研信息化的关键共性技术，选择若干基础和前沿领域（如脑科学与认知科学等），实施国家科研信息化重大示范工程。

2. 建立统一的国家级科学数据共享平台

推进建立统一的国家级科学数据共享平台，汇聚不同学科和领域的科学大数据，支撑面向大数据的科学研究和技术开发。推进科研数据交换标准的研究，建立科研数据交换标准的规范体系。推进数据采集、政府数据开放、分类目录、交换接口、访问接口、数据质量、安全保密等关键共性标准的制定和实施。实现不同学科的科学数据的互联、互通和互享。制定公益性数据在国家级科学数据共享平台上开放的规定，并鼓励企业参与科学数据的共享。

3. 支持面向科学大数据分析的共性关键技术研究

支持面向科学大数据分析的共性关键技术的研究，包括建模工具、自然语言处理、高性能数值计算、分布式数据挖掘、科研数据可视化等共性关键技术。选取代表性学科，建立科学大数据分析共性关键技术的示范应用，促进科学大数据分析共性关键技术的推广和普及。从技术层面降低各学科数据分析和处理的难度，更好地服务科学研究和技术开发。积极发展面向科学大数据管理、分析、可视化软件开发的基础设施和开源社区，促进不同领域科技人员与软件开发从业者的协同工作。

4. 面向"大众创业、万众创新"，大力发展基于互联网的科技信息服务

健全科技信息服务体系建设，大力发展基于互联网的科技信息服务，对

接科技创新成果与"大众创业、万众创新"及企业转型升级的需求，提供按需定制、精准化、智慧化的科技信息服务。建设和完善各级科技成果转化公共服务平台，利用电子商务手段推动科技成果的转移转化，发挥互联网优势为科技成果商业化和产业化提供互联互通的专业化信息服务。加强建设各学会、协会的科技信息服务能力。推广众创、众包、众扶、众筹、众智等创新模式，支撑"大众创业、万众创新"。

（本文选自 2016 年院士建议）

建议院士名单

于　渌　中国科学院院士　　中国科学院物理研究所
赵国屏　中国科学院院士　　中国科学院上海生命科学研究院
丁　汉　中国科学院院士　　华中科技大学机械科学与工程学院
梅　宏　中国科学院院士　　上海交通大学

创立新材料与制造科技体系夯实制造强国的基础

金展鹏[①]

当前，人们都看到了材料制造是当今制约各国综合国力发展的瓶颈，然而更重要的是要看到发展中的材料与制造科学是群体性科技革命的支柱。如果要在 2025 年使我国制造业进入世界前沿，就要深入研究科学发展规律，对新材料与制造科学做出整体的、前瞻的战略布局。在经典理论、高科技与产业化迅猛融合的大背景下创建的科技体系是引航制造强国的科技灯塔。

一、建立创新科技体系引领赶超

根据材料科学的多样性和统一性以及学科交叉的时代特征，我国应当从分析具体案件中各学科要素之间的联系着手，创立新的科技体系，引领赶超。

目前，我国现有的基础材料、关键战略材料和前沿新材料还远远满足不了国家的需求；另外，虽然从前沿理论到产业化都有其闪光点，但有一些解决了世界难题的制造技术、专利却首先在国外实现产业化。解决这些问题就要研究科学发展规律和全面深化改革。我国尚未通过学科交叉建成从经典理论、高科技到产业化融会贯通的科技体系以及相应的知识工具，所以将成果转换到产品的过程比想象得难，因此要围绕产业链部署创新链。新型产业化竞争是集成和创新科技体系的竞争，因此要处理好顶层设计和路线图的关

---

① 金展鹏，中国科学院院士，中南大学。

系，充分认识"十三五"期间在全局中的决胜地位。

二、战略目标和路线图

1. 我国应创建以金属材料、无机非金属材料（陶瓷）和高分子材料组织演化为核心的科技体系以及相应的知识工具

从历史上看，金属材料、无机非金属材料（陶瓷）和高分子材料是分别发展起来的，现在先进制造业正在牵动着这三类材料的知识融合。以钢铁为中心的物理冶金正与陶瓷和高分子材料物理化学互相融合，对相变的研究则深入各层次微结构的演化及其相互作用中。虽然目前在高分子材料制造科学和应用成果方面，已有若干闪光点，但是全球都尚未建成从前沿研究到产业化融会贯通三类材料的科技体系，更未能提供可供现场操作的知识系统和相应的工具。在此形势下，创立新的科技体系正是抢占材料与制造科学制高点的战略任务。为了摆脱在高分子材料研究中出现的"只见树木，不见森林"的现状，研究高分子材料亚稳相变就显得极其重要，而作为其基础的高分子物理学则是凝聚态物理和固态物理化学的核心。

2. 在 2020 年之前，使先进基础材料和关键战略材料的科学技术水平进入世界前沿

在"十三五"期间，将国内外具有世界先进水平的知识工具创造性地渗透到先进基础材料、关键战略材料和前沿新材料的制造、研发和产业化中，渗透到制造强国绿皮书与材料有关的大专题中。其中关键材料是指如镍基高温合金、钛合金、特种钢、铝、高温陶瓷、核武、核堆、核废材料；关键技术是指快速凝固技术，热障涂层材料制备技术，晶体生长、形貌控制以及自组装技术等。

3. 在 2020 年之前，初步建成具有世界先进水平的先进无机功能材料和微纳器件的科技体系

在先进无机功能材料领域内新成果不断涌现，国际竞争激烈。国内在研发、专利和产业化方面都有成果，但是总体实力不强。国际上现有的知识系统和相应的知识工具也还满足不了需求。创立具有世界先进水平的，从经典理论、高科技到产业化融会贯通的知识单元、知识系统和相应的知识工具是当下国际竞争的热点。将相图计算技术（CALPHAD）与第一性原理相结合，创建从量子力学到宏观层次的材料设计科技体系就是其中的例子之一。

三、建议措施及其科学依据

1. 建议措施

（1）加强教育与培训：举办基础知识学习班，加强知识工具的培训。

（2）举办典型案例（含专利）的剖析研讨班：内容可包括镍基高温热处理工艺；高强耐蚀低合金纳米钢设计；热障涂层设计；3D 工艺中的组织演化和高通量方法；以及有关单位委托的课题等。

（3）以提升人的科学素质和创新科技体系为目标，改革大学教育，建设新教材；建立新材料与制造科学专业。

（4）以重大专项为导向，凝聚全球人才，建立若干个以材料微结构演化理论和创新知识工具为内容的国家级创新中心。

（5）建议国家制造强国建设领导小组领导和统筹创建新材料与制造科技体系的工作，由国家发展和改革委员会、科技部及各大专项提出具体需求，向中国科学院、中国工程院、中国社会科学院和教育部提出咨询导向。

2. 科学依据

（1）组织演化规律是材料科学的核心和制造设计的基础。材料具有多层次结构，因而可以制造出具有各种功能（磁、电、热、光和声）和各种尺度的器件（从大型构件、塑雕到微纳器件）。材料组织演化内涵的开放性和包容性是材料科学发展不歇的源泉，并使之成为人类文明的支柱。

（2）在不同的外界条件下，材料微结构、成分和性能在时空中的演化序列体现为材料组织演化轨迹。它是各种潜在的轨迹相互竞争的结果，是由知识单元组成的纵横交错的、动态的网络。它是产业链中最活跃的创新因素。合金的凝固通道就是一个很生动的例子。

（3）材料科学在迎接制造科学挑战的同时也从相邻学科汲取营养。它正在牵动着金属材料、无机非金属材料和高分子材料领域的融合；正在使微电子器件的设计理念发生深刻变革；正在为材料与器件的组织控制等理论的发展，提供日益丰富的灵感和素材；正在孕育着新材料与制造科学。它将是群体性技术革命的支柱。

（4）由经典理论、高科技与产业化融会贯通所组成的科技体系的蓝图，其内容包括总体学术思想、理论框架、知识系统和相应的知识工具及其在产业化中的应用。这一体系对实际问题有很强的穿透力，已经表现出具有破解千年机密和产生成批的发明专利的能力。它就是材料和制造领域的路线图，也是引航制造强国的灯塔。

（5）以添加式制造、高通量实验与理论以及材料在极端条件下的行为的研究为例，说明在迎战现实问题中创新科技体系是创新的常态，强调要以科学规律和中国实情为根据，以中华崛起为目标，走出有特色、有信心的道路。

（6）解析了围绕产业链部署创新链的依据，从科学的角度分析了由成果到产品转换难的原因，分析了新型产业链顶层设计的特点，指出新型产业链需要学科交叉，具有广阔的创新空间。

（7）要从经典理论、高科技与产业化迅速融合的大背景出发，从创建新材料与制造科学技术体系的大目标出发，来剖析美国材料基因工程以及奥巴马政府的一系列举措。

（8）提出了使我国制造业在 2025 年进入世界前沿的路线图，包括开始创建以金属、陶瓷和高分子材料组织演化为核心的科技体系以及相应的知识工具；在 2020 年之前，使先进基础材料和关键战略材料的科学技术水平进入世界前沿，并初步建成具有世界先进水平的先进无机功能材料和微纳器件的科技体系；特别强调的是圆满完成"十三五"期间的任务，可以赢得十多年的时间。

（本文选自 2016 年院士建议）

当前我国电动汽车发展中的问题和对策建议

田昭武[①]

当今世界范围内对电动汽车的需求和关注日益增加，我国新兴电动汽车研发和生产也越来越多。与传统燃油汽车相比，电动汽车在节能减排方面的优势不言而喻，但与此同时，在其发展过程中也存在着一些问题需要认真对待、分析，并给予足够的关注，以期最终找出解决问题的关键，促进电动汽车产业的健康发展，为国民经济发展和生态文明建设提供动力和保障。本文针对当前我国电动汽车发展中存在的问题，提出以下对策建议，供相关部门决策参考。

一、如何解决电动汽车的能耗、碳排放与足够长的续驶里程之间的矛盾？

1. 问题分析

就油耗和市区尾气减排而言，电动汽车优于燃油汽车已成共识。但是市场上许多电动汽车为片面追求续驶里程并争取政府更多补贴而一味地增加搭载蓄电池，导致整车重量、能耗、碳排放提高甚至超过燃油汽车，以国外知名品牌特斯拉电动汽车为例，它的蓄电池为 85 千瓦时，重量超过全车的1/3，而且价格高，能耗严重超标。如此盲目地提高纯电动汽车续驶里程显然

---

① 田昭武，中国科学院院士，厦门大学。

不合乎电动汽车节能减排的初衷，但却经常获得媒体片面吹捧而误导公众。近来，更有人进而以能耗和碳排放超过燃油汽车为理由，否定电动汽车在环保方面的优越性，动摇社会对汽车动力电动化的信心，这都是不可取的。

纯电动汽车的续驶里程取决于当前蓄电池水平，以市内"代步"为主要功能的私人纯电动汽车，每日经常性行驶里程只有 40~80 千米，当前蓄电池的水平已能满足。轻型短程电动汽车成本低而无须政府补贴，广受市场欢迎，但至今未能得到管理部门认可。如果有关部门提出"13 千瓦时/（百公里·吨）"的指标，将有利于吨位大的车，而不利于轻型小型车。

但是还有很大一部分汽车用户，在非经常状况下需要延长里程达数百公里而顾虑"电尽车停"，这个"里程焦虑"也必须予以重视。寄希望于蓄电池的比能量翻几番或 10 分钟内充满电都是远水难救近火。如何解决当前电动汽车的能耗、碳排放与足够长的续驶里程的矛盾？必须立足于当前蓄电池水平，跳出"电动汽车单一动力源"的固有观念，另辟蹊径。

另辟蹊径的关键是分别对待经常性的短续驶里程和非经常性的长续驶里程。短续驶里程所需总能量较小，以车载约 100 千克蓄电池的能量就可解决。长续驶里程所需总能量很大，车载蓄电池供应不起，还需借助小功率的燃油发动机发电以求增加续驶里程。这种"以电为主，以油为辅"的插电式混合动力汽车称为增程式电动汽车。几年前，不少汽车企业已经开始研发增程式电动汽车，但后来发现国家对纯电动汽车补贴更大，而迟迟不愿将重点转向增程式电动汽车。

2. 对策建议：大力支持发展增程式电动汽车

增程式电动汽车是在蓄电池电量将尽之时，用增程式发电机发电延长续驶里程并给蓄电池充电，实现燃油汽车的长续驶里程，而且不需要城际充电站。对环境和石油需求影响最大的私人轿车的全年用车里程中，纯电行驶里程占八成，增程式行驶的里程只占两成，所以，蓄电池仍为主要动力源，全年节油率很接近纯蓄电池电动汽车，能耗更低。对蓄电池比能量和寿命成本的要求可以放低至当前蓄电池技术水平，是更切合当前蓄电池实际水平的技术路线。增程式技术相对于纯蓄电池技术略为复杂，需有燃油的增程式发动机来发电。虽然我国传统汽车发动机核心技术尚不及外国，但增程式发动机技术门槛较低（功率小且恒定，效率高，只用于非经常里程，所以工作寿命可短，以工作小时计，只需整车寿命指标的 1/4），因而价格较低。以当前国内先进的汽车制造业的水平，加强创新，不难解决，至少远比燃油汽车发动机容易。2016 年 3 月 1 日日内瓦车展上我国创新公司品牌 Techrules 燃气轮机增程电动技术的出现，有望成为增程式混合动力汽车的新技术。

二、如何解决停车位和充电桩问题？

1. 问题分析

纯电动汽车和插电式混合动力汽车都依赖充电才能运行。公共充电站投资大、电网需改造、市内选点难，且难免排队充电，不可能慢充电。几年来，虽然投入大量财力、物力，现实却证明公共充电站只能作为城际交通的辅助，效率不高。这是套用加油站思路的苦果。

利用既有电网通到千家万户的电力，进行廉价谷电慢充电，不增加电网额外负荷，不损害电池寿命，有利于缓解电网峰谷差，对用户和电网都有利，更对节能减排、可再生能源的发展有重大作用。

停车问题关键在于夜间停车位，这个问题牵涉许多方面，还需政府牵头下决心解决，合理利用政令、政策和经济杠杆，保证电动汽车停车位优先，避免各相关单位互相推诿，禁止燃油汽车侵犯电动汽车停车位。2015 年 9 月 23 日国务院常务会议专门研究部署了加快电动汽车充电基础设施和城市停车场建设工作，允许充电服务企业向用户收费，在停车位方面，放宽准入，原则上不对泊位数量做下限要求。这是适应我国国情而为小微停车场开绿灯的有效措施，能够发挥各方潜力并提高其积极性，相信必能成功。

2. 对策建议："电动汽车、夜间停车位、谷电充电桩"三者固定相随

将充电桩设置为只在夜间谷电时间段（6～8 小时）慢充电，充电功率低，不超过家用电器的功率。从技术上排除了来自相关单位（物业、电网、公安）对供电超负荷的顾虑和怕安装充电桩麻烦的阻力。我国每夜谷电以亿千瓦时计，随着核电、风电和太阳能的迅速发展，谷电还会迅速增加，能够适应电动汽车逐步增长的需求。谷电充电桩功率低、充电对象专一，技术要求和价格都更低，只要充电桩规格和安装及接口合乎规范，即安全无虞。

在当前国情下，建议市政大力支持，利用城市夜间路灯下、各种暂时未用的零散空地、沿街住户空地和经济杠杆，发掘小微停车场的巨大潜力，解决电动汽车夜间固定停车位问题，使其逐步走向规范化。

建议发展符合中国国情的相关服务业，解决电动汽车用户和充电管理方或停车位管理方的各种利益矛盾，促进电动汽车市场的发展，主要业务范围包括以下几个方面。

（1）为公共停车场、小区停车场及其他停车场的充电设施提供咨询或设计服务等。

（2）利用互联网为开发小微停车场提供供需调查、咨询，以及广告中介服务等，为开发小微停车场设计停车位、谷电充电桩。

（3）规范安装电动汽车充电桩和接口，保证质量及电网和车辆安全。

三、如何补贴最有利于节能减排和打开市场？

1. 问题分析

（1）补贴应该能促进节能减排，促进电动汽车大众市场，但要杜绝各种形式的骗补。成本高的产品可能更落后、更污染环境，如多载蓄电池，不该多补。

（2）每次充放电循环必定伴随有蓄电池折旧，折旧费等于蓄电池价格除以可循环次数，可循环次数多或价格低的蓄电池，其折旧费较低。当前折旧费数倍于充电的电费，所以是使用成本的主项，补贴应抓住充电环节。车载蓄电池而不插电，或多载蓄电池而少用者，以后不应该得到政府补贴。

（3）蓄电池各项性能中，可循环寿命最难预测，也最容易被忽视，有些蓄电池的不良厂商容易钻空子。按蓄电池报废前提供的总电量结算，是评价蓄电池厂商的公平办法，有利于淘汰不合格的蓄电池生产。随着蓄电池质量和寿命逐年提高，其价格不断下降，折旧费也相应下降，政府补贴可以逐步退坡直至取消。

2. 对策建议：发展租赁电动汽车蓄电池行业

（1）购车环节，剥离蓄电池与裸车：政府可免息（或特低息）贷款给"电动汽车蓄电池租赁公司"，指定用于预付首付款给电池商以取得蓄电池使用权，再将汽车租给用户。用户则按裸车价格付款给车商。因为电动汽车以电动机替代了更昂贵的变速箱和发动机，裸车价格应不超过燃油汽车，无须政府补贴。

（2）使用环节，缴纳蓄电池租金：用户租到电池后，即成为该租赁公司会员，按需购买"租赁电池充值电量卡"（相当于租金）。电池充电和放电都由租赁公司提供电池组自动控制器（经上级管理部门核准）和充值卡统一管理。每次充电按充电度数、日期，记录到充值卡，直至充值卡内电量将要用尽时，再向租赁公司缴纳租金以提高充值电量卡存量，以便继续充电。所以，缴纳租金正比于充电度数，也正比于纯电行驶里程。租金相应于蓄电池的折旧费。当前平均水平的蓄电池折旧费过高，政府可给予用户租金补贴，使用户的使用成本不高于燃油汽车，且享受政府对电动汽车的各种优待。随着蓄电池循环寿命提高及成本下降，折旧费也会下降，政府的租金补贴自然退坡。

（3）电池报废环节，结算、回收和更新：电池寿命终止时，可到租赁公司报废并免费更换新电池和新充值卡，免除蓄电池换新费用之忧。根据电池全周期充值卡记录的充入总电量的累计值，每千瓦时电价格由政府按全国平均水平定价，即可衡量所报废电池原先所值，租赁公司据此与蓄电池厂商结算并还贷给政府。报废蓄电池可按梯级降级使用，就像智能电网的储能蓄电池一样，最终统一交给蓄电池专业回收企业回收资源，可避免废电池污染。

以上问题和建议供相关部门参考，希望能对我国电动汽车的发展有所帮助。

（本文选自 2016 年院士建议）

推进 CAP1400 第三代非能动核电机组正式开工建设

欧阳予[①]

一、世界核电技术发展历程

能源是人类文明发展的物质基础,从薪柴取火到使用化石能源,再到大规模利用核能,是能源利用进步的阶梯,也是人类文明进步的重要标志。

核电站的开发建设始于 20 世纪 50 年代。1954 年,苏联建成电功率为 5000 千瓦的实验性核电站;1957 年,美国建成电功率为 90 000 千瓦的希平港原型核电站。这些成就证明了核能发电技术的可行性。国际上把上述实验性和原型核电机组称为第一代核电机组。

20 世纪 60 年代后期,世界上陆续建成电功率为 30 万千瓦以上的压水堆、沸水堆、重水堆等核电机组,进一步证明核能发电技术的可行性,同时经济性也得以证明:可与火电、水电相竞争。70 年代开始,因石油涨价引发的能源危机促进了核电发展,目前商业运行的 400 多台核电机组大部分在这段时期建成。国际上把这批机组称为第二代核电机组。

1979 年和 1986 年分别发生在美国三里岛和苏联切尔诺贝利的核电站严

---

① 欧阳予,中国科学院院士,秦山核电站总设计师,大型先进压水堆核电站国家科技重大专项专家组组长。

重事故（即反应堆堆芯熔化和放射性物质向环境大量释放的事故），使核电发展进入低潮。从世界范围来看，要重新唤起和增强公众与投资者的信心，应着力达到以下三个目标。

（1）进一步降低核反应堆堆芯熔化和放射性物质向环境大量释放的风险，使发生严重事故的概率降到极致，以消除公众顾虑。

（2）进一步减少核废料（特别是强放射性和长寿命核废料）产量，寻求更佳的核废料处理方案，减少对人员和环境的放射性影响。

（3）降低核电站造价和缩短建设周期，提高机组热效率和可利用率，提高寿期，进一步改善其经济性。

美国核电用户要求文件（URD）、欧洲核电用户要求文件（EUR）和国际原子能机构（IAEA）的核安全标准（NUSS）（修订第二版）主要是依据上述三个目标提出的。国际上通常把满足 URD 或 EUR 要求的核电机组称为第三代核电机组。

二、第三代核电机组与第二代核电机组在安全上的主要差别

第二代核电机组是在 20 世纪六七十年代根据旧的核安全法规设计建造的，不把严重事故的预防和缓解作为必需的安全设计要求，仅考虑有限的防范和缓解。

第三代核电机组吸取了第二代核电机组的运行经验和成熟技术，在安全设计上设置了预防和缓解严重事故的设施，并考虑安全壳对严重事故的负载。第三代核电机组发生严重事故的可能性（概率）是第二代核电机组的1/100。

美国的 AP1000、法国的 EPR、我国自主开发的 CAP1400 和"华龙一号"等均属于第三代核电机组。

三、党中央国务院决策引进 AP1000 并自主开发 CAP1400

我国核电从自主开发建设秦山 30 万千瓦核电机组起步，通过自主研发和技术引进建成了一批核电机组，形成了一定的产业发展能力和基础，但与

核电发达国家相比仍有较大差距。

21 世纪初期，在广泛调研、论证和听取各方面的意见和建议基础上，党中央、国务院高瞻远瞩，审时度势，决定引进美国西屋公司第三代核电技术——非能动安全的 AP1000，高起点推进我国核电技术自主化，同时组织实施大型先进压水堆及高温气冷堆核电站科技重大专项（《国家中长期科学和技术发展规划纲要（2006—2020 年）》确定的 16 个国家科技重大专项之一），实现 AP1000 技术的消化吸收和再创新，开发自主品牌 CAP1400 第三代非能动安全核电型号，并建成示范工程。

四、CAP1400 是世界上极具竞争力的第三代核电机组

在消化吸收 AP1000 第三代核电技术基础上，我国开发出了具有自主知识产权的 CAP1400 非能动大型先进压水堆核电型号，其安全性和经济性指标与 AP1000 相比均有所提高，并在反应堆本体、工艺系统、反应堆冷却剂泵、蒸汽发生器、安全壳屏蔽厂房、反应堆保护系统、大型半速汽轮发电机组、放射性废物处理等方面取得了技术突破，形成了 12 项重大技术创新。

CAP1400 采用非能动安全系统（非能动安全即不依赖外来的动力源，而靠自然对流、重力、蓄压等自然力来实现核电站的安全功能），该系统具有预防和缓解严重事故的设施，安全性能更加可靠；电站设计寿命达到 60 年，设备可靠性更高；采用模块化设计和建造，建设工期更短；系统和设备简化，与传统核电站相比，CAP1400 的安全级阀门减少约 50%，水泵减少约 30%，管道减少约 80%，电缆减少约 85%，抗震厂房减少约 45%，电站运行维护更加便利。从核电站全寿期来看，CAP1400 核电型号具有其他类型的三代核电机组不可比拟的技术和经济优势。

在国家科技重大专项大力支持下，目前 CAP1400 核电型号开发工作基本完成。

（1）已完成全部 17 项验证试验（共 887 个工况）。

（2）示范工程的核岛施工设计完成 95% 以上（一般商用核电站的施工设计完成 70% 左右即可开工建设）。

（3）国家能源局组织 7 个专业组、80 多位国内专家，历时 15 个月，完

成 CAP1400 型号初步设计审查。

（4）国家核安全局组织，历时 17 个月，完成了 CAP1400 示范工程的初步安全分析报告审查。

（5）CAP1400 示范工程的 27 项长周期关键设备已经完成订货，正在开展设备制造。

（6）CAP1400 示范工程已完成现场施工准备，1 号核岛厂房底板已完成钢筋绑扎。

从试验验证、施工设计、安全审评、设备研制、现场施工准备等各方面来看，CAP1400 示范工程正式开工前的各项准备工作已基本就绪。

五、建议推进 CAP1400 第三代非能动核电机组正式开工建设

建议我国政府推进 CAP1400 第三代非能动核电机组正式开工建设，这将发挥科技创新对核电产业发展的支撑作用，促进我国核电技术尽快升级换代。同时发挥核电新型号对产业链的带动作用，引导我国装备制造业转型升级。也为 CAP1400 国际化发展创造更加有利的条件，助力"一带一路"倡议。

通过 CAP1400 示范工程项目建设的驱动，还能够鼓舞各参研和参建单位的士气，增强广大科技工作者的信心，有利于突破 CAP1400 核电型号开发中的关键技术难题，为创新型国家建设和军民融合发展做出更大贡献。

（本文选自 2016 年院士建议）

关于为发展近空间飞行器需要解决的新的空气动力学问题及应采取的措施的建议

张涵信 等

一、引言

空气动力学是力学的一个分支,是航空航天技术的基础。随着航空航天技术的发展,空气动力学已发展成力学的一个重要分支,且其相对重要性还在上升。

我国在空气动力学的发展上,已取得很大的进展,有力地支持了我国航空航天事业的发展。这除了国家的重视和广大科技人员的努力外,还和钱学森先生的作用是分不开的。钱学森先生在 20 世纪 50 年代回国时,对当时世界上空气动力学最前沿的情况有清楚的了解,他本身就是当时空气动力学的领军人物之一。因此他回国后,能对我国空气动力学的发展做出全面的规划建议。此后几十年,我国航空航天技术的发展,特别是航天技术的发展,与我国空气动力学在钱学森先生的前瞻性布局下的发展有密切的关系。一个学科的发展,需要大量的工作和长期的积累,没有前瞻性的布局,靠临时突击是不行的。

近十几年来,飞行器的发展进入了一个新的领域,即近空间飞行器的领域。近空间是指高度处于 30~70 千米的空间。过去的航天飞行器(主要是火箭)在飞行过程中要穿越近空间,但在近空间内的时间很短,对空气动力学预测结果的精度要求相对较低。而新的近空间飞行器则要在近空间做较长时间(几十分钟或更长)和较长距离(上万千米)的飞行,对空气动力学的预测精度要求要高得多。

目前,我国在近空间滑翔式飞行器的研制工作上,似已走在国际前列,但离研制真正可靠的飞行器还有相当距离。即使在这初步的发展阶段,也已经发现现有的空气动力学有重要的不足。主要表现在,由空气动力学预测的某些气动力与实际有明显的差别。这急需引起有关部门的重视,及时投入相应的人力、物力,尽快解决已经发现的问题,否则必将妨碍近空间飞行器的顺利发展。可惜,据我们所知,现在似乎还没有人注意到这一问题。

二、为发展近空间飞行器,现有的空气动力学有哪些问题?

近空间飞行器有两种形式,一种是带发动机的,一种是滑翔式的。但无论是哪一种,其设计飞行速度都在 5 倍音速以上。带发动机的飞行器需要有能在速度很快的条件下工作的发动机。由于发动机需要从空气中得到足够的氧,而随着高度的增加,空气会越来越稀薄,因此飞行高度受到限制。且其速度也不能太快,否则发动机的研制难度更大。

而滑翔式的飞行器,由于不带发动机,要远距离飞行,全靠初速快,且在较高的高度飞行以减少空气阻力。其初始马赫数最高可达 20 左右,飞行高度则从飞行距离考虑,越高越好。但如果要靠空气动力以控制飞行器的机动,则又不能太高。因此,这两类飞行器的飞行高度一般在 40~70 千米。

由于问题是在滑翔式的飞行器的研制中出现的,所以我们只分析与之有关的问题。

1. 流动分区的界定问题

在 40~70 千米的高度范围内,随着高度的增加,空气变得更稀薄,于是就产生了一个问题,即空气是否还能作为连续介质处理。如果能,则似乎不存在新的空气动力学问题。在 20 世纪 40 年代,钱学森先生就注意到了这一问题。他提出了可用无量纲数 Kn(称克努森数,为气体分子自由程和某一特征长度之比）的大小界定从连续介质到稀薄气体的不同流态。他建议，当 $Kn \leqslant 0.01$ 时，气体可看成通常的连续介质。当 $0.01 \leqslant Kn \leqslant 0.1$ 时，流动应满足 Burnett 方程，但边界处有一个相对于边界的滑移速度，相应地，温度也有一个跃变，称它为滑流。当 $0.1 \leqslant Kn \leqslant 10$，称为向自由分子流过渡的区域，没有确定的处理方法。而当 $Kn \geqslant 10$ 时，属于自由分子流范围。一般把滑流、过渡流及自由分子流统称为稀薄流，要用气体分子运动论的方法处理。后来 J. D. Anderson 等人建议 $Kn < 0.03$ 时为连续流，$0.03 < Kn < 0.2$ 时为在边界处有滑移的连续介质流。两个区域都可用纳维-斯托克斯方程（简称 NS 方程）计算。

按上文叙述，如果来流为低速流，流场的特征尺度为物体的长度，来流气体分子自由程为流场分子特征自由程，这样在高度小于 70 千米的区域（空气分子自由程约为 2 毫米），只要物体的长度大于 20 厘米，Kn 数就小于 0.01，空气都能视为连续介质。但对于高超声速流动，飞行器周围的流场内，由于高温、黏性干扰和流动稀疏的变化，飞行器不同的部位流动有不同的特征长度，且温度和压力不同，气体分子自由程也不同。因此，其 Kn 数是随位置变化的（我们称它为局部 Kn 数）。在同一流场内会出现连续和稀薄流共存的图像，分区 Kn 数如何界定还涉及 NS 方程及分区计算方程的确定。一些计算和实验证明这种局部 Kn 数的分区方法符合实际。但目前还没有明确的分区标准。

2. 流动参数不精确的问题

我们讨论稀薄流的一个极端即连续介质领域问题，现有的方程（即 NS 方程+连续性方程+能量方程）似乎没有问题。但这些方程中含有雷诺数（Re）、普朗特数（Pr）等参数，它们依赖于黏性系数和热传导系数，都和温度有关。目前，我国空气动力学工作者都是从国外文献中引用有关的公式计算或查有关的表，但不同来源的结果存在明显的不一致性。表 1 是三种不同来源的结果。

表 1　三种不同来源的结果

来源	500 开	1000 开	1500 开	3000 开
来源 1	27.56	43.31	56.84	97.45
来源 2	26.3	40.8	51.7	75.7
来源 3	26.6	44.8	60.6	102.0

温度越高，差别越大。3000 开时的相对误差可达 20%。这显然要影响空气动力计算的结果。因此，必须解决这些物理常数如何可靠确定的问题，包括实验方法和设备的研究。

更复杂的问题是，当温度升高时，气体分子的内能（振动能）会被激发，还会产生离解，在飞行器表面附近还可能发生化学反应。这些也都会影响宏观的黏性系数和传热系数。目前，我国也都是根据国外文献上的方法和数据处理，其可靠性和可信度也都不高。应该有我国自己的经过实验验证的理论或实测数据，而目前并没有现成的实验手段和方法。

3. 稀薄气体的分析论证及边界条件存在不确定性的问题

对于稀薄气体领域，目前公认的理论基础就是物理中的气体分子运动论。其基本方程就是玻尔兹曼方程（equation Boltzmann）。但是，在将玻尔兹曼方程应用于具体的问题时，就是在理论层面，也存在多个不确定性。

首先，前面提到的气体分子自由程。其具体的数值依赖于如何定义气体分子的直径，以及两个气体分子发生碰撞时二者中心的距离。而由于气体分子并不是球形的（空气中的氧分子和氮分子都是由两个原子组成的，并非球形），上述直径和距离都不是可以精确界定的值。

其次，由气体分子运动论可以导出气体黏性和温度的关系，但要用到分子碰撞的模型。不同模型给出的黏性系数和温度的关系式不同，因此并不能根据某一温度下测得的黏性系数，唯一地确定其他温度下的黏性系数值。对气体的热传导系数也一样。

即使已经肯定气体已处于稀薄气体领域，也无法直接用玻尔兹曼方程求解气动力和气动热等和发展近空间飞行器有关的参数。首先，玻尔兹曼方程是一个积分-微分方程，目前还没有一种可行的方法能对其直接求解。更重要的是，无法给定玻尔兹曼方程的边界条件，而空气动力学的问题是一个边值问题（或初边值问题）。无法给定边界条件的原因是气体分子和边壁碰撞规律不清，是否能找到一个普适的规律也不清楚。自由分子流，这个气体稀薄的另一极端区域也因边界分子碰撞规律不清，其解的适用性也需验证。因此，气体分子运动论虽然是一个得到公认的物理分支，却无法直接用来解决稀薄气体的空气动力学问题。

有很多人从事数学求解玻尔兹曼方程的研究，但都要做一定的简化。而恰好那些简化不符合空气动力学的实际要求（这里不做详细分析）。

有人从气体分子运动的基本现象出发，构建了新的数学方法，即"蒙特卡罗直接模拟方法"。但一方面计算工作量极大，难以用于工程技术所需的计算，另一方面同样面临如何界定边界条件的问题。

由以上分析可见，对近空间飞行器来说，有关空气动力学的两个极端领域，即连续介质领域和自由分子流领域，都还有需解决的基本问题。中间的过渡领域自然也不可能有可靠的结果。

事实上，我们曾请中国科学院力学研究所的孙泉海和空气动力学国家重点实验室的李志辉两位同志分别对一个长 1 米，在 70 千米高空以马赫数 15 零攻角飞行的零厚度平板绕流问题做了计算。孙泉海用了两种现有的算法。李志辉用了四种现有的方法。结果是对于工程技术感兴趣的平板表面的压力、剪切力及温度等，各种方法所得结果离散度很大。特别是在平板前缘附近，那里的温度很高，离散度更大，如图 1～图 4 所示（图中显示的是李志辉的结果，李志辉的四种方法中包含了孙泉海所用的方法）。由此充分说明了现有能力的不足。

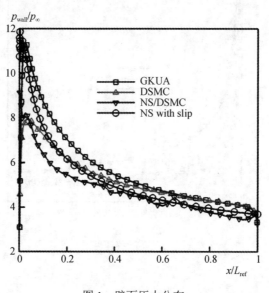

图 1　壁面压力分布

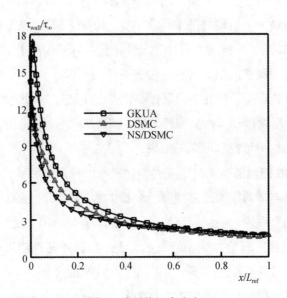

图 2 壁面剪切力分布

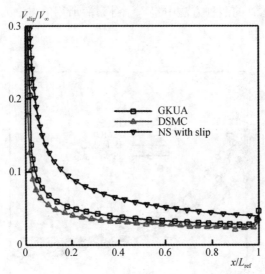

图 3 壁面滑移速度分布

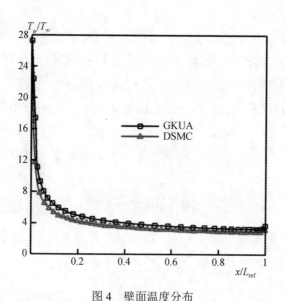

图 4　壁面温度分布

图 1 为零攻角平板计算结果；纵坐标为各个量的无量纲值（参考量为来流的量），
横坐标为沿平板的无量纲流向坐标（参考长度 $L_{\infty}=1$ 米）

除了上述有关空气动力学的基础问题外，还有其他的重要问题。例如，在连续介质领域，飞行器表面附近的流动的转捩和湍流问题是研制飞行器时必须解决的问题。对近空间飞行器来说，由于其速度高，飞行器附近的温度就很高。这对层流转捩和湍流的研究带来了新的困难，特别是实验方面。而随着高度的增加，气体的密度会降低。低到一定程度，是否就不存在湍流问题，这也是要解决的问题。

三、需要采取的措施

以上简要地列举了为研制近空间飞行器急需解决的空气动力学新问题。其中既包括基本的物理和计算问题，也包括实验（包括实验室实验和飞行实验）问题。其中没有一个是可以轻而易举地解决的。目前这些问题似乎都还没有受到我国的空气动力研究单位和个人的重视。而且，即使有人注意到这些问题，也不是仅凭少数人或少量资金就可以解决的。如果不尽快从上而下地引起大家的重视，并采取相应的措施，很有可能有朝一日会拖近空间飞行器研制的后腿。

我们建议,由中国空气动力研究与发展中心(属军事委员会装备发展部)牵头,联合中国航天空气动力技术研究院及中国科学院力学研究所,并请国家自然科学基金委员会配合,组织对这一问题的研讨。随后做出解决问题的规划,经批准后抓紧实施,以保证我国近空间飞行器研制的顺利开展。

（本文选自 2016 年院士建议）

建议院士名单

张涵信　中国科学院院士　　中国空气动力研究与发展中心
周　恒　中国科学院院士　　天津大学

关于建立"呼伦贝尔国家生态保护综合试验区"的建议

秦大河　等

　　拟建设的"呼伦贝尔国家生态保护综合试验区"(以下简称试验区)地处我国北部边疆的内蒙古自治区东部,与俄、蒙两国接壤,行政区划上包括呼伦贝尔市全境及兴安盟的阿尔山市、科尔沁右翼前旗、科尔沁右翼中旗、突泉县、扎赉特旗,锡林郭勒盟的东乌珠穆沁旗、西乌珠穆沁旗,通辽市的霍林郭勒市、扎鲁特旗以及赤峰市的克什克腾旗,总面积 43.5 万千米^2,占内蒙古自治区总面积的 36.8%。2015 年,试验区总人口 459.64 万人,占内蒙古自治区总人口的 18.3%,实现地区生产总值 2752 亿元,占内蒙古自治区的 15.3%。

　　长期以来,试验区所在范围以"风吹草低见牛羊"的壮美景观闻名于世,拥有森林、湿地与水体多元复合系统,不仅是中国北方重要的生态安全屏障,而且处于"东北亚水塔"的战略地位。同时,试验区也是草原文明的发祥地,东北、西北和华北多元文化融合的交汇区,国家"一带一路"倡议中贯通中俄蒙经济走廊的核心纽带。然而,当前试验区面临着生态环境退化风险日益加大、脆弱性不断增加以及生态保护与开发矛盾日益尖锐等问题,如何从国家层面保护这块中国最美的草原,确保该地区几百万人口走向富裕、持续发展,急需建立国家生态保护综合试验区,创新观念、革新体制,探索出良性发展的新路。

一、试验区建设的重要性

1. 构筑中国北方生态安全屏障的战略需要

试验区拥有世界第四、中国第一的大草原，草原生态资本极为丰富，加之大兴安岭贯通试验区南北，被誉为"东北脊梁"，形成了草地、湿地、湖泊、森林为一体的多样的生态体系。区域各类生态系统在气候调节、水源涵养、防风固沙、水土保持、生物多样性保护等方面发挥着极其重要的生态服务功能，各类生态系统有机结合，形成了我国北方重要的生态屏障。建设试验区是贯彻落实国家主体功能区规划，建设大兴安岭生态功能区、呼伦贝尔草甸草原生态功能区和科尔沁草原生态功能区等三大国家生态功能区的战略需求。

2. 保护"东北亚水塔"的紧迫需要

试验区拥有"大森林""大草原""大湿地""大冰雪"等我国高纬度地区结构完整的综合水源涵养系统，在不同时空尺度上调节着河流和滋润着土地。区内水系发育，河网密集，湿地广布，发育大小河流 3000 多条，是黑龙江、松花江和辽河"三江"发源地，是东北淡水资源的重要水源涵养区，发挥着"东北亚水塔"的重要功能，造就了著名的"东北粮仓"。建设试验区是恢复、稳定和提升水源涵养功能、确保东北亚地区粮食安全的必然选择。

3. 建设中国草原生态文明示范区的特殊需要

试验区是我国东北、华北和西北的交汇区，也是中俄蒙三国的交界区。长期以来，多民族在草原交流融合，形成了独具特色的草原文化。整个试验区共有 31 个民族，主体民族有蒙古族、汉族、达斡尔族、鄂温克族、鄂伦春族、满族、回族、朝鲜族、俄罗斯族等，是北方草原文化、森林文化的发祥地之一，也是北方少数民族文化的摇篮。通过生态文明制度、文化、经济等综合建设，将为构建美丽、和谐、绿色、文明的中国草原生态文明提供示范窗口，也为将试验区提升到特色鲜明、民族气息浓厚、草原文化突出、和谐文明发展的新高度提供强大动力。

4. 建设精准脱贫示范区、全面建成小康社会的现实需要

试验区经济发展高度依赖自然资源，产业结构单一，贫困人口占农牧业

人口比重高达 25.3%。通过试验区建设,探索多民族地区生态扶贫、教育扶贫、产业扶贫、科技扶贫和旅游扶贫一体化的新经验、新模式和新机制,为确保到 2020 年在集中连片特困地区全面实现精准脱贫目标起到助力作用。

5. 贯彻落实"一带一路"倡议和建设中俄蒙经济走廊的战略需要

试验区地处中俄蒙三国交界地带,地缘优势明显,地位独特。试验区建设有利于从国家安全高度构建中俄蒙经济走廊和国际生态安全屏障,推动中俄蒙国际大通道建设,对维护边疆地区社会稳定和长治久安十分必要。

二、试验区建设亟待解决的突出问题

1. 生态环境十分敏感,退化风险明显加大

试验区地处亚欧大陆草原与东北森林带的过渡区、寒温带北方针叶林带(泰加林带)的南缘、高纬度多年冻土的南部边界区,生态系统对自然环境变化具有高度敏感性,是中国北方典型的生态脆弱区。在过去几十年里,试验区生态退化虽得到一定程度的遏制,但由于资源过度利用,人类活动加剧,气候变化对生态系统的影响加大,退化生态系统尚没有得到有效恢复,再次退化的风险日益加大。近 50 年来,林区向北退缩了 100 多千米^2,湿地面积减少了 50%以上,退化草原面积占区域可利用草原面积的 60%左右,生物多样性减少了 15%~25%,区域水源涵养能力降低了 40%。生态退化导致多年冻土退缩,土壤侵蚀加剧,水土流失严重,严重威胁着试验区和东北三省的可持续发展。

2. "三农""三牧""三林"问题突出,严重制约精准脱贫进程

试验区整体经济水平不高,贫富差距较大。2015 年,南部农牧民人均收入 7000 元,最低 2700 元,是国家认定的"大兴安岭南部集中连片扶贫重点区"。北部地区最低收入不足 3000 元,且贫困人口分布零散,基础设施落后,生产和生活条件亟待改善。"三农""三牧""三林"问题直接影响区域和国家生态文明建设与精准脱贫计划的实施。

3. 水源涵养功能退化,直接威胁着"东北亚水塔"功能与国家水安全

由于生态退化和全球变暖的双重作用,20 世纪 80 年代以来,积雪期缩

短，春汛调节功能下降，年平均降水量降低 15%～20%。局部地区地下水位每年下降 20～40 厘米，克鲁伦河径流量减小，呼伦湖面积萎缩，西拉木伦河中下游断流。加之，近年矿山开发耗水量剧增，污染加大，制约了退化生态系统恢复和社会经济发展，威胁着东北亚水安全。

4. 矿山开发与环境保护矛盾突出，亟待探索保护性开采和综合整治之路

近年来，试验区掀起了新一轮矿业投资热，煤矿、有色金属矿等开采占用土地和优质草地，破坏环境，引发崩塌、滑坡、泥石流、地面塌陷、地裂缝等地质灾害，带来了严重的地质环境和生态问题。调查表明，矿业开发占地面积已超过 800 千米^2，毁坏草地、林地达 164 千米^2，引发地面塌陷达 3500 余处，而恢复治理率不足 15%，试验区亟须探索矿山保护性开采、环境综合整治的协同发展之路。

三、试验区建设的几点建议

1. 建立试验区并纳入国家生态保护的战略重点区域先行先试

从国家生态安全战略高度出发，建议将试验区纳入国家生态保护的战略重点区域，以国家生态文明先行示范区建设方案为指导，通过总体规划、科学布局、创新机制，为践行党的十八大报告提出的"经济建设、政治建设、文化建设、社会建设、生态文明建设五位一体总体布局"的战略部署先行先试，以生态文明建设为核心，统筹生态建设、环境保护、民生改善与经济发展，将试验区打造成融草地、森林、湖泊、湿地、山水、冰雪为一体，生态功能区划有序，民族特色突出，多元文化和谐，经济发展良性，人民安居乐业的绿色发展典范，建设成为中国草原生态文明绿色转型发展示范区、展示区和标杆区。

2. 总体规划、统筹发展，加快建设集约高效的生态经济体系

生态经济是试验区生态功能与生产功能统筹发展的关键手段和重要出路。按分类经营、分区施策原则，加快建设布局合理、集约高效的生态经济体系。①重点扶持、建设一批涵盖乳、肉、饲草饲料、经济林、特色养殖业

在内的生态农林牧产业示范基地，以及国家新型煤化工、有色金属生产加工产业示范基地。②加强生态修复区基本农田保护、绿色矿区、生态牧家、生态牧场、生态村镇、生态移民建设工程。③通过生态旅游高端产品开发、生态旅游精品线路设计，旅游交通瓶颈改善和智慧旅游服务系统建设，发展北方特色生态旅游产业，提升试验区全域生态旅游的公共服务能力。④依托试验区丰厚的红山文化、辽文化以及拓跋鲜卑文化等，建设生态文化传承示范区，推动中国北方少数民族历史与生态文化的创新发展。⑤按照生态优先、适度发展原则，在夯实北方生态屏障基础上，将陈巴尔虎旗呼伦贝尔草原建成中国北方独具特色的、典型的草原国家公园示范区。

3. 积极探索生态保护与矿藏储备二元补偿机制，创建试验区经济发展与生态保护共赢模式

试验区生态服务功能及其植被碳汇功能显著，是内蒙古自治区减碳的最主要贡献者。同时，试验区矿藏资源富集，经济潜力巨大，但目前的开发直接影响生态系统稳定，降低矿区植被-土壤碳汇能力，威胁矿区生产与居民生活环境。因此，应承认生态保护与矿藏开发限制导致地方财政收入减少的事实，进一步探索国家生态补偿和矿藏地下储备补偿机制及其实施途径，对延缓、限制开发地区的地方财政进行矿藏储备特殊补偿，有效处理生态保护和地方发展的关系、地方生态奉献和居民经济福利的关系。

4. 机制创新，确保试验区有序发展，启动试验区科学规划与试验项目

为确保试验区建设的成功，达到保护生态、改善民生和发展经济的目标，需要将试验区作为生态"特区"、机制"特区"，勇于探索，敢于担当，先行先试规划融合机制、精准扶贫机制、绿色转型机制，将多头管理统一到生态管理的大旗下，将多源投资整合到生态发展轨道上，实现多头归一、多规合一，确保试验区实施的力度及发展的有序性。同时，为保证建设目标的实现和建设资金的科学、合理、合法利用，实行顶层监管、第三方评估，确保试验区按总体规划、分项目标、既定方向推进。

（本文选自 2016 年院士建议）

建议成员名单

秦大河	中国科学院院士	中国气象局
孙鸿烈	中国科学院院士	中国科学院地理科学与资源研究所
陈宜瑜	中国科学院院士	国家自然科学基金委员会
安芷生	中国科学院院士	中国科学院地球环境研究所
傅伯杰	中国科学院院士	中国科学院生态环境研究中心
姚檀栋	中国科学院院士	中国科学院青藏高原研究所
郭华东	中国科学院院士	中国科学院遥感与数字地球研究所
周卫健	中国科学院院士	中国科学院地球环境研究所
周成虎	中国科学院院士	中国科学院地理科学与资源研究所
崔 鹏	中国科学院院士	中国科学院·水利部成都山地灾害与环境研究所
陈发虎	中国科学院院士	兰州大学
张人禾	中国科学院院士	中国气象科学研究院
金 碚	中国社会科学院学部委员	中国社会科学院
丁永建	研究员	中国科学院寒区旱区环境与工程研究所
潘家华	研究员	中国社会科学院
方创琳	研究员	中国科学院地理科学与资源研究所
李 周	研究员	中国社会科学院
李新荣	研究员	中国科学院寒区旱区环境与工程研究所
赵学勇	研究员	中国科学院寒区旱区环境与工程研究所
方一平	研究员	中国科学院·水利部成都山地灾害与环境研究所
杨建平	研究员	中国科学院寒区旱区环境与工程研究所
王世金	副研究员	中国科学院寒区旱区环境与工程研究所

关于向地球深部进军，启动"深地探测计划"重大科技项目的建议

王成善 等

在 2016 年召开的全国科技创新大会、两院院士大会、中国科学技术协会第九次全国代表大会上，习近平总书记代表党中央和国务院所做的题为"为建设世界科技强国而奋斗"的讲话中将地球深部摆在破解创新发展科技难题的第一位，并从时代发展的角度提出了"向地球深部进军是我们必须解决的战略科技问题"的意见①，不但高度概括了地球深部的战略意义，而且完全符合我国国情和国际科技发展趋势，同时也使我们参会的有关中国科学院院士，感到责任重大、使命重大。

地球深部是地球系统和生命存在的基础，固体地球的深部（深地）充斥着坚硬的岩石，处于极端高温高压环境，是尚未被人类开发利用的巨大资源宝库，也是关系到经济社会可持续发展乃至国家安全的战略性领域。目前，人类对深地的认知程度还非常肤浅，远远没有达到对太空和深海的认知水平。对深地和深部作用的研究是探索地球系统奥秘的重大科学问题，对深部资源的发现和利用是实现人类可持续发展的重要途径，对深地进行的直接观测则是理解地震和火山活动的最有效手段。因此，近年来，世界各国纷纷投入巨资，开展了一系列针对固体地球的探测和观测计划，如澳大利亚的"玻

① 习近平：为建设世界科技强国而奋斗 http://jhsjk.people.cn/artcle/28399667.

璃地球"计划和加拿大的国家岩石圈探测计划等。当前,我国正处在经济和社会高速发展的重要阶段,资源和能源紧张、环境恶化和深部地质灾害频发的多重压力已成为制约我国实现中华民族伟大复兴中国梦的主要因素。因此,为了达到向地球深部进军的目标,在我国启动实施面向 2030 年"深地探测计划"重大科技项目既必要,又紧迫。

一、"深地探测计划"重大科技项目的重要意义

启动实施面向 2030 年"深地探测计划"重大科技项目,对我国来说具有重大的科学技术和社会经济价值。首先,它是实现我国深部能源与重要矿产资源重大突破的需求。从全球未来发展的角度来看,向地球深部获取能源和资源势在必行,也是必由之路。可以预计,如果我国资源勘探的整体深度达到 2000 米,我国资源的安全保障程度可以提高 1 倍。其次,进行深地探测也是提升自然灾害预警和减灾防灾能力的需求。我国地处喜马拉雅山和环太平洋两大地震和火山活动带,是全球地质灾害最频发的地区之一。目前,我国进入了自然灾害高发期,监测地下深部的脉动、提高灾害预警能力就具有巨大的社会价值。最后,地球深部的物性参数制约了所有飞行器轨道设定和命中率,基于穿透能力的探测技术与装置被誉为"地球物理武器"。此外,从基础理论来讲,地球的物质结构、地球演化与生命起源等一些重大科学问题的原创性突破也均依赖于人类对地球深部的认知水平的提高。

二、"深地探测计划"重大科技项目的主要研究目标

实施面向 2030 年"深地探测计划"重大科技项目的目标包括:实现地球"透明化",探测和观测能力方面引领世界;能源和矿产资源勘查开采深度达到国际先进水准,为资源量大幅度提高做准备;实现深部地热能的多级高效利用和实用化,开拓永不枯竭的新能源;全面提升对地球深部认知水平,推动地球科学向"深部科学"的革命性发展;发展深地探测与实时监测技术方法体系,形成"深地"新产业。总体目标力争到 2030 年在深地领域由"跟随者"变为"领跑者",其主要内容包括:"透视地球"——地球深部结构与

组成探测和研究；"第二找矿空间"——深部油气与矿产勘查和开发；"永不枯竭的能源"——深部地热能开发与利用；"地下望远镜"——超深科学钻探与深部过程观测设施；"遁地工程"——深部探测的颠覆性技术与装置；地下空间——地下城市和深地空间舱；"全球 CT"——国际地球深部探测计划。

三、"深地探测计划"重大科技项目的技术可行性

作为一个以陆地为主的大国，我国"十二五"时期已为开展此项研究做好了相关的研究力量、理论和技术准备。例如，2008 年开始实施的财政部"深部探测技术与实验研究"专项一举使我国进入世界深反射地震的大国行列，取得了技术进步与科学发现的双赢，探索出大科学计划的组织和运行模式；又如，由我国科学家领衔开展的"松辽盆地国际大陆科学钻探"工程，打破了多项国际大陆科学钻探计划（ICDP）成立以来的钻探纪录。同时，相对深空、深海领域技术的敏感性，深地领域的国际合作与交流相对开放，利用全球技术与智力资源门槛相对较低，后发优势十分明显。

综上所述，围绕国家在资源、环境和重大地质灾害等方面的战略需求来看，向地球深部进军的时机业已成熟，建议在我国启动实施面向 2030 年"深地探测计划"重大科技项目。

（本文选自 2016 年院士建议）

建议院士名单

王成善	中国科学院院士	中国地质大学（北京）
邓起东	中国科学院院士	中国地震局地质研究所
孙 枢	中国科学院院士	中国科学院地质与地球物理研究所
何满潮	中国科学院院士	中国矿业大学（北京）
张国伟	中国科学院院士	西北大学
张弥曼	中国科学院院士	中国科学院古脊椎动物与古人类研究所

张培震	中国科学院院士	中山大学
李廷栋	中国科学院院士	中国地质科学院
李曙光	中国科学院院士	中国地质大学（北京）
杨元喜	中国科学院院士	西安测绘研究所
杨树锋	中国科学院院士	浙江大学
汪品先	中国科学院院士	同济大学
汪集晹	中国科学院院士	中国科学院地质与地球物理研究所
陈大可	中国科学院院士	国家海洋局第二海洋研究所
陈晓非	中国科学院院士	中国科学技术大学
周忠和	中国科学院院士	中国科学院古脊椎动物与古人类研究所
金之钧	中国科学院院士	中国石油化工股份有限公司
金振民	中国科学院院士	中国地质大学（武汉）
姚振兴	中国科学院院士	中国科学院地质与地球物理研究所
赵鹏大	中国科学院院士	中国地质大学（北京）
郝　芳	中国科学院院士	中国地质大学（武汉）
殷鸿福	中国科学院院士	中国地质大学（武汉）
莫宣学	中国科学院院士	中国地质大学（北京）
高　锐	中国科学院院士	中国地质科学院
崔　鹏	中国科学院院士	中国科学院·水利部成都山地灾害与环境研究所
舒德干	中国科学院院士	西北大学
翟明国	中国科学院院士	中国科学院地质与地球物理研究所
翟裕生	中国科学院院士	中国地质大学（北京）

关于加强"一带一路"灾害风险与综合减灾研究的建议

崔 鹏 等

"一带一路"是党中央、国务院根据国内外形势变化，统筹国内、国外两个大局制定的长远发展倡议，是实现中国梦的重大举措，将对中华民族的伟大复兴产生深远的历史影响。"一带一路"建设以"共商、共建、共享"为基本原则，以"和平、发展、合作、共赢"为核心理念，以"政策沟通、设施联通、贸易畅通、资金融通、民心相通"为优先领域，旨在与沿线国家共同打造政治互信、经济融合、文化包容的利益共同体、命运共同体和责任共同体。其中，人文交流与合作是"一带一路"建设的优先性和基础性工作，而国际减灾科技合作则能够起到"润物细无声"的作用。由于"一带一路"正好又是全球著名的地震和地质灾害带，科学地减防灾是"一带一路"建设的重要内容之一。为更好地推动"一带一路"建设，我们建议设立"一带一路"灾害风险与综合减灾国际科学计划。

一、"一带一路"减灾合作研究具有重大意义

"一带一路"贯穿亚、欧、非三大洲，沿线自然环境差异大，灾害类型多样（如地震灾害、地质灾害、水旱灾害和海洋灾害）、分布广泛、活动频繁、危害严重。仅 21 世纪以来的十几年里，沿"一带一路"就发生了十多次 7 级

以上的强烈地震。而且，多数国家经济欠发达，抗灾能力弱，频繁发生的灾害严重影响民生安全，制约经济社会发展，部分国家甚至因巨灾造成社会和政治动荡，减灾需求非常迫切。国际灾害数据库显示，"一带一路"沿线国家相对灾害损失是全球平均值的 2 倍以上，灾害死亡率远远大于全球平均水平，其中南亚和东亚高出全球平均数的 10 倍。因此，防灾减灾是沿线国家所共同面对的重大现实问题，是各国间的"最大公约数"，易于开展合作，是"一带一路"民心相通的重要切入点。

与此同时，"一带一路"涉及大量跨境和海外交通、通信、能源等基础设施及重大工程项目建设，风险程度高。据估算，仅基础设施建设领域的投资需求就高达 8 万亿美元，而未来 10 年我国在"一带一路"上投资总额将高达 1.6 万亿美元。这些重大工程亟须防灾减灾与风险防控技术的支撑和保障。

总体上，推动灾害风险与综合减灾国际合作研究，有助于提升沿线国家防灾减灾能力，凝聚"一带一路"沿线各国的民心，推动"一带一路"建设顺利实施；也有助于沿线国家建立多边、双边信息共享与防灾减灾联动机制，增强沿线国家的沟通渠道，加强沿线各国的防灾减灾与科技合作，提升我国与沿线国家及国际组织的合作关系，增强我国在国际治理体系中的影响力与话语权。

二、"一带一路"减灾合作研究具有强烈的现实需求

第一，"一带一路"沿线多数国家经济发展水平低，科研基础和积累薄弱，缺乏基础数据以及灾害形成机理、风险分析、监测预报与防治等方面的研究，自然灾害损失巨大。这已成为部分国家社会经济发展缓慢、民生艰难，甚至政局不稳的重要原因。同时，沿线国家政体复杂、灾害类型多样、活动特征差异巨大、社会经济与灾害管理机制不同，防灾减灾实践各有特点。在这种背景下，重大建设工程的安全保障程度低，一旦出现灾害损失极大。例如，中巴喀喇昆仑公路 2010 年因巨型滑坡堵江形成堰塞湖，导致中巴经济走廊中断 4 年，对双方经贸往来与合作造成严重影响。因此，"一带一路"建设亟须充分利用我国北斗导航系统、高分辨率空间对地观测、现代通信、

大数据等先进技术手段，建立沿线国家孕灾背景和灾害数据库，大幅度提高减灾能力。

第二，"一带一路"是地震的高烈度区，也是地质灾害的高风险区，一系列在建与规划的重大基础设施工程和建设项目需要开展全面的灾害风险评估，如不能提供准确的潜在风险信息，将会严重影响到相关外交政策与策略制定、工程方案比选与决策、工程风险分析与防范。同时，许多境外投资没有开展系统的政治、法律、民族、宗教、文化等方面的风险评估，直接应用国内常规做法难以应对国外复杂的情势，往往导致停工、停业，造成无法挽回的损失和国际影响。典型的例子如缅甸密松水电站工程。因此，亟须对规划的经济走廊及重大基础设施与工程等开展全面、系统的风险评估，为"一带一路"重大基础设施与工程提供科学、全面的决策依据。

第三，"一带一路"沿线特殊自然环境条件下的灾害机理及其防灾减灾理论与技术研究是前沿科学问题，许多技术瓶颈需要突破。"一带一路"跨越高寒、高环境梯度、高地震烈度区（"三高"环境）及太平洋和印度洋季风区，成灾环境复杂，强震、洪水、干旱、滑坡、泥石流、冰湖溃决、冰崩、冻融、海啸、风暴潮、赤潮等灾害非常突出。对这些特殊自然环境条件下孕灾机理、成灾机制与减灾技术研究较少，特别是极端天气、强震、工程扰动等多因子耦合作用下巨灾及复杂灾害链形成与演化研究，是国际防灾减灾的前沿科学问题，甚至是防灾减灾研究的空白，也是国际减灾和我国境外重大工程减灾的科技瓶颈。

第四，缺乏高效的多边信息共享与减灾协调联动机制，难以应对重大跨境灾害，威胁到境外投资与重大工程安全，乃至地缘关系。"一带一路"沿线有很多跨境高大山系与国际河流，上游灾害往往危及下游多个国家，亟须信息共享与多国联动机制。而目前重大自然灾害的调查和防灾减灾基本由当事国单独开展，信息不能共享，难以满足跨境灾害防灾减灾需求，导致跨境灾害和境外重大工程灾害的减灾和救援应对迟缓，加重了灾害损失。因此，推动"一带一路"建设，亟须沿线各国建立灾害信息共享与防灾减灾协同联动机制，以及协调、联动、高效的国际减灾合作模式，整体提升沿线各国防灾减灾能力。

三、对策建议

2016 年 8 月 17 日，习近平总书记在推进"一带一路"建设工作座谈会上发表重要讲话，强调"要切实推进民心相通，弘扬丝路精神，推进文明交流互鉴，重视人文合作"等 8 项要求①，是"一带一路"建设的指南。为了落实习近平总书记的讲话精神，做好风险防范，赢得民心，保障"一带一路"倡议顺利、健康推进，本文提出如下两点建议。

1. 推动实施"一带一路"灾害风险与综合减灾国际科学计划

为提高"一带一路"建设的安全保障程度和应对灾害风险的能力，建议尽快建立"一带一路"防灾减灾国际科学计划（以下简称国际科学计划）。该国际科学计划旨在以我国为主、联合沿线国家科学家，形成灾害研究网络，全面系统地开展"一带一路"灾害基础理论与技术研究，解决防灾减灾关键科技问题，探索共同应对灾害的跨国协作机制，在满足我国境外投资与重大工程安全需要的同时，有效提高沿线国家防灾减灾能力，促进民心相通，推动沿线国家的人文交流与合作。同时，通过该国际科学计划，可以加强"一带一路"沿线国家资源环境与灾害基础数据的收集，实现数据与信息共享。这既有利于沿线国家的防灾减灾，也有助于我国加深对沿线国家的了解，更好地建设"一带一路"。其重点工作包括以下几方面。

（1）获取基础数据，支撑决策与减灾：利用北斗导航系统、高分辨率空间对地观测、现代通信、大数据等高新技术，开展"一带一路"沿线资源环境与孕灾背景本底调查，构建综合减灾数据库与信息共享平台，支撑国家倡议决策与减灾工程。

（2）突破科技瓶颈，提出系统减灾方案：开展"一带一路"重大自然灾害潜源识别、形成机理、风险评估、灾害区划、监测预警、工程防治和风险管理的全链条综合研究和减灾示范，解决防灾减灾的基础理论和关键科技问题，支撑重大基础设施与工程建设安全保障。

（3）发展减灾产业，促进中国技术"走出去"：借助灾害监测、预报、预

---

① 习近平：总结经验坚定信心扎实推进 让"一带一路"建设造福沿线各国人民. http://jhsjk.people. cn/article/28644629.

警、治理等技术和产品的研发推广,促进我国遥感、导航、通信等先进科技"走出去"和工程技术规范的"本地化",服务中国技术"走出去"倡议。

(4)构建合作减灾机制,实现域内民心相通:构建重大灾害信息共享与跨境灾害多边联动国际减灾合作机制,支撑重大基础设施工程建设与区域可持续发展,提升我国同"一带一路"沿线国家与国际组织的合作关系,服务国家地缘政治安全。同时,为沿线国家培养高级科技力量,增强防灾减灾能力,支撑可持续发展,赢得域内国家民心,提升我国的软实力与国际影响力。

2. 建立国际减灾研究院,形成国际减灾研究与合作平台,支撑国际计划实施

依托国际减灾科学计划,择机建立"国际减灾研究院"。研究院由国际知名科学家组成,其主要职责包括:提出国际减灾科学研究前沿领域与方向,组织国际科学研究计划,开展综合减灾研究,发布灾害风险评估报告,推广全球减灾模式与经验。通过与联合国国际减灾战略署(UNISDR)和联合国开发计划署(UNDP)的密切合作,该研究院可以提升我国在国际减灾事务中的话语权,扩大我国的国际影响力。

(本文选自 2016 年院士建议)

建议成员名单

崔 鹏	中国科学院院士	中国科学院·水利部成都山地灾害与环境研究所
秦大河	中国科学院院士	中国气象局
吴国雄	中国科学院院士	中国科学院大气物理研究所
陈 颙	中国科学院院士	中国地震局
陈运泰	中国科学院院士	中国地震局地球物理研究所
郑 度	中国科学院院士	中国科学院地理科学与资源研究所
刘昌明	中国科学院院士	中国科学院地理科学与资源研究所
胡敦欣	中国科学院院士	中国科学院海洋研究所
陈祖煜	中国科学院院士	中国水利水电科学研究院

张国伟	中国科学院院士	西北大学
多 吉	中国工程院院士	西藏自治区地质矿产勘查开发局
王光谦	中国科学院院士	清华大学、青海大学
郭华东	中国科学院院士	中国科学院遥感与数字地球研究所
杨元喜	中国科学院院士	西安测绘研究所
翟婉明	中国科学院院士	西南交通大学
赖远明	中国科学院院士	中国科学院寒区旱区环境与工程研究所
龚健雅	中国科学院院士	武汉大学
吴立新	中国科学院院士	中国海洋大学
张培震	中国科学院院士	中国地震局地质研究所
王会军	中国科学院院士	南京信息工程大学
周成虎	中国科学院院士	中国科学院地理科学与资源研究所
张人禾	中国科学院院士	复旦大学
陈大可	中国科学院院士	国家海洋局第二研究所
史培军	教 授	北京师范大学
高孟潭	研究员	中国地震局地球物理研究所
陈 曦	研究员	中国科学院新疆生态与地理研究所
王东晓	研究员	中国科学院南海研究所
刘卫东	研究员	中国科学院地理科学与资源研究所
程晓陶	教授级高级工程师	中国水利水电科学研究院
刘 弘	教授级高级工程师	中国路桥工程有限责任公司
杨柏华	教授级高级工程师	三峡国际能源投资集团有限公司
朱 颖	教授级高级工程师	中国中铁二院工程集团有限责任公司
向 波	教授级高级工程师	中国石油集团工程设计有限责任公司
单治钢	教授级高级工程师	中国电力建设集团有限公司华东勘测设计研究院
谢忠东	教授级高级工程师	中国交通建设股份有限公司
王京春	执行总经理	中国交通建设股份有限公司

关于实施我国土壤安全科技工程专项的建议

赵其国　等

一、实施本专项的重要意义

土壤安全是以社会可持续发展为目标的一种土壤系统认知，是保障国家粮食安全与生态环境安全的前提和基础。土壤是地球表层系统最为活跃的圈层，是连接大气圈、水圈、岩石圈和生物圈的核心要素。我国土壤资源数量和质量均属严重制约型，人地、人粮矛盾突出，特别是近 20 年来，我国优质耕地急剧减少、基础地力持续下降，水土流失、土壤酸化、土壤污染等问题十分突出，土壤安全形势日趋严峻。土壤安全问题已经严重制约着国家粮食安全、食品安全、水安全和生态环境安全，进而影响到国家安全和国际履约能力。因此，如何围绕"土壤安全"这一核心，协调发挥土壤的生产功能、环境保护功能、生态支撑功能，既是土壤科学的国际前沿问题，也是我国紧迫的现实需求。

党中央、国务院高度重视土壤保护和综合治理工作，强调要提升土壤科技支撑能力。《国家中长期科学和技术发展规划纲要（2006—2020 年）》明确指出，将发展以提高土壤肥力、减少土壤污染等为主的生态农业。土壤资源持续高效安全利用已成为世界共识。2015 年 7 月，中国科学院、农业部、环境保护部和中国科学技术协会等联合举办了"土壤与生态环境安全——国际土壤年在中国"战略与决策高层论坛。2016 年 5 月，国务院印发了《土壤污染防治行动计划》（简称"土十条"）。可见，土壤安全维系着国家的总体安全，保护土壤安全已成为国家中长期科技发展的重要战略需求之一。

二、我国土壤安全存在的突出问题

1. 土壤资源利用强度大，土壤质量总体不容乐观，严重威胁农业生产、粮食与食品安全

由于我国人多地少，全国耕地质量整体偏低，中低产田比例达到 2/3，坡耕地约占 40%；土壤养分失衡比较普遍，耕地基础地力对粮食产量的贡献率为 50% 左右，远低于欧美等国 70%～80% 的水平；土壤资源利用强度大，利用方式复杂，农用化学品施用多，单位农业种植面积的化肥用量达到美国的 2.6 倍和欧盟的 2.5 倍，这种生产方式对土壤质量产生深刻影响，部分耕地因受到中重度污染已不宜耕种粮食作物。

2. 土壤环境质量堪忧，农业面源污染和工矿业污染危害严重

近 30 年来，随着经济社会的高速发展和高强度的人类活动，我国因污染退化的土壤数量日益增加、范围不断扩大，大量废弃物和污染物排放到土壤中，土壤质量恶化加剧，危害更加严重。全国土壤污染状况调查结果显示，全国部分地区土壤污染较重，耕地土壤环境质量堪忧，工矿业废弃地土壤环境问题突出。全国耕地土壤点位超标率达到 19.4%，每年因土壤污染造成农产品减产和重金属超标的损失达到 200 亿元，近年来频发"镉米""汞米""铅米""毒土地"等环境事件。工矿业废弃地土壤环境问题突出，在对不同类型的典型土壤点位进行调查后发现，工业废弃地超标点位达到 34.9%，工业园区超标点位达到 29.4%，矿区超标点位达到 33.4%，对周边土壤环境构成严重威胁。

3. 土壤资源减失、退化加速，对生态环境的压力日益增加

我国部分地区土壤退化问题严重：西北地区水土流失及沙化、次生盐渍化，东北地区黑土地变薄，南方红黄壤酸化加剧，设施蔬菜地（大棚）土壤酸化、盐渍化和连作障碍等退化问题日益突出。全国现有土壤侵蚀总面积

294.91 万千米², 占国土面积的 30.72%; 土壤酸化面积占耕地面积的 40%以上; 具有农业利用潜力的盐碱地面积接近 2 亿亩, 每年土壤次生盐渍化面积达 17 万亩; 等等。同时, 土壤污染影响植物、土壤动物和微生物的生存和繁衍, 危及正常的土壤生态过程和生态系统服务功能, 威胁生态环境安全。

4. 土壤资源家底不清, 技术支撑不足, 尚未形成完善的土壤安全保障科技体系

首先, 第二次土壤普查距今已经 30 多年, 其间农业生产方式、城镇化和工业化的快速发展导致土壤质量产生了剧烈变化, 迫切需要摸清土壤质量的变化情况。其次, 虽然我国已经在土壤污染基础调查、污染土壤的物理修复、化学修复和生物修复等方面取得了显著进展, 但与发达国家土壤安全的科技支撑体系相比, 我国还存在相当大的差距。主要表现为: 我国土壤资源数量与质量安全状况的家底不清; 没有统一的土壤调查和监测方法体系; 土壤管理水平较低, 管理平台和监测体系建设不健全; 土壤安全演变过程及其作用机制缺乏系统认知; 土壤安全保障与提升集成技术及产品匮乏; 尚未建立土壤保护政策机制与监管体系; 土壤产业尚未形成, 缺乏市场竞争力; 等等。上述差距已经成为我国土壤安全管理需要突破的科技瓶颈。因此, 围绕国家土壤安全战略需求, 亟须跨部门、跨行业、跨区域地研发布局和协同创新, 建立国家土壤安全科技支撑体系, 提升我国土壤科技水平, 推动土壤科技与经济社会的协调发展, 为保障国家粮食安全生产和生态文明建设提供强大科技支撑。

三、实施我国土壤安全科技工程的几点建议

以保障和提升土壤生产功能、环境功能、生态服务功能为目标, 开展我国土壤安全现状调查, 实施重点区域土壤安全科技工程体系, 构建我国土壤安全信息平台, 提升土壤安全监管能力, 推进土壤安全科技国际计划, 为保障我国粮食安全、农产品安全和生态环境安全提供科技支撑。

1. 开展我国土壤安全现状与变化规律调查

尽快开展全国土壤安全现状调查, 明确土壤安全对国家安全的支撑能

力；研究基于土壤生产、环境及生态服务功能的土壤安全等级评估原理和方法；研发不同尺度土壤安全预测模型及不确定性定量评估方法。明确土壤安全空间格局的现状特征、形成过程及演变机制与趋势；阐明环境要素对土壤安全格局形成及其影响机制。提出土壤功能提升与土壤安全格局的调控原理和对策。

2. 实施重点区域土壤安全科技工程体系

突出六大重点区域，包括东部沿海经济发达地区、中部粮食主产区、华北内蒙古严重缺水地区、东北黑土区、西部生态脆弱区、高寒地区，建立适合我国不同区域耕地和草地土壤安全保障体系和提升模式，创建不同生态脆弱区土壤生态功能的综合提升的技术模式及示范，构建不同类型污染土壤修复与安全利用集成技术模式，建设一批土壤环境综合治理国家级示范区。

3. 构建国家土壤安全信息管理平台

研发基于土壤功能的安全预警模型，建立土壤安全信息服务平台；研发土壤安全信息快速获取、诊断、更新技术及装备；开发多尺度、多源土壤安全大数据的集成与信息化管理技术，建设多位一体的土壤安全信息服务网络平台；建立土壤安全格局信息动态发布的多部门联防联控机制，创新区域土壤安全监管技术推广模式与政策。

4. 开展土壤安全科技工程国际合作

针对我国已签订的与土壤安全相关的国际公约和议定书，如《京都议定书》《关于持久性有机污染物的斯德哥尔摩公约》《生物多样性公约》等，开展公约和议定书所规定的内容和指标监测，构建快速监测网络和排放清单认证体系。研究跨境跨界污染物的迁移、转化和归趋，争取在国际环境纠纷与争议方面的主动权。针对放射性核污染等土壤安全突发事件，研究土壤放射性核污染基础理论和治理方法，建立不同类型的土壤安全突发事件应急预案与应对技术体系。实施国家土壤安全"一带一路"倡议体系，加快推进土壤安全国际计划。

（本文选自 2016 年院士建议）

建议成员名单

赵其国	中国科学院院士	中国科学院南京土壤研究所
袁道先	中国科学院院士	中国地质科学院岩溶地质研究所
张亚平	中国科学院院士	中国科学院
张桃林	部　长	农业部
李干杰	副部长	环境保护部
周健民	研究员	中国科学院南京分院
沈仁芳	研究员	中国科学院南京土壤研究所
张甘霖	研究员	中国科学院南京土壤研究所
庄国泰	司　长	环境保护部
郧文聚	研究员	国土资源部土地整治中心
宋长青	研究员	北京师范大学
徐明岗	研究员	中国农业科学院
骆永明	研究员	中国科学院烟台海岸带研究所
邵明安	研究员	中国科学院水土保持研究所
李保国	教　授	中国农业大学
徐建明	教　授	浙江大学
谢德体	教　授	西南大学
吴克宁	教　授	中国地质大学
滕　应	研究员	中国科学院南京土壤研究所